U0197691

火山岩油气藏的形成机制与分布规律研究丛书

松辽盆地北部火山岩气藏测井
评价技术及应用

闫伟林　李红娟　杨学峰　覃　豪　王春燕　著

科学出版社

北　京

内 容 简 介

本书全面论述了松辽盆地北部火山岩气藏测井评价技术，并给出了油田应用实例。书中力求详细地论述火山岩岩性、岩相及喷发期次识别的理论基础及方法，给出了考虑复杂岩性成分和孔隙结构特征的储层参数精细解释方法和不同测井相的流体识别方法，并确定了松辽盆地北部火山岩储层的岩性、岩相发育规律及有效储层的分布规律，该套技术在徐家围子断陷取得了良好的应用效果。

本书适合于测井、地质、地球物理专业的研究人员、工程技术人员和高校师生阅读参考。

图书在版编目（CIP）数据

松辽盆地北部火山岩气藏测井评价技术及应用／闫伟林等著 . —北京：科学出版社，2015.6

（火山岩油气藏的形成机制与分布规律研究丛书）

ISBN 978-7-03-044706-7

Ⅰ.①松… Ⅱ.①闫… Ⅲ.①松辽盆地–火山岩–岩性油气藏–油气测井–研究 Ⅳ.①TE151

中国版本图书馆 CIP 数据核字（2015）第 123111 号

责任编辑：张井飞 韩 鹏 王淑云／责任校对：张小霞
责任印制：肖 兴／封面设计：王 浩

科学出版社 出版
北京东黄城根北街 16 号
邮政编码：100717
http://www.sciencep.com

北京通州皇家印刷厂 印刷
科学出版社发行 各地新华书店经销

*

2015 年 6 月第 一 版 开本：787×1092 1/16
2015 年 6 月第一次印刷 印张：17
字数：400 000

定价：166.00 元
（如有印装质量问题，我社负责调换）

《火山岩油气藏的形成机制与分布规律研究丛书》编辑委员会

丛 书 序

——开拓油气勘查的新领域

2001 年以来，大庆油田有限责任公司在松辽盆地北部徐家围子凹陷深层火山岩勘探中获得高产工业气流，发现了徐深大气田，由此，打破了火山岩（火成岩）是油气勘探禁区的传统理念，揭开了在火山岩中寻找油气藏的序幕，进而在松辽、渤海湾、准噶尔、三塘湖等盆地火山岩的油气勘探中相继获得重大突破，发现一批火山岩型的油气田，展示出盆地火山岩作为油气新的储集体的巨大潜力。

从全球范围内看，盆地是油气藏的主要聚集地，那里不仅沉积了巨厚的沉积岩，也往往充斥着大量的火山岩，尤其在盆地发育早期（或深层），火山岩在盆地充填物中所占的比例明显增加。相对常规沉积岩而言，火山岩具有物性受埋深影响小的优点，在盆地深层其成储条件通常好于常规沉积岩，因此可以作为盆地深层勘探的重要储集类型。同时，盆地早期发育的火山岩多与快速沉降的烃源岩共生，组成有效的生储盖组合，具备成藏的有利条件。

但是，作为一个新的重要的勘探领域，火山岩油气藏的成藏理论和勘探路线与沉积岩石油地质理论及勘探路线有很大不同，有些还不够成熟，甚至处于启蒙阶段。缺乏理论指导和技术创新是制约火山岩油气勘探开发快速发展的主要瓶颈。为此，2009 年，国家科技部及时设立国家重点基础研究发展计划（973）项目"火山岩油气藏的形成机制与分布规律"，把握住历史机遇，及时凝炼火山岩油气成藏的科学问题，实现理论和技术创新，这对于占领国际火山岩油气地质理论的制高点，实现火山岩油气勘探更广泛的突破，保障国家能源安全具有重要意义。大庆油田作为项目牵头单位，联合中国科学院地质与地球物理研究所、吉林大学、北京大学、中国石油天然气勘探研究院和东北石油大学等单位的专业人员，组成以冯志强、陈树民为代表的强有力的研究团队，历时五年，通过大量的野外地质调查、油田现场生产钻井资料采集和深入的测试、分析、模拟、研究，取得了一批重要的理论成果和创新认识，基本建立了火山岩油气藏成藏理论和与之配套的勘探、评价技术，拓展了火山岩油气田的勘探领域，指明火山岩油气藏的寻找方向，为开拓我国油气勘探新领域和新途径做出了重要贡献：

一是针对火山岩油气富集区的地质背景和控制因素科学问题，提出了岛弧盆地和裂谷盆地是形成火山岩油气藏的有利地质环境，明确了寻找火山岩油气藏的盆地类型；二是针对火山岩储层展布规律和成储机制的科学问题，提出了不同类型、不同时代的火山岩均有可能形成局部优质和大面积分布的致密有效储层的新认识，大大拓展了火山岩油气富集空间和发育规模，对进一步挖掘火山岩勘探潜力有重要指导意义；三是针对火山岩油气藏地球物理响应的科学问题，开展了系统的地震岩石物理规律研究，形成了火山岩重磁宏观预测、火山岩油气藏目标地震识别、火山岩油气藏测井评价和火山岩储层微观评价 4 个技术系列，有效地指导了产业部门的勘探生产实践，发现了一批油气田和远景区。

　　"火山岩油气藏的形成机制与分布规律"项目，是国内第一个由基层企业牵头的国家重大基础研究项目，通过各参加单位的共同努力，不仅取得一批创新性的理论和技术成果，还建立了一支以企业牵头，"产、学、研、用"相结合的创新团队，在国际火山岩油气领域形成先行优势。这种研究模式对于今后我国重大基础研究项目组织实施具有重要借鉴意义。

　　《火山岩油气藏的形成机制与分布规律研究丛书》的出版，系统反映了该项目的研究成果，对火山岩油气成藏理论和勘探方法进行了系统的阐述，对推动我国以火山活动为主线的油气地质理论和实践的发展，乃至能源领域的科技创新均具有重要的指导意义。

2015 年 4 月

前　言

火山岩油气藏包括火山岩本身直接作为油气储层和与火山岩或火山作用有关的油气藏。过去全球所发现的油气藏几乎都存在于海相或陆相盆地的沉积地层内，盆地基底或火山岩分布区一直被认为是寻找油气藏的"禁区"，然而这一观念自 1887 年在美国加利福尼亚州的圣华达盆地内首次发现火山岩油气藏而得以转变，从而掀开了火山岩勘探和研究的序幕。目前，火山岩油气藏已经成为当前国内外比较重要的勘探开发对象之一，全球有 100 多个国家或地区发现了 300 余个与火山岩有关的油气藏或油气显示。在国外，已经发现了一批较大规模的火山岩油气藏，如阿尔及利亚 Ben Khalala 玄武岩油气藏中探明了的 6800×10^4 t 的石油地质储量，澳大利亚 Browse 盆地 Scott Reef 油气田的玄武岩地层中探明了 3877×10^8 m³ 的天然气地质储量，印度尼西亚 NW Java 盆地 Jatibarang 油气田的玄武岩、凝灰岩地层中探明了 1.64×10^8 t 的石油和 764×10^8 m³ 天然气地质储量。目前，火山岩油气产量最大的是日本 Ni-igata 盆地的 Yoshii-Kashiwazaki 气田，累计的产量为 189.87×10^8 m³。

我国火山岩勘探虽历经 50 余年，但在 20 世纪 90 年代以前一直没有大的突破。近年来，随着地质认识的不断深入，1995 年松辽盆地北部钻探的升深 2 井在火山岩储层中获得了工业气流，2001 年在徐家围子断陷徐中构造带的预探井徐深 1 井获高产气流，2005 年又在盆地南部与徐深构造具有相似的构造背景和火山岩发育特征的长岭断陷哈尔金构造的长深 1 井获得了高产工业气流，标志着中国石油在火山岩油气藏勘探方面取得了重大突破，使得对深层火山岩天然气藏的勘探的重视程度愈加提高，松辽盆地深层火山岩气藏已成为油气资源接替及勘探的重要领域。

与常规沉积岩气藏相比，火山岩气藏地质条件更复杂，火山岩储层的测井评价更具挑战性。一是火山岩由多期次的火山岩喷发作用形成，并由多级次、相互重叠的内部结构单元组成，火山岩岩石矿物和岩石类型多、岩性复杂多样、纵横向变化快，岩性、岩相的测井响应特征复杂，识别困难；二是火山岩储层的非均质性强，岩性和储集空间类型多样，不同岩性的火山岩孔隙结构不同，电阻率等测井参数变化大，储层流体识别难，特别是气层和气水同层的区分更难；三是由于火山岩储层岩石类型多样，岩性及造岩矿物复杂，不同岩性的骨架变化较大，孔隙度相对较低，有效储层的识别和储层参数计算更为困难。2009 年 2 月李宁教授等编著的《酸性火山岩测井解释理论、方法与应用》和 2009 年 11 月中国石油勘探与生产分公司编著的《火山岩油气藏测井评价技术及应用》两部专著都从不同侧面对火山岩测井理论及方法进行论述，并较好地指导了当时的火山岩勘探开发。但随着火山岩勘探开发的对象从火山口转移到近火山口，勘探对象变得更加复杂，测井评价难度更大，因此，迫切需要建立一套相对完整的火山岩气藏测井精细评价技术。

为了全面深入地研究及认识火山岩油气藏，以便更好地指导和加快我国火山岩油气田的勘探，国家科学技术部在国家重点基础研究发展计划（973计划）中开设了火山岩油气藏的形成机制与分布规律（2009CB219300）研究项目（2008.8~2013.8）。其中探索火山岩气藏测井精细评价技术是该项目中重要内容之一。

经过五年的项目研究，形成了一套包括火山岩测井响应机理、岩性识别、测井相划分、流体识别、储层参数计算的有效适用、相对完整的松辽盆地火山岩储层测井评价技术和方法，为松辽盆地火山岩2000亿 m³ 探明储量的提交及气田的有效开发提供了有力的技术支撑，较好地满足了松辽盆地北部、松辽盆地长岭断陷等重点勘探区块的测井技术需求。该技术主要包括：

（1）建立了以常规测井、元素俘获测井及电成像测井相结合的火山岩岩性、岩相识别方法，制定并实施了火山岩岩性测井识别技术规范，形成了精细刻画火山岩岩性、岩相和喷发期次的技术。

（2）建立了在元素俘获测井及常规测井计算岩石骨架参数基础上的变骨架孔隙度解释方法，以核磁共振测井资料和储层品质指数为基础的渗透率解释模型，以及基于孔隙结构和导电孔隙的饱和度计算方法。

（3）建立了以横纵波时差、核磁共振测井及常规测井资料为基础，双密度重叠、综合指数等多种方法相结合的火山岩储层流体识别技术。

本书是松辽盆地近五年来火山岩气藏测井评价技术攻关成果的总结和提炼。主要内容包括第一章绪论，由闫伟林、李红娟编写；第二章介绍了松辽盆地火山储层的基本特征，包括火山储层的储集空间、储层物性特征、火山机构与储层物性的关系、火山岩岩性与储层物性，由王春燕、覃豪编写；第三章介绍火山岩岩性岩相分类及测井响应特征，包括火山岩岩石学特征及岩性分类、火山岩岩相特征及分类、火山岩岩性测井响应特征及响应机理、火山岩岩相地质成因及测井响应模式，由李红娟、杨学峰、王春燕编写；第四章主要介绍火山岩岩性岩相测井识别方法，包括火山岩岩性识别方法、结构构造FMI成像测井识别方法、储层井壁成像测井资料处理方法及火山岩岩性岩相测井识别流程及实例，由闫伟林、王贵文、王春燕编写；第五章主要介绍火山岩储层参数解释及流体识别方法，主要包括火山岩气藏的孔隙度、渗透率、饱和度参数解释方法及气、水层识别的测井评价方法和技术，由覃豪、李红娟、王春燕编写；第六章主要介绍火山岩储层有效性评价及发育规律，包括火山岩储层测井分类方法、有效储层的测井显示及识别标志、储层物性发育规律、储层岩性发育规律、岩相发育规律及有效储层的分布规律，由闫伟林、王贵文、李红娟编写；第七章介绍了火山岩气藏测井评价技术在松辽盆地徐家围子深层的应用实例，由杨学峰、李红娟编写；全书由闫伟林、李红娟、王贵文负责统稿。

在本书的编写过程中，得到了大庆油田有限责任公司勘探开发研究院副院长、总工程师陈树民教授，副总工程师刘传平教授，中国石油大学（北京）王贵文教授的大力支持与帮助，也得到了大庆油田勘探开发研究院地球物理测井研究室金雪英、王春阳、王敬岩、张兆谦、郑建东的协助。在本书中，引用了部分同行的科研成果、论文成果及相关教材的内容，在此深表谢意！

　　本书适合油气田勘探开发测井和相关地球物理专业研究人员、工程技术人员及高校师生阅读参考，由于本书涉及地质学、矿物学、地球物理学等多个领域，研究内容复杂，加之作者水平有限，错误与不足之处，还望读者批评指正！

编　者

2014 年 3 月 28 日于大庆

目　　录

丛书序

前言

第一章　绪论 ··· 1

　　第一节　国外火山岩气藏测井评价技术现状 ························· 1

　　第二节　国内火山岩气藏测井评价技术现状 ························· 2

　　第三节　火山岩储层测井评价难点 ································· 3

第二章　松辽盆地火山岩储层基本特征 ································· 5

　　第一节　火山储层的储集空间 ····································· 5

　　　　一、火山岩储集空间分类 ····································· 5

　　　　二、火山岩孔隙空间结构与碎屑岩和碳酸盐岩的区别 ········· 7

　　第二节　火山储层的物性特征 ····································· 8

　　　　一、孔隙特征 ··· 8

　　　　二、裂缝特征 ··· 9

　　　　三、储集类型及孔缝组合 ····································· 11

　　第三节　火山机构与储层物性的关系 ······························· 11

　　　　一、火山机构相带与储层物性关系 ··························· 11

　　　　二、火山机构类型与储层物性关系 ··························· 13

　　第四节　火山岩岩性与储层物性的关系 ····························· 15

第三章　火山岩岩性测井响应特征及识别方法 ························· 18

　　第一节　火山岩岩石学特征 ······································· 18

　　　　一、岩石的化学成分 ··· 18

　　　　二、岩石的矿物成分 ··· 20

　　　　三、火山岩岩石分类方案 ····································· 22

　　第二节　火山岩岩相特征及分类 ··································· 32

　　　　一、火山岩岩相分类 ··· 32

　　　　二、火山岩岩相识别标志 ····································· 36

　　　　三、火山岩岩相类型及发育特征 ····························· 37

　　第三节　火山岩岩性测井响应特征及响应机理 ····················· 40

　　　　一、火山岩放射性测井响应特征及响应机理 ················· 41

二、火山岩孔隙度测井响应特征及响应机理·······················44

三、火山岩电阻率测井响应特征及响应机理·······················49

四、元素俘获伽马能谱测井响应特征及响应机理·················50

五、火山岩岩石结构构造的测井响应特征及响应机理···········51

第四节　火山岩岩相地质成因及测井响应模式·····················60

一、火山岩岩相模式及岩性序列·······································61

二、火山岩岩相的成因序列及测井响应特征·······················61

第四章　火山岩岩性岩相测井识别方法研究·····························73

第一节　火山岩岩性识别方法···73

一、常规测井识别火山岩岩石类型·····································73

二、ECS 测井识别火山岩岩石成分·····································76

第二节　火山岩结构构造 FMI 成像测井识别方法·················78

一、井壁成像测井图像特征分类方案·································78

二、井壁成像测井解释模式特征图像·································82

三、井壁成像测井解释模式的意义·····································82

四、松辽盆地火山岩岩相标志的井壁成像特征模式·············88

第三节　火山岩储层井壁成像测井资料处理方法·················89

一、井壁成像测井资料处理技术·······································90

二、基于目标体的变窗长成像资料精细处理方法研究··········97

三、火山岩结构、构造特征信息提取方法研究··················102

第四节　火山岩储层井壁成像测井资料解释方法···············109

一、井壁成像测井岩心刻度及解释方法··························109

二、火山岩典型岩相、亚相电成像特征模式及识别图版······113

第五节　火山岩岩性岩相测井识别流程及实例··················120

一、沉积岩和火山岩识别方法·······································121

二、火山岩岩性识别流程及方法实例·······························122

三、岩相划分方法及实例···125

第五章　火山岩储层参数解释及流体识别方法·······················127

第一节　火山岩储层孔隙度解释方法································127

一、火山岩岩石骨架参数的确定·····································128

二、有效孔隙度解释方法···131

第二节　火山岩储层渗透率解释方法································134

一、层流指数分类法计算渗透率·····································134

二、利用测井资料进行层流指数分类······························136

第三节　火山岩储层含气饱和度解释方法 ……………………………… 137

　　一、火山岩地层电性特点和利用电阻率计算饱和度的难点 ………… 137

　　二、密闭取心饱和度模型 ……………………………………………… 138

　　三、应用毛管压力资料计算含气饱和度 ……………………………… 140

　　四、基于背景导电的饱和度解释模型 ………………………………… 145

第四节　火山岩储层气水层测井识别方法 ……………………………… 147

　　一、三孔隙度组合法 …………………………………………………… 150

　　二、双密度重叠识别法 ………………………………………………… 151

　　三、阵列偶极声波测井识别流体性质 ………………………………… 153

　　四、核磁共振–密度孔隙度组合法 …………………………………… 159

　　五、综合指数法 ………………………………………………………… 160

第五节　核磁共振测井在储层参数计算中的应用 ……………………… 162

　　一、核磁共振测井基本原理与测量方式 ……………………………… 162

　　二、核磁共振测井解释模型 …………………………………………… 165

　　三、核磁共振测井渗透率解释方法 …………………………………… 168

　　四、核磁共振测井饱和度计算 ………………………………………… 172

第六章　火山岩储层有效性评价及发育规律 …………………………… 176

第一节　火山岩储层测井分类方法 ……………………………………… 176

　　一、应用常规测井资料进行储层分类 ………………………………… 177

　　二、应用毛管压力及核磁进行储层分类 ……………………………… 180

第二节　有效储层的测井显示及识别标志 ……………………………… 185

　　一、有效储层的测井显示 ……………………………………………… 185

　　二、有效火山岩储层的识别 …………………………………………… 187

第三节　松辽盆地有效火山岩储层物性发育规律 ……………………… 188

　　一、松辽盆地火山岩储层的储集空间总体特征 ……………………… 188

　　二、有效火山岩储层和干层的物性对比 ……………………………… 189

　　三、不同类型的有效火山岩储层物性对比 …………………………… 191

第四节　松辽盆地有效火山岩储层岩性发育规律 ……………………… 193

　　一、松辽盆地有效火山岩储层和干层的岩性对比 …………………… 193

　　二、不同有效火山岩储层类型的岩性特征 …………………………… 196

第五节　松辽盆地有效火山岩储层的岩相发育规律 …………………… 198

　　一、有效火山岩储层和干层的岩相对比研究 ………………………… 198

　　二、不同有效火山岩储层的岩相研究 ………………………………… 204

  第六节 有效储层的分布规律 ··· 210

   一、有效储层分布的影响因素 ·· 210

   二、研究区有效储层的分布特征 ·· 211

第七章 火山岩储层测井评价技术应用 ······································· 214

  第一节 测井系列选择 ··· 214

   一、测井系列优选及测井评价流程 ······································ 214

   二、测前设计 ·· 219

  第二节 松辽盆地北部徐家围子断陷应用实例 ························· 227

   一、区域地质概况 ·· 227

   二、测井评价难点 ·· 228

   三、测井评价流程 ·· 229

   四、火山岩储层测井评价技术在徐家围子断陷气藏勘探开发中的重大作用 ·········· 230

参考文献 ··· 250

第一章 绪 论

由于火山岩地层的岩性、孔隙结构复杂，以及世界范围内火山岩油气储层相对较少，早期火山岩储层评价工作远不如砂岩储层、碳酸盐岩储层的研究成熟。随着对油气资源需求的增长和火山岩油气储层的不断发现，国内外测井研究人员对火山岩油气储层的测井评价研究也逐步增多。

第一节 国外火山岩气藏测井评价技术现状

国外多个含油气盆地中广泛分布着火山岩，19世纪末就有对火山岩油气藏的报道，日本、印度尼西亚、古巴、墨西哥、阿根廷、加纳、美国、原苏联等地均有火山岩油气藏。国外对火山岩储层测井评价研究相对较早，但也多是针对测井曲线响应特征和岩性识别方面的研究。

纳尔逊（Nelson）和格伦（Glenn）1975年在辉绿岩、安山岩、安粗岩中注意到高中子读数，并认为它是由于热液蚀变时束缚在掺入矿物（云母和黏土）上的水所引起的。克尔海夫（Kerherve，1977）对日本的玄武岩、安山岩、流纹岩、凝灰岩和角砾岩的测井响应进行了广泛的研究。斯科特基斯（Scott Keys，1979）介绍了正长岩、花岗岩和辉绿岩的自然伽马、中子、密度和声波测井响应，并显示出了热液蚀变在中子和声波测井曲线上的反映，认为热液蚀变是裂缝的明显证据。桑耶大等（Sanyal et al，1980）等作出了流纹岩、玄武岩和凝灰岩的自然伽马、密度、中子和声波测井曲线的直方图和交会图。里格比（Rigby，1980）论述了玄武岩、玄武质角砾岩、安山岩和凝灰岩的裂缝识别问题，他证实了中子测井的高读数是由热液蚀变引起的。贝诺伊特（Benoit et al，1980）讨论了密度、中子、声波和自然伽马测井在玄武岩、流纹岩和英安质凝灰岩，以及花岗岩上的测井响应特征。

卡契基安（Khatchikian，1982）对某盆地的两种火山岩地层层序进行了研究，确定出了两种岩石类型的密度、中子、声波、放射性（Th、U、K）和岩性密度（LDT）测井及光电吸收截面指数Pe等测井参数，利用密度-中子、密度-声波测井交会图、M-N交会图和Z值图辨认岩石类型，统计出每类岩石的骨架值，并用复杂岩性GLOBAL计算程序进行了实际处理（用"岩石体积"模型），他同时指出，由于火山岩的矿物结构复杂，要确定出每类岩石的唯一骨架值是不可能的。塞拉（Serra，1985）总结了前人在未蚀变火山岩中研究成果，即主要用交会图识别岩性，他还用4种矿物构成花岗岩体积模型，但令人遗憾的是模型中未考虑孔隙度及流体性质的影响，因此在实际应用中存在较大的局限性。

Belgasem（1993）对利比亚某井 520ft①的花岗岩地层进行测井定量处理，用经验方法估计裂缝孔隙度，定性给出裂缝与花岗岩热液蚀变的关系。对于未蚀变花岗岩，考虑矿物黄铁矿；对于风化花岗岩，考虑黏土矿物高岭石；对于绿泥石带，考虑黏土矿物绿泥石；对于重结晶和绢云母化带，考虑矿物绢云母。他建立了多个花岗岩矿物模型，但未给出任何参数和计算方法。

在德国科学钻探计划 KTB 中，Eberle（1992）用多元统计方法解释了多种测井资料，Zimemann（1992）用多元统计方法计算孔隙度，Draxletr（1992）用测井与化学测井结合估计结晶岩的矿物成分。而 Galle（1994）对法国科学钻孔中如何用中子测井计算致密花岗岩的孔隙度进行了探讨。Galle 认为对于低孔隙的花岗岩，必须仔细考虑中子测井的骨架效应，才能计算准孔隙度。

在国际大洋钻探计划 IODP 中，美国哥伦比亚大学和英国 Leuester 大学的学者进行了大量有关火山岩地层的研究工作。相对于以往测井解释中采用统计、神经网络等方法，或应用斯伦贝谢测井公司的软件进行孔隙度、含水量和渗透率等的计算，Peter Harvey（1994）利用化学测井资料推算矿物体积，进而确定骨架参数，对 IODP 的测井资料进行了处理，其解释结果比以往有了较大的改进。

第二节　国内火山岩气藏测井评价技术现状

我国火山岩勘探已历经 50 余年历程，但直到近年来才不断有大发现，尤其是松辽盆地深层勘探的突破，使火山岩逐渐成为我国油气资源重大接替领域之一。

从 20 世纪 70 年代开始，我国的地质工作者开始对火山岩分布区进行油气勘探的研究工作，与国外相比虽然起步较晚，但发展很快，在短短的三十多年中，我国先后在渤海、大港、胜利、辽河、二连、大庆等发现了火山岩油气藏，随着这些火山岩油气藏的发现，国内研究人员开展了一些火山岩储层测井评价的研究。

80 年代初开始的一些准噶尔盆地火山岩测井解释的文献，主要是用交会图识别岩性。尚林阁和潘保芝（1986）利用模糊聚类方法，对花岗岩古潜山裂缝进行统计识别。衡志（1988）探讨了安山岩裂缝性储层的特性，用双侧向电阻率的差异识别裂缝。欧阳健和王英杰（1988）描述了裂缝性复杂岩性地层的测井解释方法，并对辽东湾中生代的火山岩地层的测井响应进行统计，在此基础上采用判别分析方法划分岩性，用"双矿物"模型计算岩石孔隙度及双矿物含量。匡立春（1990）用交会图识别克拉玛依油田的火山角砾岩、玄武岩及流纹斑岩等三类火山岩。卞德智等（1991）根据准噶尔盆地火山岩储层岩心镜下鉴定及自然伽马、补偿密度、声波、补偿中子、M 值、N 值等测井资料，建立了该区各类岩性测井信息数据库，研究了该区火山岩地层的测井响应特征，利用模糊数学的方法识别岩性。同时他还以克拉玛依油田石炭系玄武岩储集层为例，对不同类型玄武岩储集层的测井特征、岩石矿物成分及其次生变化、裂缝发育以及含油性等对测井响应的影响进行了分析，对地层孔隙度、含油饱和度的计算进

①　1ft=0.3048m

行了研究。张国杰（1991）根据阿尔善地区取心资料与测井信息拟合及对比，确定了岩性识别、孔隙度计算、储层性能评价及含油性评价等方法。他同时指出，火山岩的强非均质性和孔隙-裂缝性储层特征以及蚀变作用对岩石电性特征的影响使得对火山岩的评价变得比较困难，岩心分析资料与相对应的测井信息的绝对误差，对于低孔隙度火山岩储层的评价来说，精度远远不够。郭镇彬（1991）对二连盆地火山岩类型鉴别的测井方法进行了探讨，采用"双矿物"法计算孔隙度。余芳权（1994）运用岩石录井、电测井、化验分析资料，对江陵凹陷金家场新沟嘴组上段火山岩进行了较系统的研究和论述。范宜仁等（1999）结合新疆克拉玛依油田的火山岩油气田岩性特点，给出了识别火山岩岩性和裂缝的常规测井交会图技术。

陆凤根等（1998）利用测井数据和岩心分析数据对胜利油田临盘地区的火山岩储层进行了研究。景永奇等（1999）依据花岗岩潜山发育裂缝在各种常规测井曲线上的不同响应特征，利用岩心资料和成像测井图像标定常规测井曲线，进而建立裂缝指示曲线，并判别古潜山纵向裂缝发育带。刘呈冰等（1999a）提出以核磁共振、自然伽马能谱、微电阻率扫描等测井数据为基础，以双孔隙介质模型为理论依据的识别和评价裂缝性火山岩储层的方法，如利用成像测井、偶极横波测井等识别火山岩的裂缝段，用核磁测井资料来评价孔隙度及流体性质。刘呈冰等（1999b）用多口井中的统计资料计算孔隙度等参数，但由于规律性差，资料点分散，限制了应用的效果。

李瑞等（1996）采用总和概率法与混合体积模型计算火山岩储层的裂缝孔隙度、有效孔隙度等参数，取得了一定的效果。王芙蓉等（2003）根据火山岩全直径岩心分析资料，采用密度（DEN）值建立了流纹岩和安山岩的孔隙度计算公式。王全柱（2004）在火山岩储层的研究中，从地区测井资料及试油试采资料入手，结合钻井取心、测井资料及地震资料等相关资料，根据有关公式计算出了裂缝的产状、张开度及储层特征，对储层裂缝系统中裂缝的产状、张开度和储层的孔隙度、渗透率、饱和度进行了室内研究，并对火山岩成因油藏进行了分析，找出了一种适合某地区火山岩储层的评价方法。通过储层精细评价，确定了4类储集层，并划分出了储层的有效裂缝带。

通过对国内外研究成果的总结，我们发现以往火山岩的研究内容主要集中在测井曲线响应特征描述、火山岩岩性识别及孔隙度计算方面，对于火山岩岩相测井识别、流体识别、饱和度解释、渗透率计算等方面涉及得较少，火山岩储层缺乏一套科学的、系统的测井综合评价技术。

第三节 火山岩储层测井评价难点

与沉积岩储层相比，火山岩储层的测井评价更具有挑战性，主要表现在：①火山岩岩性复杂多样、纵横向变化快，岩性识别和多井对比难度大；②火山岩的储集空间复杂多样，孔隙度较低，使得有效储层的识别和储层物性及有效性评价更加困难；③岩性和储集空间的复杂多样，造成了孔隙结构的复杂多变，给电阻率测井资料评价储层的含气性增加了很多的不确定性，从而导致流体识别和饱和度计算十分困难。

(1) 储层岩性的准确识别难。储层发育程度与岩性有密切的关系，因此岩性识别是储层识别评价的基础和关键。火山岩岩石矿物和岩性复杂，岩石类型和结构多样，尤其是在一些中基性的过渡岩性中，其矿物成分没有明显的界线，使得测井响应也具有复杂性和多解性。目前已发现的火山岩储层的岩性主要有玄武岩、安山岩、英安岩、粗面岩、流纹岩、火山角砾岩、凝灰岩等多种岩性，不同岩性之间既有矿物组分差异，又有岩石结构不同，同时受储层物性和流体性质的影响，造成测井信息特征不明显。目前通过各种测井资料综合识别岩性在部分区块已取得初步的成果，但还需进一步深化研究，形成岩性识别方法。

(2) 储层流体识别难。矿物成分复杂，储集空间类型多，不同岩性的火山岩孔隙结构不同，电阻率变化较大，岩石孔隙结构引起的电阻率的变化在一定程度上掩盖了孔隙流体对电阻率的贡献。储层非均质性强，厚度、物性、流体性质横向变化大，无统一油（气）水界面。而且测井响应受岩性的影响大，流体响应较弱，传统的中子-密度交会等储层含气性测井解释方法适用性差，使得火山岩储层流体识别的难度很大。

(3) 储层储集空间复杂。除孔隙型外，储层储集空间还有裂缝、孔洞、溶洞型。储层孔隙结构和裂缝有效性评价困难。虽然通过压汞、铸体薄片、核磁共振实验资料可以评价储层孔隙结构，但在测井资料应用评价上存在很大困难。有效裂缝在各种测井资料响应上存在差异，常规测井资料和特殊测井资料处理的孔隙度差别很大，没有一个公认的刻度标准。

(4) 储层参数准确计算难。火山岩储层岩石类型多样，岩性及造岩矿物复杂，导致不同岩性的骨架参数变化较大。同时火山岩储层的孔隙度一般较小，而7%以下孔隙度的精确计算及储层有效性评价一直是测井评价的难点。

(5) 储层测井相划分难。火山岩测井相的识别对有利储层预测、勘探及开发重点目标的选择具有重要意义。目前，只有关于沉积岩和碳酸盐岩测井相划分方面的研究，没有关于火山岩测井相方面的研究。而火山岩岩性、岩相与沉积岩和碳酸盐岩相比更加复杂，给火山岩测井相划分带来很大难度。

为了满足火山岩储层勘探开发的需要，针对上述挑战和技术难题，本书以松辽盆地深层火山岩为例，介绍了一套包括岩性识别、测井相划分、流体识别、储层参数计算等在内的相对完整的松辽盆地火山岩储层测井评价技术和方法。

第二章 松辽盆地火山岩储层基本特征

松辽盆地深层是指泉头组二段以下地层，主要为上侏罗统—下白垩统断陷构造层和下白垩统坳陷构造层。自下而上分别为火石岭组、沙河子组、营城组和登娄库组及泉头组一段、二段地层，火山岩主要在营城组、火石岭组发育。

徐家围子断陷为松辽盆地北部深层规模较大的断陷，近南北向展布，断陷为西断东超型箕状断陷，划分为西部断阶带、徐中构造带、东部斜坡带、乐低隆起、宋站低隆起等多个正向构造单元。

营城组沉积受到边界断层的控制，沉积范围比沙河子组沉积范围扩大，此期内基底断裂活动频繁，火山活动强烈，在断陷内，形成了大范围分布的火山岩。营城组分四段，总体上为两套火山岩和两套碎屑岩互层。

松辽盆地钻遇深层营城组和火石岭组火山岩的各种探井达 200 多口，这些火山岩地层有酸性、中性、基性火山岩。依据 127 口探井岩心和岩屑的系统观察、岩石薄片鉴定、岩石化学资料分析、岩石类型体积频率统计等，可以看出松辽盆地深层火山岩岩性的岩石化学成分类型主要有 9 种，分别属于亚碱性和碱性系列。

（1）亚碱性系列：玄武岩、玄武安山岩、安山岩、英安岩、流纹岩，以安山岩、英安岩、流纹岩居多。

（2）碱性系列：粗面玄武岩、玄武粗安岩、粗安岩、粗面岩，以玄武粗安岩、粗安岩、粗面岩居多。

根据松辽盆地深层火山岩类型分布、岩石类型体积频率统计和火山岩储层研究的实际需要，依据火山岩的结构成因–化学成分–矿物成分–特征结构–火山碎屑粒级及其比例等综合分类命名，共确定出 20 种火山岩岩石类型，分别隶属于火山熔岩类、火山碎屑熔岩类、火山碎屑岩类。具体岩性主要包括流纹岩、玄武岩、安山岩、粗面岩、熔结凝灰岩、角砾熔岩、凝灰岩、角砾凝灰岩、火山角砾岩等岩性。

第一节 火山储层的储集空间

一、火山岩储集空间分类

针对松辽盆地火山岩储层储集空间的具体特点，将火山岩的储集空间分类如下（表 2-1）。

表 2-1　火山岩储层储集空间类型和特征（据王璞珺，2007 修改）

成因类型	孔隙类型	成因	特征	代表岩性
原生孔隙	原生气孔	含有大量气液包裹体的火山物质喷出地表时，流动单元上部遗留下来后期未充填物质的气孔	气孔的形态有圆形、椭圆形、线状及不规则形态，大小不等，分布均匀。部分为不连通的独立孔	流纹岩、玄武岩
	石泡空腔孔	含有大量气液包裹体的火山物质喷出地表时，在流动单元的上部遗留下来的大气孔；其中充填的热液物质冷凝收缩沿孔壁产生的缝隙	比一般气孔大，直径为在 4～6cm，以圆形、椭圆形为主，分布密度大。主要为冷凝收缩沿孔壁产生的缝隙，一般连通性好	流纹岩中常见
	杏仁体内孔	矿物充填气孔未充填满形成的杏仁体内矿物之间的孔隙	其形态多为长形、多边形或围边棱角状不规则状，主要为晶间孔，连通性较好	流纹岩、玄武岩
	颗粒/晶粒间孔隙	火山碎屑颗粒间经成岩压实和重结晶作用后残余的孔隙	形态不规则，通常沿碎屑边缘分布，主要为晶间孔和残余的孔隙，连通性较好	火山碎屑岩中
	基质收缩裂隙	岩浆喷发时，由于基质近于等体积条件下的快速冷却形成	晶面不规则状，局部呈环带状，主要为晶内裂缝孔和基质收缩裂缝，连通性好	各种火山熔岩
	矿物炸裂纹和解理缝隙	碎斑/聚斑结构矿物斑晶间爆裂和裂缝	晶面不规则状或似解理状，主要为基质收缩裂缝，连通性好	各种含斑晶的火山岩
次生孔隙	晶内溶蚀孔	斑状火成岩中，斑晶被溶蚀产生的孔隙	其孔隙形态不规则，如完全溶蚀矿物，则保留原晶体假象。主要为晶内孔，连通性较好	各种火山岩中
	基质内溶蚀孔	基质中的玻璃质脱玻化或微晶长石被溶蚀	细小的筛孔状，主要为溶蚀孔，具有一定的相互连通性	流纹岩中沿流纹构造发育
	断层角砾岩中角砾粒间孔	构造裂隙充填的断层角砾之间，以点接触为主	随断层角砾不规则状，主要为粒间孔，连通性好，配位数高	火山通道相中常见
裂缝	原生收缩裂缝	岩浆喷发时快速冷却，基质内部应力差异导致不均一收缩	柱状节理、板状节理、球状节理，主要为节理裂缝孔和基质收缩孔，连通性好，是很好的油气运移通道	流纹岩、珍珠岩、安山岩、玄武岩中常见
	构造裂缝	火成岩成岩后受构造应力作用产生的裂缝	有的早期裂缝已被充填，晚期未被充填，有横向、纵向、也有交错的，有的横切连通气孔和基质溶蚀孔等。主要为构造节理裂缝孔，连通性好，是很好的油气运移通道	流纹岩、安山岩中常见
	充填残余构造裂缝	构造裂隙被后期热液不完全充填	不规则形状的构造节理裂缝孔，连通性好	火山岩构造带
	充填-溶蚀构造裂缝	被充填构造缝隙，后溶蚀重新开启成为有效储集空间	保留原裂隙形态，溶蚀构造缝隙，连通性较好	流纹岩、安山岩、玄武岩中常见

按成因划分为原生孔隙、次生孔隙和裂缝 3 种类型。按结构可进一步划分为 13 种亚类。原生孔隙包括熔岩类的原生气孔、石泡空腔孔、杏仁体内孔和火山碎屑岩类的颗粒/晶粒间孔隙、火山角砾岩基质收缩裂隙，以及矿物炸裂纹和解理缝隙。次生孔隙包括晶内溶蚀孔、基质内溶蚀孔和断层角砾岩中角砾粒间孔隙。裂隙包括原生节理缝、构造裂缝、充填残余构造裂缝和充填-溶蚀构造裂缝。

二、火山岩孔隙空间结构与碎屑岩和碳酸盐岩的区别

由于火山岩的形成过程有许多不同于碳酸盐岩和碎屑岩的地方，因而，其储层的孔隙网络与砂岩、碳酸盐岩的孔隙网络也存在不同，主要表现在以下 4 个方面。

（一）孔隙网络的发育程度不同

砂岩和碳酸盐岩的原生孔隙网络是由碎屑颗粒沉积时形成的空间组成的，一般连通性较好。孔隙网络不仅有孔隙，而且彼此连通，通常具有较高的孔隙度和渗透率，是一种名副其实的孔隙网络。而火山岩是岩浆在地下深处或喷出地表后经冷却、凝固、结晶形成的岩石，虽然也存在气孔和晶间孔，但连通性很差，甚至不连通，要成为有效的储层往往需要成岩后作用的改造。

（二）孔隙网络的演化途径不同

砂岩储层的孔隙网络基本是在原生孔隙网络的基础上发育而成的，虽受成岩及次生作用的影响，但基本保持了原生孔隙网络的格局。碳酸盐岩的原生孔隙受成岩作用影响较大。成岩过程使孔隙度大幅度下降，经次生作用可发育成形态与原生孔隙大不相同的次生孔隙网络系统。火山岩储层的孔隙网络则要依靠次生作用产生的缝、孔隙、洞，把原来彼此不连通或连通性很差的孔隙连接起来形成连通程度不一的孔隙网络。

（三）孔隙网络的组构要素不同

所谓组构要素，是指组成孔隙空间的最基本的要素。砂岩的孔隙网络主要由孔隙和喉道构成。碳酸盐岩及火山岩孔隙系统的组构要素比砂岩复杂得多，既有形态不同、大小不一的孔、洞，又有宽窄不等、延伸范围各异的缝隙，很难区分出孔隙和喉道。火山岩的孔隙形态很少与骨架颗粒的大小和形态有关。

（四）主要孔隙类型不同

砂岩主要孔隙类型为粒间孔隙。碳酸盐岩及火山岩与砂岩有明显的差异。主要孔隙类型多为次生孔隙，且都以双重孔隙系统（裂缝系统和基质孔隙系统）为其特征。

碳酸盐岩的孔洞比较发育，而火山岩的裂缝比较发育，靠溶蚀形成的大洞不很常见，以裂缝和连通的气孔为主。

第二节　火山储层的物性特征

一、孔　隙　特　征

火山岩的孔隙是指火山岩成岩作用过程中（侵入与喷发的结晶与冷凝），除火山碎屑岩外，其他火山岩所发育的晶间、晶内、收缩洞穴、粒间及气孔等。原生孔隙常具有分散性，之间不能构成网络，难以形成储渗空间。只有在构造作用、风化作用、热液作用和冷凝作用等外部因素的影响下，火山岩体内才可形成各种孔隙和裂隙，孔、缝、洞交织在一起则可构成油气的储集空间（新疆油气区石油地质志（上册））。

根据王璞珺等（2007）分类方案，通过对松辽盆地营城组多口深层火山岩钻探和野外露头两口浅钻的岩心、薄片悉心观察后，将营城组孔隙储集空间类型可以分为以下两种8小类，总的特点是：储层空间类型多，孔隙结构复杂，次生作用影响强烈。从微观到宏观上都表现出严重的非均质性，孔、洞、缝交织在一起，储层性能有很大的差异性和突变性。

（一）原　生　孔　隙

（1）原生气孔。在松辽盆地主要发育于流纹岩中（图2-1a）。气孔的形态有圆形、椭圆形、线状及不规则形态，大小不等，分布均匀，部分为不连通的独立孔。

（2）石泡空腔孔。在野外露头及营一D1井流纹岩中见到，比一般气孔大，直径为4~6cm，以圆形、椭圆形为主，分布密度大。主要为冷凝收缩沿孔壁产生的缝隙，一般连通性好（图2-1b）。

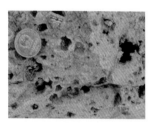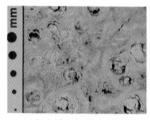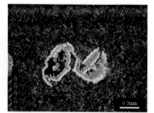

| (a)九台六台地区，流纹岩，原生气孔 | (b)九台城子街镇，流纹岩，石泡空腔孔 | (c)营一D1井，井深207.7m，玄武岩，杏仁体内孔 |

图2-1　营城组火山岩储集空间原生孔隙图（一）

（3）杏仁体内孔。在营一D1井营下段见到，营三D1井占主体。杏仁体多为方解石、绿泥石、硅质等。其形态多为长形、多边形或围边棱角状等不规则形状。主要为晶间孔，连通性较好（图2-1c）。

（4）颗粒/晶粒间孔隙。发育于各种火山碎屑岩、火山碎屑熔岩中，尤其是含角砾

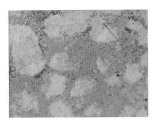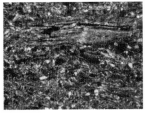

(a)九台石场，流纹岩，粒间孔 (b)营三D1井，井深241.10m， (c)营三D1井，井深32.2m，
凝灰熔岩，基质收缩裂缝 少斑玄武岩，长石解理缝隙

图2-2 营城组火山岩储集空间原生孔隙图（二）

和晶屑、岩屑含量较多的碎屑岩熔岩中。形态不规则，通常沿碎屑边缘分布，主要为晶间孔和残余的孔隙，连通性较好（图2-2a）。

（5）基质收缩裂隙。发育于各种火山熔岩中，晶面不规则状，局部呈环带状，主要为晶内裂缝孔和基质收缩裂缝，连通性好（图2-2b）。

（6）矿物炸裂纹和解理缝隙。发育于各种含斑晶的火山岩，像斑状流纹岩、晶屑凝灰岩等，晶面不规则状或似解理状，主要为基质收缩裂缝，连通性好（图2-2c）。

（二）次 生 孔 隙

（1）晶内溶蚀孔。发育于各种含斑晶的火山岩，像斑状流纹岩、晶屑凝灰岩等，其孔隙形态不规则，如完全溶蚀矿物，则保留原晶体假象。主要为晶内孔，连通性较好（图2-3a）。

（2）断层角砾岩中角砾粒间孔。发育于火山通道相具有堆砌结构的各种角砾岩中，随断层角砾不规则状，主要为粒间孔，连通性好（图2-3b）。

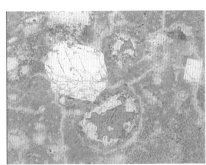

(a)九台石场，斑状流纹岩，晶内溶蚀孔 (b)营三D1井，井深56.1m，
玄武质隐爆角砾岩，角砾粒间孔

图2-3 营城组火山岩储集空间次生孔隙图

二、裂 缝 特 征

通过野外露头测量、钻井岩心观察和室内薄片鉴定等分析手段，结合前人研究情

况，从地质成因的角度出发（刘为付，2005；任德生，2002；王秀娟，1999；左悦，2003），认为松辽盆地营城组火山岩地层中发育 3 种成因类型的裂缝：原生裂缝、次生裂缝和非地质应力缝（表2-2）。裂缝的形成受多方面因素的影响，火山岩的岩石类型、喷发形式和所处的构造位置是火山岩裂缝形成的内因；构造运动、溶蚀作用、风化作用是火山岩裂缝形成的主要外因。在内因和外因的联合作用下，形成本区原生裂缝和次生裂缝叠加的复杂裂缝系统。

表 2-2　松辽盆地营城组火山岩储层裂缝分类表

分类依据	裂缝类型			特征	实例
成因	原生裂缝	冷凝收缩缝	基质收缩缝	熔浆基质发生收缩、脱水、快速冷凝及成分分异等一系列作用后形成的裂缝	见于九台营城煤矿地区及升深2-7井
			原生节理缝	由于热力的散失，熔浆体冷却收缩并产生张应力，使岩体破裂而形成的一些冷凝节理	见于九台市卢家公社及六台乡采石场
			层间炸裂缝	熔岩流动过程中，上部冷凝或半冷凝的岩层受下部熔岩流上涌作用的影响炸裂开形成的裂缝	见于九台营城煤矿及汪深1井
		炸裂缝	角砾粒间缝	压力释放而产生地下爆发作用形成的或火山爆发后碎屑角砾间的接触缝	见于六台乡采石场及升深2-12井
			长石解理缝	长石斑晶内受外力沿解理形成的裂缝	见于九台营城煤矿及肇深10井
			矿物炸裂缝	石英、长石等斑晶被炸裂形成的裂缝	见于九台营城煤矿及徐深9井
	次生裂缝	构造缝	倾角 垂直缝	75°<倾角≤90°	广泛发育于脆性极强的熔岩内，在九台营城煤矿、六台乡采石场等地及徐深2-12井内均有发育
			倾角 高角度缝	45°<倾角≤75°	
			倾角 低角度缝	15°<倾角≤45°	
			倾角 水平缝	倾角≤15°	
			形成期次 早白垩世营城期	倾向为北西与南西和北西与北东两组共轭高角度缝	
			形成期次 营城组末期	倾向为北西、南东向并切割了早期裂缝	
			形成期次 晚白垩世	裂缝在营城组中只是起着叠加和强化作用	
		溶蚀裂缝		火山岩原生裂缝受溶蚀作用形成的裂缝	见于九台营城煤矿及徐深8井
		分化裂缝		在原生裂缝的基础上，风化淋滤作用的结果	见于九台营城煤矿及徐深6井
	非地质应力缝			采石或钻井过程中形成的，非天然裂缝	见于九台营城煤矿及升深2-1井

三、储集类型及孔缝组合

营城组火山岩储层主要发育 4 种储集类型。

（1）孔隙型（图 2-4a）。储集空间以各种孔隙为主，渗流通道则以孔隙间的喉道为主，孔隙类型主要包括气孔、微孔和砾间孔。

（2）裂缝-孔隙型（图 2-4b）。储层的储集空间以各种孔隙为主，渗流通道则以裂缝及部分喉道为主，形成孔隙储、裂缝渗的储渗配置关系；孔缝组合类型有溶孔+气孔+裂缝、粒间溶孔+微孔+裂缝、气孔+裂缝、粒间孔+裂缝和微孔+裂缝型。

（3）孔隙-裂缝型（图 2-4c）。储层的裂缝较发育，形成孔隙与裂缝同储、裂缝渗的储渗配置关系；孔缝组合类型为裂缝+微孔型。

（4）裂缝型（图 2-4d）。储层的储集空间以裂缝为主，各类孔隙为辅，形成裂缝与孔隙同储（裂缝为主）、裂缝渗的储渗配置关系；孔缝组合类型以裂缝为主。

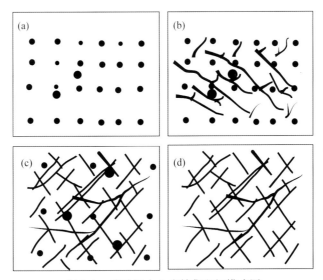

图 2-4　营城组火山岩储集空间模式图

第三节　火山机构与储层物性的关系

一、火山机构相带与储层物性关系

（一）火山机构各相带特征

根据火山机构的形态、岩性、岩相和孔缝发育特征，将火山机构分为火山口-近火山口相组、近源相组和远源相组三个相带（表 2-3）。火山口-近火山口相组由外形丘状、内部杂乱的熔岩构成,特征岩相为火山通道相、侵出相、具变形流纹构造的溢流相和含火山弹的爆发相;地层倾角为40°～70°;裂缝线密度为10～30条/m。近源相组由楔状和块状熔岩构成,特征岩相为具高角度流纹构造的溢流相和假流纹构造的爆发相;地层倾角为25°～45°,以30°～40°居多;裂缝线密度为3～25条/m。远源相组由层状火山碎屑岩、沉火山碎屑岩和平缓层状熔岩构成,特征岩相为见层理的爆发相和平缓流纹构造的溢流相;地层倾角20°～35°,以20°～25°居多;裂缝线密度为2～11条/m。

表2-3 松辽盆地火山机构各相带特征

火山机构相带	岩相	形态	厚度/m	平面延伸/km	岩石类型	岩石结构	岩石构造	裂缝线密度(条/m)	平均孔隙度/%	平均渗透率/$10^{-3}\mu m^2$
火山口–近火山口相组(CVCF)	火山通道相、侵出相、溢流相和爆发相	丘状和穹隆状	100～200	0.5～1.5	珍珠岩、隐爆角砾岩、熔岩、角砾熔岩、凝灰熔岩、集块岩	隐爆角砾结构、堆砌结构、集块结构、熔结角砾结构、球粒结构	岩球构造、岩枕构造、高角度流纹构造、假流纹构造、变形流纹构造、块状构造、气孔杏仁构造、粒序层理	10～30	7.74	1.99
近源相组(NCDF)	溢流相和爆发相	楔状和块状	50～100	1～3	晶屑、岩屑熔岩、浆屑凝灰熔岩	熔结角砾结构、熔结凝灰结构、碎斑结构、球粒结构	高角度流纹构造、假流纹构造、气孔杏仁构造、粒序层理	3～25	7.47	0.95
远源相组(DDF)	爆发相和溢流相	层状	20～50	1～2	凝灰岩、熔岩	凝灰结构、熔结凝灰结构	平缓流纹构造、平行层理、交错层理	2～11	6.0	0.13

注:★为松辽盆地东南隆起区营城组火山岩露头测量值。

(二) 火山机构各相带储层宏观特征

1. 火山口—近火山口相组

该相带主要发育丰富的大气孔、气孔被充填后的残余孔和杏仁体内孔。气孔中充填物常为自形石英或方解石,气孔直径最大达30cm,面孔率最高达20%。气孔常具有拉长特征,沿高角度流纹理定向分布。

该相带中发育的裂缝主要为炸裂缝、构造缝和脱玻化产生的微孔隙,见溶蚀缝。见两种炸裂缝:一为隐爆角砾岩中的枝杈状、放射状、脉状裂缝,该类裂缝具有延伸长度大（数米）、缝宽大（最宽达10cm）、充填程度高的特征。二为角砾熔岩中不规则裂缝，该类裂缝具有延伸长度小、缝宽小、充填程度低的特征。前者成为良好的运移通道的可能性更大。在该相带中面缝率可达15%，裂缝在各个方向均有分布。

实测孔隙度值范围为4%～20%，平均为7.74%；渗透率为（0.01～20）×10⁻³μm²，平均为1.99×10⁻³μm²，属于中孔高渗储层，局部为高孔高渗。

2. 近源相组

该相带主要发育小气孔，气孔直径达2mm，分布较均匀，形状为近圆状或拉长状，充填程度低，沿低角度流纹理分布，面孔率最高达15%，

该相带中发育的裂缝主要为构造缝、炸裂缝和溶蚀缝。构造缝具有延伸差、形状不规则、密度小、分布不均和充填程度中等的特点。炸裂缝常见于长石和石英晶屑，该类裂缝具有延伸长度极小、缝宽极小、充填程度低的特征。在该相带中面缝率可达5%，裂缝方向较杂乱。

实测孔隙度值范围为1%～15%，平均为7.47%；渗透率为（0.01～4.7）×10⁻³μm²，平均为0.95×10⁻³μm²。属于中孔-中渗储层，局部为中孔高渗。

3. 远源相组

该相带中发育少量微气孔和溶蚀孔，气孔面孔率最高达10%。

该相带中主要发育高角度构造裂缝，方向为东西向和近东西向，裂缝具有延伸长度大（30m）、宽度大、间距大、充填程度低的特征。面缝率可达5%，在垂向上具有良好的导通性能，是火山岩中的重要运移通道，同时也是有效储层。

实测孔隙度值范围为1%～10%，平均为6.0%；渗透率为（0.02～1）×10⁻³μm²，平均为0.13×10⁻³μm²。属于中/低孔-低渗储层。由于测试方法的限制，宽大的构造裂缝不能出现在样品中，渗透率结果只能代表岩石本身的渗透性，不代表裂缝的渗透性。所以从岩层角度来看，存在构造裂缝的远源相组渗透性好，储层类型可能为低孔-高渗储层。

火山机构三个相带相比较，火山口-近火山口相组储层物性最好，是作为火山岩勘探的首选目标；近源相组储层物性较好，可作为备选目标；远源相组属于低孔低渗储层，目前还不是勘探的重点。利用地质-地震综合方法识别出盆地内火山机构的各个相带，对火山岩勘探具有重要的指导意义。

二、火山机构类型与储层物性关系

不同火山机构，其岩石类型、岩相组合及分布特征和储层物性均有差异。熔岩火山机构储层物性变化较大；测试和研究表明，溢流相上部亚相和中部亚相的气孔流纹岩储集性能好；其他情况下，由于裂缝欠发育，连通性不好，储层物性则较差。复合火山机构裂缝和孔隙发育，分析测试表明，溢流相的上部亚相和爆发相的热碎屑流亚相物性较好，当两者交替出现时尤为明显。XS5井整段火山岩都显示为较好的含气/水

层。碎屑锥火山机构常位于断裂边缘，储层物性较好，有利于油气的聚集。熔岩穹丘的内带亚相经常会出现大规模的"岩穹内松散体"，它们是大的珍珠岩球体的堆积体，是有利的火山岩储集体。

（一）基于岩性特征的分析比较

对 85 个深层钻井和 144 个浅钻井火山岩岩心孔隙度和渗透率测试结果进行分析，结果见表 2-4。

表 2-4　浅钻井与深层钻井中不同岩性的储层物性比较

岩性	样品来源	孔隙度/%				渗透率/$10^{-3}\ \mu m^2$				样本数/个
		最小值	最大值	平均值	主要范围	最小值	最大值	平均值	主要范围	
玄武岩	浅钻井	0.6	34.8	15.44	10~25	0.02	4.94	0.189	0.02~0.30	84
	深层钻井	2.6	19.1	8.65	4~8	0.01	15.8	0.159	0.01~0.05	22
流纹岩	浅钻井	2.3	23.3	11.47	5~15	0.01	0.41	0.09	0.02~0.10	26
	深层钻井	1.8	14.5	7.86	2~12	0.01	2.25	0.07	0.02~0.20	31
火山碎屑岩	浅钻井	6.8	31.4	18.95	10~25	0.02	75.5	0.69	0.10~1.30	34
	深层钻井	0.2	9.4	4.71	3~7	0.01	1.3	0.07	0.01~0.10	32

注：深层钻井为徐家围子地区勘探开发井，井深 3000~5000m；浅钻井为吉林六台剖面地质钻井，井深 200~250m。

深层钻井与浅钻井相比较：熔岩的孔隙度略小，渗透率基本一致；而火山碎屑岩的孔渗变化都比较大，尤其是渗透率，相差达 10 倍左右。

玄武岩与流纹岩相比较：深层钻井和浅钻井中，玄武岩物性都略高于流纹岩。

熔岩与火山碎屑岩相比较：浅钻井中，火山碎屑岩的孔隙度略高于熔岩，而渗透率相对要高得多；深层钻井中，火山碎屑岩孔隙度则变得比熔岩要差，渗透率也不及熔岩，但相差不大。

由此可以看出，埋深对熔岩的物性影响不大，但是对火山碎屑岩的物性影响较大。熔岩的物性与其成分关系不大，基性熔岩火山机构的物性略好于酸性，但相差不大。在未经埋深压实的情况下，碎屑火山机构物性好于熔岩火山机构；经受埋深压实以后，则刚好相反。

（二）基于火山机构类型的物性综合分析

表 2-5 为剖面古火山机构火山岩孔隙度和渗透率的总体分析结果，碎屑火山机构物性最好，孔隙度和渗透率都高于熔岩型和复合型。熔岩火山机构与复合火山机构的物性相差不大。从剖面的统计结果来看，储层物性与火山机构类型关系不大，它们之间的规律性并不明显。此外，盆地内埋藏火山机构的对比情况还有待研究。

表 2-5 火山机构类型与储层物性的关系

火山机构类型	孔隙度/%		渗透率/10⁻³μm²		样本数/个
	平均值	主要范围	平均值	主要范围	
熔岩型	15.6	1~4、10~25	0.2	0.05~0.30	92
碎屑型	19.74	15~25	0.83	0.20~1.40	20
复合型	14.96	5~25	0.23	0.05~0.40	71

第四节 火山岩岩性与储层物性的关系

岩性是其他因素对火山岩储集物性产生影响的物质基础，不同的岩性具有不同的硬度、密度、成分、结构、构造等属性，导致不同类型的火山岩具有不同的物性特征，即具有不同的孔隙度和渗透率。对松辽盆地深层火山岩的统计数据表明，火山岩储层物性与火山岩岩性和岩相关系密切。从总体上看，不同岩性的储层空间类型组合主要有 8 种（表 2-6）。

表 2-6 松辽盆地深层火山岩不同岩性储集空间类型组合

火山岩岩性	储集空间类型组合	火山岩岩性	储集空间类型组合
角砾熔岩	气孔+溶蚀孔洞+裂缝型	晶屑凝灰岩	溶孔+微孔型
气孔流纹岩	气孔+裂缝型	凝灰岩	微孔+微裂缝型
火山角砾岩	砾间孔+溶孔+裂缝型	凝灰熔岩	孔隙型
熔结凝灰岩	溶孔+微孔型+裂缝型	致密火山岩	裂缝型

就岩性而言，气孔流纹岩、流纹质凝灰岩及角砾岩的物性较好（图 2-5）。

对野外露头两口浅钻营一 D1 井和营三 D1 做物性测试后发现，岩性跟储层物性有如下关系（表 2-7）。

表 2-7 营一 D1 井岩性物性统计表

岩性	储集空间类型组合	孔隙度/%	渗透率/10⁻³μm²
气孔流纹岩	原生气孔+构造裂缝型	$\frac{4.1\sim22.1}{12.23(18)}$	$\frac{0.02\sim56}{0.10(13)}$
流纹构造流纹岩	流纹理孔+构造缝型	$\frac{2\sim8.3}{3.64(10)}$	$\frac{0.02\sim10.4}{0.02(5)}$
块状流纹岩	构造裂缝型	$\frac{11.8\sim22.6}{16.63(6)}$	$\frac{0.01\sim670}{0.20(6)}$
玄武岩	杏仁体内孔+隐爆缝型	$\frac{13.2\sim23.9}{17.3(5)}$	$\frac{0.03\sim0.05}{0.04(4)}$
含角砾凝灰岩	砾（粒）间孔+基质收缩缝型	$\frac{10\sim25.4}{19.35(15)}$	$\frac{0.03\sim23}{0.69(15)}$

续表

岩性	储集空间类型组合	孔隙度/%	渗透率/$10^{-3}\mu m^2$
晶屑凝灰岩	粒间孔+基质收缩缝型	$\dfrac{20.3\sim25.2}{21.86\,(5)}$	$\dfrac{0.12\sim75.5}{0.66\,(4)}$
凝灰熔岩	粒间孔+基质收缩缝型	$\dfrac{9.9\sim21.4}{15.6\,(3)}$	$\dfrac{0.17\sim3.53}{0.38\,(3)}$
角砾熔岩	砾（粒）间孔+基质收缩缝型	$\dfrac{13.5\sim20.7}{19.27\,(6)}$	$\dfrac{0.06\sim7.29}{0.53\,(6)}$
火山角砾岩	砾（粒）间孔型	$\dfrac{11.8\sim32.8}{21.6\,(7)}$	$\dfrac{0.05\sim8.26}{1.64\,(7)}$
沉凝灰岩	层间缝+基质收缩缝型	$\dfrac{2.9\sim20.9}{9.65\,(8)}$	$\dfrac{0.01\sim0.65}{0.08\,(8)}$

注：$\dfrac{4.1\sim22.1}{12.23\,(18)}$含义为$\dfrac{最小值\sim最大值}{平均值\,（个数）}$，余同。

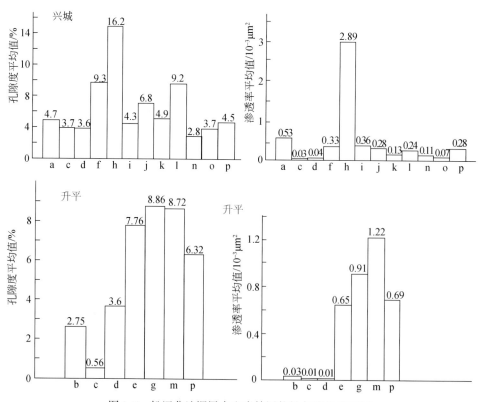

图 2-5　松辽盆地深层火山岩储层物性与岩性关系图

a. 砾岩；b. 粗砂岩；c. 安山岩；d. 英安岩；e. 流纹岩；f. 球粒流纹岩；g. 熔结凝灰（熔）岩；h. 流纹质凝灰岩；i. 流纹质熔结凝灰岩；j. 流纹质晶屑熔结凝灰岩；k. 流纹质熔结凝灰角砾岩；l. 流纹质晶屑熔结凝灰角砾岩；m. 角砾岩；n. 流纹质凝灰角砾岩；o. 流纹质火山角砾岩；p. 集块岩

就岩性而言，从表2-7中可以清楚看出，孔隙度为晶屑凝灰岩最好，其他依次为火山角砾岩、含角砾凝灰岩、角砾熔岩、玄武岩、块状流纹岩、凝灰熔岩、气孔流纹岩、沉凝灰岩、流纹构造流纹岩;渗透率为火山角砾岩最好,其他依次为含角砾凝灰岩、晶屑凝灰岩、角砾熔岩、块状流纹岩、气孔流纹岩、沉凝灰岩、玄武岩、流纹构造流纹岩。

营三D1井气孔杏仁玄武岩、角砾熔岩、沉火山岩角砾岩等岩性的孔隙度较大;而角砾熔岩、沉火山角砾岩、沉凝灰岩等岩性的渗透率较大(表2-8),但我们不能因此就说只要钻遇到角砾熔岩、沉火山角砾岩这两种岩性的物性是最好的,是有利的储层岩石类型。因为储层的好坏关键不仅在于能否存储流体,还在于能否运移流体和将流体保存下来。因此,岩性与物性有关,但是相关性不好。岩性的不同也会使裂缝面密度和开启程度存在较大差别(图2-6)。

表2-8 营三D1井岩性物性统计表

岩性	储集空间类型组合	孔隙度/%	渗透率/10⁻³μm²
玄武质隐爆角砾岩	粒间孔隙+基质收缩缝+裂缝型	$\frac{24.60 \sim 1.20}{8.85 \ (12)}$	$\frac{2.43 \sim 0.04}{0.39 \ (12)}$
气孔杏仁玄武岩	杏仁体内孔+裂缝型	$\frac{34.80 \sim 8.30}{22.50 \ (39)}$	$\frac{3.34 \sim 0.04}{0.35 \ (39)}$
块状玄武岩	裂缝型	$\frac{26.8 \sim 0.60}{7.21 \ (33)}$	$\frac{4.94 \sim 0.02}{0.76 \ (33)}$
玄武质角砾熔岩	砾(粒)间孔+基质收缩缝型	$\frac{24.50 \sim 11.30}{18.95 \ (6)}$	$\frac{16.10 \sim 0.08}{0.26 \ (6)}$
流纹质凝灰/角砾熔岩	砾(粒)间孔+基质收缩缝型	$\frac{26.70 \sim 18.30}{21.43 \ (4)}$	$\frac{2.15 \sim 0.27}{1.15 \ (4)}$
流纹质沉火山角砾岩	砾(粒)间孔	$\frac{24.00 \sim 26.90}{21.09 \ (7)}$	$\frac{1.29 \sim 0.64}{1.02 \ (7)}$
流纹质晶屑凝灰岩	粒间孔+基质收缩缝型	$\frac{19.00 \sim 13.60}{16.23 \ (3)}$	$\frac{0.14 \sim 0.07}{0.09 \ (3)}$
流纹质沉凝灰岩	层间缝+基质收缩缝型	$\frac{23.50 \sim 12.40}{18.68 \ (5)}$	$\frac{3.93 \sim 0.04}{0.89 \ (5)}$

注: $\frac{23.50 \sim 12.40}{18.68 \ (5)}$ 含义为 $\frac{最大值 \sim 最小值}{平均值 \ (个数)}$。

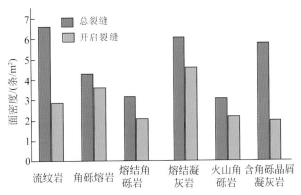

图2-6 松辽盆地营城组火山岩储层岩性与裂缝关系图

第三章　火山岩岩性测井响应特征及识别方法

火山岩矿物成分多样，不同岩性的造岩矿物相差较大，岩石骨架参数变化大，导致岩性对测井响应的影响甚至超过了储层流体的影响。因此，准确识别火山岩岩性是开展火山岩储层测井评价、划分火山岩岩相、进行有利储层预测的基础和关键。

第一节　火山岩岩石学特征

火山岩是指由火山作用喷溢至地表的熔浆和碎屑物质经冷凝、固化、压结等作用而形成的岩石。其岩性和岩相主要取决于形成火山岩的岩浆性质、产出状态和形成环境。岩浆溢出地表固结而成的岩石称为熔岩（喷出岩）；由爆发性火山活动产生的火山碎屑堆积物固结而成的岩石称为火山碎屑岩（李亚美等，1994）。火山岩的岩性决定了储层中原生气孔发育的程度。了解火山岩的岩石学特征及其与岩石物理之间的内在关系是火山岩岩性识别的基础。

一、岩石的化学成分

地壳中的 90 种天然元素在火山岩中均已发现，但各个元素的含量却极不相同，其中，最主要的元素是 O、Si、Al、Fe、Ca、Mg、Na、K、Ti，这些元素的氧化物是组成火山岩的主要化学成分。根据岩心氧化物分析结果，组成火山岩的主要化学成分为 SiO_2、Al_2O_3、Fe_2O_3、FeO、MgO、CaO、Na_2O、K_2O、TiO_2 等，其中，SiO_2 是最主要的氧化物。各种火山岩的化学成分含量（氧化物质量分数）之间的关系如图 3-1 所示（邱家骧等，1996），从中可以看出火山岩化学成分的变化规律为：

（1）MgO 和 FeO 的变化趋势一致，从基性岩到酸性岩逐步减少。二者随 SiO_2 含量的增加而急剧减少，特别是 MgO 的变化幅度更大；

（2）CaO 和 Al_2O_3 的变化趋势基本一致，它们在 SiO_2 含量为 45% ~50% 的区段上出现峰值，当 SiO_2<45% 时，其含量不多，而在 SiO_2>50% 时，CaO 明显下降，但 Al_2O_3 仅略有下降，曲线基本上水平延伸；

（3）Na_2O 和 K_2O 的变化趋势一致，均随着 SiO_2 含量的增加而逐步增加。

目前，按照化学成分对火山岩进行分类的方法主要有酸度分类、碱度分类以及 TAS 图分类，划分为超基性、基性、中性、酸性火成岩岩石是依据岩石中 SiO_2 的质量分数进行的。根据国际地质科学联合会 IUGS（International Union of Geological Sciences，1989）提出的标准，SiO_2 含量的变化指示了岩性的变化，其中，超基性、基性、中性、酸性火山岩的 SiO_2 含量的分界线分别为 45%、52%、66%（表 3-1）；根据里特曼系数

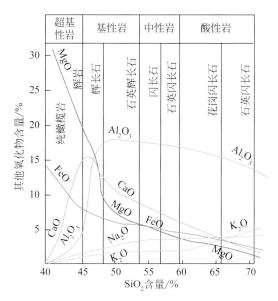

图 3-1　各种火成岩化学成分据

σ $\left[\sigma=\left(K_2O+NaO\right)^2/\left(SiO_2-43\right)\right]$ 的大小，又可将火山岩分为：钙性岩（$\sigma<1.8$）、钙碱性岩（$1.8\%<\sigma<3.3\%$）、碱性岩（$3.3\%<\sigma<9.0\%$）和过碱性岩（$\sigma>9.0\%$）；Na_2O+K_2O 质量分数之和称为全碱含量，全碱含量的变化反映了岩石矿物组分中长石类型的变化，越偏碱性，K_2O 含量越高。

表 3-1　岩浆岩分类原则

岩石类型	SiO_2含量/%
超基性岩类	<45
基性岩类	45~52
中性岩类	52~66
酸性岩类	>66

　　深入研究火山岩地球化学特征，将岩石化学分析与薄片鉴定资料进行有机结合，不仅对于岩浆来源的确定、岩浆岩成因以及形成环境等问题的研究极为重要，而且对于火山岩的酸碱度系列的划分、火山岩的准确分类命名，以及后续火山岩储层测井评价方面都具有非常重要的意义。在兼顾多种因素的前提下，我们在松辽盆地选择了 22 口关键井，对 534 块火山岩样品进行了氧化物含量分析，SiO_2 含量为 52%~83%，里特曼指数为 1%~3.3%，全碱含量为 6.95%~10.65%，根据国内外火山岩岩性定名标准，将氧化物含量分析结果进行 TAS 图投点（图 3-2），从中可以看出，松辽盆地火山岩主要为钙性及钙碱性的基性的玄武岩类、中性的安山岩类、酸性的流纹岩类，还有少量的中酸性英安岩和中性粗面岩等。

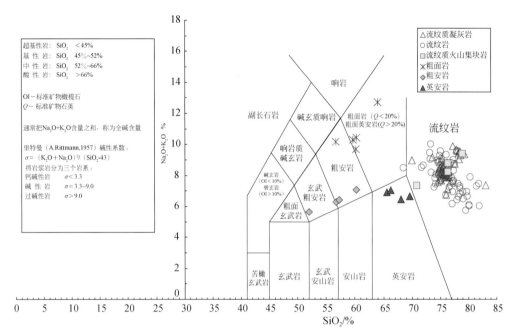

图 3-2　火山岩 TAS 图分类

二、岩石的矿物成分

　　火山岩是由各类造岩矿物组成的，常见的火山岩矿物多达 20 余种，但主要的矿物还是石英、碱性长石、斜长石、辉石和铁镁矿物，火山岩的矿物成分是火山岩分类的重要依据，其矿物种类和含量的差别反映了岩石类型的不同，也反映了岩石的形成环境。

　　火山岩的矿物组成取决于岩浆的化学成分和结晶环境。火山岩矿物成分与相应岩浆的化学成分之间存在着密切的关系，也就是说，岩浆的化学成分决定了火山岩的基本矿物组成。因此，人们通常鉴定和认识火山岩，首先是从研究岩石的矿物组成开始，进而推断代表相应岩浆岩的化学成分和结晶条件。但当岩石结晶不好时，火山岩岩石以玻璃质为主，鉴定和识别其中的矿物成分和含量是很困难的，此时需要进行化学分析，根据化学氧化物定名并分类（李石和王彤，1981）。

　　某一种特定的岩石，主要由某一、二种或某几种矿物按一定的比例构成（图 3-3）。基性的玄武岩类由近于等量的斜长石和暗色矿物组成，暗色矿物主要为辉石，可含少量的黑云母和角闪石；当斜长石、碱性长石和石英三者含量相近时，就是流纹岩类；当斜长石数量超过碱性长石和斜长石总量的 2/3 或 9/10，并含有一定量的石英、角闪石和（或）黑云母时，是英安岩或安山岩类；如以碱性长石为主，则为粗面岩。因此，矿物组成的变化和矿物相对含量的多少，就构成了超基性、基性、中性、酸性和碱性火山岩。

　　目前，松辽盆地所揭示的火山岩岩石类型主要有基性的玄武岩类、中性的安山岩

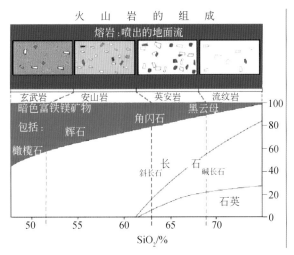

图 3-3 常见火山岩的主要矿物组成

类和酸性的流纹岩类，其基本矿物组成特征如下。

（一）基性玄武岩类

基性玄武岩类的主要矿物成分是斜长石和辉石，有些种属含丰富的橄榄石。副矿物主要为钛、铁氧化物（磁铁矿、钛铁矿、赤铁矿等）。

玄武岩中的斜长石、橄榄石、辉石等矿物在成岩后的一系列外力作用下，非常不稳定，易出现各种蚀变现象，如橄榄石变为伊丁石，辉石变为绿泥石，钙长石变为钠长石。

（二）中性安山岩类

中性安山岩类的矿物成分主要为斜长石或（和）碱性长石及一种或几种暗色矿物（角闪石、辉石或黑云母），有时有少量石英或副长石类矿物。根据碱性长石的多少，可划分为安山岩和粗面安山岩。

斜长石是安山岩和粗面安山岩的主要矿物组分，它们往往呈斑晶或基质出现。碱性长石是粗面岩的主要矿物，往往作为斑晶出现，并在基质中大量存在。在一般的中性喷出岩中，不出现石英斑晶。辉石在中性喷出岩中较为常见，辉石晶体在喷出岩中很少被熔蚀；在蚀变的中性喷发岩中，角闪石部分或全部变为绿泥石、方解石及金属矿物等。在安山岩和粗面安山岩中，黑云母比角闪石和辉石少见，可是在粗面岩中则较为常见（邱家骧等，1996）。

（三）酸性流纹岩类

酸性流纹岩类的主要矿物为石英、碱性长石及斜长石，含有少量的铁镁矿物。石英可同时组成斑晶和基质，有时则几乎全部富存于基质内。碱性长石主要为透长石、正长石，其次是歪长石；斜长石常呈斑晶出现，很少见于基质中。它通常是更-中长石，有时为钠长石。铁镁矿物以黑云母或角闪石为主，偶见透辉石（邱家骧等，1996）。其蚀变作用表现为：斜长石绢云母化，钾长石高岭石化，黑云母、辉石和角闪石绿泥石化（李石和王彤，1981）。

根据石英、碱性长石和斜长石三者含量比及暗色矿物，可将酸性喷出岩划分为：碱性流纹岩、钾质流纹岩、流纹岩、英安流纹岩、流纹英安岩、石英角斑岩等。

三、火山岩岩石分类方案

火山岩岩石分类是火山岩研究的基础，由于火山岩岩石分类方案的不一致，录井、测试中心和研究人员采用各自的分类、命名体系，从而导致各种资料中有时存在异意或同意的现象。以吉林大学王璞珺火山岩岩石分类方案为基础，通过对研究区 30 口关键井岩心观察、8 口井 92 片薄片鉴定，结合录井报告、薄片鉴定报告和全岩氧化物资料综合分析，依据成因、成分、结构及构造，将钻井取心火山岩进行了厘定，主要分为 4 类 6 亚类 17 种岩石类型（表3-2）。

表3-2 大庆深层火山岩岩石分类表

结构大类	成分大类		基本岩石类型
火山熔岩类（熔岩基质中分布的火山碎屑岩<10%，冷凝固结）	熔岩结构	基性 SiO_2 45%~52%	玄武岩/气孔杏仁玄武岩
		中性 SiO_2 52%~63%	安山岩
			粗面岩/粗安岩
		中酸性 SiO_2 63%~69%	英安岩
		酸性 SiO_2>69%	球粒流纹岩/气孔流纹岩/石泡流纹岩
火山碎屑熔岩类（熔岩基质中分布的火山碎屑 10%~90%，冷凝固结）	火山碎屑熔岩结构	基性 $SiO_2$45%~52%	玄武质凝灰/火山角砾熔岩
		中性 SiO_2 52%~63%	安山质凝灰熔岩
		酸性 SiO_2>69%	流纹质凝灰/火山角砾/集块熔岩
	熔结结构	酸性 SiO_2>69%	流纹质熔结凝灰/火山角砾岩
	隐爆角砾结构	中性-酸性	安山质隐爆角砾岩
			粗安质隐爆角砾岩
			流纹质隐爆角砾岩
火山碎屑岩类（火山碎屑>90%，压实固结）	火山碎屑结构	中性 $SiO_2$52%~63%	安山质凝灰/角砾
		酸性 SiO_2>69%	流纹质（晶屑玻屑）凝灰岩
			流纹质（岩屑浆屑）角砾/集块岩
沉火山碎屑岩类（火山碎屑 50%~90%，压实固结）	沉火山碎屑结构	碎屑<2mm	沉凝灰岩
		碎屑>2mm	沉火山角砾/集块岩

火山熔岩、火山碎屑熔岩、火山碎屑岩、沉火山碎屑岩是研究区主要发育的火山岩岩石类型，下面按照颜色、化学成分、矿物成分、结构构造、裂缝发育等特征，分别详细描述如下。

（一）火山熔岩类

火山熔岩是熔浆喷溢至地表经"冷凝固结"而成的岩石，具有火山熔岩结构。这类岩石多为半晶质，矿物颗粒细，常具有斑状结构、玻基斑状结构。其中斑晶单个晶体矿物肉眼（或借助放大镜）能够识别。大部分基质中的矿物肉眼不能识别，常含玻璃质和隐晶质，酸性岩的基质多具霏细结构、球粒结构、显微文象结构、细晶结构，中基性岩的基质多具交织结构、粗面结构、间粒结构等。常见流纹构造、气孔构造和杏仁构造及块状构造。火山熔岩以流纹岩、英安岩、安山岩、玄武岩为主，含少量粗面岩。

1. 流纹岩

流纹岩是一种典型的酸性喷出岩，发育流纹构造，或气孔构造、杏仁构造，斑状结构或无斑隐晶质结构，斑晶含量为5%～20%，主要为钾钠长石和石英。流纹岩颜色较浅，主要为灰色、灰白色、浅褐色，致密块状，具流动构造。岩石局部裂缝发育，分布不均匀，以斜交岩心裂缝为主，一般为碳酸盐类矿物不完全充填。岩石由斑晶和基质两部分组成：斑晶为石英、钾长石、斜长石及少量黑云母等矿物，自形程度较好，星散分布，少数呈聚斑状产出，其中石英见熔蚀现象，呈港湾状，表面见少量铁质裂纹，含量约15%，钾长石、斜长石呈较好板柱状，强高岭土化，部分与石英构成微文象连晶，含量约10%，黑云母含量少，具绿泥石化，呈假象产出；基质脱玻化形成纤维放射状球粒，大小为0.2～0.4mm，球粒间充填他形细粒石英，呈镶嵌状分布，石英微晶多嵌布于微格状钾长石中，构成微嵌晶结构，球粒与微嵌晶构成球粒-微嵌晶复合结构，褐铁矿星散分布于基质内，部分沿球粒放射纹分布，使球粒更见明显，基质中长石含量小于70%，石英含量约15%左右，如图3-4所示。

(a)灰色流纹岩，气孔较发育，排列近于垂直　　　　(b)灰色流纹岩，气孔基本不发育

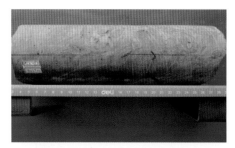
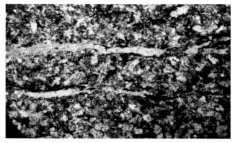

(c)流纹岩，上部2.5m变形流纹构造，
底部气孔状流纹岩，孔直径约1cm

(d)球粒流纹岩，构造裂缝+溶蚀缝

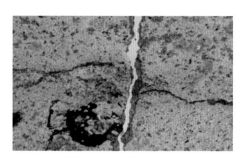

(e)球粒流纹岩，方解石充填气孔后被溶蚀（+）

(f)球粒流纹岩　发育溶蚀缝（-）

图 3-4　流纹岩

2. 英安岩

英安岩为介于安山岩和流纹岩之间的一种中酸性喷出岩，灰紫色，具流纹构造或块状构造，斑状结构，斑晶含量为5%～10%，主要是石英、钾长石和少量斜长石，斜长石具聚片双晶，少量具正环带结构，部分长石已钠长石化。基质主要为霏细结构，局部可见球粒结构，如图3-5所示。

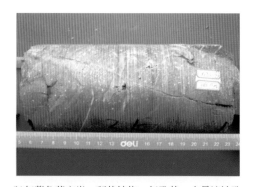

(a)灰紫色英安岩，具流纹构造，未见气孔

(b)灰紫色英安岩，斑状结构，气孔状，少量溶蚀孔

图 3-5　英安岩

3. 粗面岩

粗面岩为紫红色，块状构造，斑状结构，斑晶含量在5%左右，主要为肉红色正长石，具卡式双晶，如图3-6所示。

4. 安山岩

安山岩是一种中性喷出岩，灰紫色，块状构造，斑状结构，斑晶含量为 10% ~ 55%，主要为斜长石和角闪石，基质由斜长石和角闪石微晶及其间的隐晶质及微粒磁铁矿组成安山结构，如图 3-7 所示。

(a)紫红色粗面岩，斑状结构，基质隐晶质，
块状构造，裂缝发育，且被溶蚀加宽

(b)紫红色粗面岩，斑状结构，斑晶溶蚀孔明显

图 3-6 粗面岩

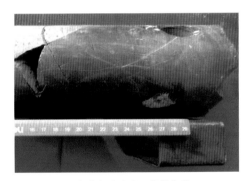

(a)灰紫色安山岩，块状构造

(b)安山岩，斑晶主要为碳酸盐化斜长石，基质
为交织结构，发育不规则气孔，硅质充填

图 3-7 安山岩

5. 玄武岩

玄武岩是一种基性喷出岩，SiO_2 含量变化于 45% ~ 52%，K_2O+Na_2O 含量较侵入岩略高，CaO、Fe_2O_3+FeO、MgO 含量较侵入岩略低。矿物主要由基性长石和辉石组成，次要矿物有橄榄石、角闪石及黑云母等，岩石均为暗色，一般为黑色，有时呈灰绿以及暗紫色等。呈斑状结构，气孔构造和杏仁构造普遍。玄武岩体积密度为（2.8 ~ 3.3）g/cm^3。玄武岩耐久性高，节理多，且节理面多成六边形且具脆性，于气孔和杏仁构造常见，为深灰色或绿褐色，斑状结构，斑晶主要为橄榄石和基性长石，基质为间粒结构；具气孔–杏仁构造，部分气孔被沸石或绿泥石充填，如图 3-8 所示。

(a)深灰色玄武岩，含角砾，气孔发育

(b)斑状结构玄武岩，斑晶主要为橄榄石和基性长石，基质为间粒结构；具气孔、杏仁构造，部分气孔被沸石或绿泥石充填

(c)深灰色蚀变玄武岩，气孔杏仁构造发育

(d)绿褐色玄武岩，气孔杏仁构造发育

(e)绿褐色玄武岩，气孔、杏仁构造发育

(f)灰黑色致密块状玄武岩，发育约1m长的直劈缝

图 3-8　玄武岩

（二）火山碎屑熔岩类

火山碎屑熔岩是介于火山熔岩和火山碎屑岩之间的一种岩石类型，发育多种不同成因的岩石学特征，而这些特征缺乏系统性和针对性梳理研究，使火山碎屑熔岩类火山岩发育段成为火山岩相、亚相最难识别的相段，大大降低了以"岩心刻度测井"方法为指导的火山岩测井资料解释的精度，成为制约利用测井相识别火山岩岩相技术研究的一大障碍。而该类火山岩在本区大量发育，其精确研究对火山岩相的测井识别具有重要意义。

结合近几年的盆地火山岩研究中积累的地质资料，在王璞珺等（2008）的盆地火山岩分类方案的基础上，将火山碎屑熔岩按形成机理，进行了进一步详细研究和划分，详见表3-3和图3-9。

表3-3　火山碎屑熔岩成因分类

结构大类	固结成岩方式	岩石名称	成因及典型识别特征	岩相/亚相	原生储集特征
火山碎屑熔岩	冷凝固结	熔结火山碎屑岩	由火山碎屑流形成，发育熔结结构，但熔结程度具分带性	爆发相热碎屑流亚相	发育浆屑内气孔
		泡沫熔岩	由泡沫灰流形成，具火山碎屑熔岩结构，无熔结现象	介于爆发相和溢流相之间：爆溢相	上部气孔发育，下部发育少量
		岩流自碎型火山碎屑熔岩	由岩流自碎作用形成，构成与熔岩共存的双层结构，岩石本身具火山碎屑熔岩结构	溢流相：上、中、下部亚相（富浆屑部分为爆溢相）	气孔少见
		隐爆角砾岩	近地表隐爆作用形成，裂缝发育，充填原地角砾和岩汁，发育隐爆角砾结构	火山通道相隐爆角砾岩亚相/近火山口相	无气孔
		再熔结（胶结）型火山碎屑熔岩	早期火山岩后期破碎，经熔浆搬运、熔结或胶结而成，角砾磨圆、有烘烤冷凝边，具火山碎屑熔岩结构，或堆砌结构	火山通道相火山颈亚相/近火山口相	气孔少见

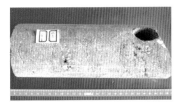

(a)浅灰紫色浆屑晶屑弱熔结凝灰岩，具弱熔结结构，浆屑内发育溶蚀孔

(b)浅灰紫色浆屑晶屑熔结角砾凝灰岩，具强熔结结构，浆屑内富溶蚀孔

(c)浅灰紫色气孔状熔结角砾凝灰岩，具熔结结构，浆屑内发育溶蚀孔

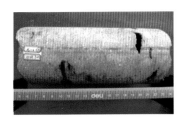
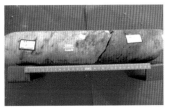

(d)泡沫熔岩，晶屑含量较高的流纹质晶屑凝灰熔岩，含少量压扁拉长的浆屑，浆屑内发育溶蚀孔

(e)岩流自碎型流纹质火山角砾熔岩，半塑性浆屑发育，由于规模小，气体易于逸散而不发育气孔

(f)粗面质隐爆角砾岩，原岩为粗面岩，裂缝发育，充填原地角砾和褐色岩汁

(g)再熔结型火山角砾熔岩，早期
火山角砾后期破碎，经熔浆搬运、
固结而成，角砾被熔蚀圆化，
气孔极不发育

(h)再熔结型火山角砾熔岩，早期角
砾经熔浆搬运、固结而成，角砾被
烧烤变红，气孔极不发育

(i)再胶结型流纹质火山角砾熔
岩，角砾具坍塌—原地堆
砌—胶结特点，具堆砌构造

图 3-9 常见的火山碎屑熔岩

1. 熔结火山碎屑岩

　　熔结火山碎屑岩是一类特殊成因的火山岩，自从 19 世纪初期发现以来，其成因模式一直成为国际地质工作者特别是岩石工作者探讨的主题之一，曾有火山灰流、火山碎屑流、涌流型和次火山型等假说。目前逐步认为这类岩石是由处于地壳深处、高温、高压、高黏度、高饱和挥发分的酸性及中酸性等熔浆，沿构造薄弱部位上侵到通道浅部或火口附近，由于外部压力和温度骤然下降，储于熔浆内的大量高压气体和挥发分，突然膨胀起泡外逸，使骤冷待凝固成玻璃的熔浆，高度进碎成残破气泡壁状的碎屑，同时连累夹带上来的斑晶和围岩也一并炸碎，使得由灼热的刚性岩块、晶屑、玻屑、火山灰以及炽热的塑性到半塑性浆屑而构成的"热碎屑流"在重力作用下流动，重荷和高温的共同作用使碎屑颗粒发生定向排列、塑变拉长、扁平化，随着温度降低和坡度减小，流动速度变缓，同时塑性组分使刚性颗粒彼此焊接，最终固结成岩。因此，熔结结构和碎屑熔岩结构的形成机理是一样的，都经历了"冷凝固结"成岩过程，熔结火山碎屑岩类应属于火山碎屑熔岩类。特征的结构构造为熔结凝灰结构、熔结角砾结构和假流纹构造。熔结火山碎屑熔岩基质中分布的火山碎屑含量小于 10%（小于 10%者划归到火山熔岩类）。根据火山碎屑粒径的不同分别划分为熔结集块熔岩（主碎屑粒径大于 64mm）、熔结角砾熔岩（主碎屑粒径为（64～2）mm）和熔结凝灰熔岩（主碎屑粒径小于 2mm）。

　　流纹质熔结凝灰/火山角砾岩，$SiO_2 > 69\%$，由火山灰、晶屑、浆屑（塑变岩屑及玻屑）组成，酸性碎屑中含有中酸性斜长石、石英、碱性长石、黑云母、角闪石。发育似流纹构造，熔结结构，但在一个冷却单元内，熔结程度往往具有分带现象（图 3-9a，b，c）。这是由于火山碎屑流上部和底部散热快，中部散热慢，致使中下部熔结程度最强，底部和上部基本未熔结或熔结程度较弱。另外，储层内气孔及溶蚀孔的发育与浆屑含量呈正相关关系。

　　根据其成因，熔结火山碎屑岩类火山岩主要发育于爆发相热碎屑流亚相，使浆屑的塑性流变而形成的似流纹构造和熔结结构成为该亚相典型识别标志。但由于存在熔结分带现象，应注意底部和顶层熔结程度较弱或未熔结凝灰岩，往往缺乏分选性，成层性极差或无，并且常与熔结火山碎屑岩共生于一个冷却单位中，一般不与火山角砾岩、集块岩共生，而与空落成因的凝灰岩相区分。

2. 泡沫熔岩

如果岩浆中气体较少，不足以把岩浆物质完全粉碎，这时连续的流体介质仍然是岩浆，它包括的气体和被气体粉碎的小部分岩浆物质以及晶屑、岩屑等，这种特殊岩流被称为泡沫流，实质上是一种介于爆发作用和喷溢作用之间的火山作用形成的一种剧烈起泡的熔岩流，不同于爆发作用形成的火山碎屑流（为包含着大量岩浆物质的气体流）。由这种泡沫流形成的岩石即为泡沫熔岩。由于起泡数量和起泡剧烈程度在泡沫流剖面各个部分不同，一般是上部强、下部弱，中间介于二者之间，因此泡沫流上部被气体炸开的浆屑和玻屑数量最多，与火山碎屑流有点相似，但由于没有上覆压力，一般不熔结，下部则基本如同熔岩。中部以熔岩为主，含丰富晶屑、岩屑、浆屑和玻屑，因此中部是典型的泡沫流形成的岩石。以其所特有的熔离条状体组成的流动构造和大量碎裂状晶屑所组成的连续不等粒碎屑结构，有别于喷溢作用所形成的熔岩。熔岩物质胶结，且很少发育熔结结构，这与正常火山碎屑岩和熔结火山碎屑岩类火山岩又有本质的不同。它实质上是介于火山碎屑岩和熔岩之间的火山碎屑熔岩。就储层发育特征而言，自下而上，往往由于发泡能力的增强，浆屑内气孔逐渐增多（图 3-9d）。

根据成因，泡沫熔岩是由介于爆发作用和喷溢作用之间的火山作用形成的，其典型区分特征决定这种岩石既不属于典型的爆发相，也不属于溢流相，而应属于介于爆发相和溢流相之间的爆溢相。该种划分能够很好解释底部偏熔岩，往上逐步过渡为富含浆屑、玻屑的偏酸性火山碎屑熔岩的岩性组合特征。

3. 岩流自碎型火山碎屑熔岩

在熔岩流流动的过程中，由于表层散热较快，往往会冷凝形成硬壳，而内部炽热的熔岩流继续流动，在其流动压力下，硬壳炸裂为碎块，可认为是岩流自碎作用的过程。这种作用形成的岩石由火山碎屑和熔岩胶结物两部分组成，因此称之为岩流自碎火山碎屑熔岩。其经常与熔岩共生，且碎块一般呈不规则多边形，既有棱角部分，也有因相互摩擦而次圆的部分，因规模较小，碎块内一般不发育气孔，易与其他火山碎屑熔岩区分。

因此，岩流自碎火山碎屑熔岩是由于熔岩流的自碎作用形成，该种成因很好解释了在一个溢流相单元内，往往在底部或顶部会发育多种形态的火山角砾，而爆炸成因的玻屑、浆屑、晶屑往往不发育的现象，很显然应属于溢流相的上部、下部亚相。

4. 隐爆角砾岩

在火山口附近或潜火山岩体的顶部，因岩浆运移过程中挥发分大量聚集，在地下强烈爆破，使岩体本身及其顶部围岩破碎成大小不等的各种角砾后被熔岩胶结而成的岩石即为隐爆角砾岩（图 3-9f）。角砾形态多为棱角状、次棱角状，个别为浑圆状，是原岩被高温高压富挥发分流体释压炸裂而形成的，原地或少量位移，有时缝隙呈现树杈状，之后被同成分或相似成分的岩汁充填/半充填、胶结。就成岩方式而言，隐爆角砾岩是岩汁冷凝结晶石化过程中使原地角砾彼此胶结而成的，是"冷凝固结"的另一种表现形式。所以它实质上属于火山碎屑熔岩类。

5. 再熔结（胶结）型火山碎屑熔岩

这类火山岩形成过程大概有以下几种情况：一是在火山口附近，爆发作用形成的火山弹、火山渣等火山碎屑从空中坠入熔岩湖内，再被熔岩胶结而成。二是由于爆发作用或后期的构造作用，火山通道的壁部或附近岩石破裂，被同期熔岩或者岩浆期后热液胶结（图3-9g，h）。上述两种情况均由于火山碎屑被炽热的熔岩胶结，碎屑和碎块的边部有时候表现出烧熔、烤裂的迹象，如棱角被熔蚀、碎块变小或者烧烤变红。还有一种可能是火山活动晚期（宁静期），由于挥发分的释放和熔浆的冷却，往往火山口的上部处于半固结-固结的熔岩垮塌，又或被下部熔浆及细碎屑胶结而形成，一般规模不大，产状较陡。形成由刚性和（或）塑性火山岩角砾被较细粒火山物质和（或）熔浆胶结，形成貌似混凝土状的堆砌构造（图3-9i）。其中的刚性角砾无磨圆，但可具浅化边或暗化边；塑性浆屑和基质少见流动拉长现象。

（三）火山碎屑岩

火山碎屑岩是火山作用形成的各种火山碎屑堆积物经过"压实固结"而成的岩石。火山碎屑物喷出并降落堆积后，一般未经搬运或只经短距离搬运，然后，在上覆重荷作用下，经压实、排水、脱气、体积和孔隙度减小、密度增加等一系列成岩作用，最终，粗碎屑被相对较细的填隙物质胶结，导致整个岩石固结而形成岩石。通常，火山碎屑岩中火山碎屑体积含量大于90%（外碎屑小于10%）时，外生碎屑组分是"热碎屑流"流动过程中裹进来的，或火山爆发过程中炸裂的围岩碎屑混进来的，可以认为，这种火山碎屑岩一般是纯粹火山活动的产物，无显著的后期沉积改造。

松辽盆地北部深层火山碎屑岩主要分布在营城组地层中。火山角砾岩具火山角砾结构，角砾含量为50%～80%，角砾主要为中性和酸性火山熔岩岩屑（占角砾总量的50%～60%）及石英、长石晶屑（5%），填隙物主要为火山凝灰质物（15%），少部分为粉砂质和泥质物；凝灰岩颗粒由晶屑（主要为石英、碱性长石，少量斜长石和黑云母晶屑）、玻屑和岩屑组成，填隙物主要是火山灰，含少量陆源长石和石英碎屑，凝灰岩的主要类型为晶屑凝灰岩和晶屑玻屑凝灰岩，少量岩屑为玻屑凝灰岩。如图3-10所示，松辽盆地北部深层火山碎屑岩主要发育安山质凝灰/角砾岩、流纹质凝灰岩、流纹质角砾/集块岩。

（四）沉火山碎屑岩

沉火山碎屑岩主要为沉凝灰岩，主要分布在火山碎屑岩顶部或与火山碎屑岩互层分布。这类岩石是介于火山碎屑岩和沉积岩之间的过渡型岩石，形成于火山作用和沉积改造的双重作用之下。火山碎屑物含量为50%～90%，成岩方式主要为"压实固

(a)安山质火山角砾岩，蚀变严重，呈蜂窝状

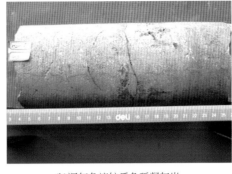

(b)深灰色流纹质角砾凝灰岩

(c)浅绿色流纹质玻屑凝灰岩

(d)流纹质火山角砾岩，溶孔5cm×2cm

图 3-10　火山碎屑岩类

结"，岩石具有沉火山碎屑结构，即碎屑颗粒可见不同程度的磨圆。火山碎屑物以晶屑、玻屑为主，还含有岩屑，主要岩类为沉凝灰岩，而沉集块岩和沉火山角砾岩比较少见，如图 3-11 所示。

(a)沉凝灰岩，下部反韵律，靠近深水沉积环境，
砾石漂浮状，上部正韵律，接近火山岩体，
可见绿泥石化

(b)灰色沉凝灰岩，岩屑内溶孔，部分玻屑脱落

图 3-11　沉火山碎屑岩类

第二节　火山岩岩相特征及分类

火山岩的岩相是指火山活动环境及在该环境下所形成的特定火山岩岩石类型的总和（邱家骧等，1996），是火山作用产物在空间上的分布格局、产出方式以及这些产物呈现的外貌特征的反映。研究火山岩的岩相，只有对包括喷出岩在内的所有火山岩进行岩相划分，才能了解火山岩作用的发展过程、岩浆演化的特点以及它们形成的地质条件。目前，国内外火山岩岩相划分的方法很不统一，有的以火山岩形成时间为依据分为古相火山岩和新相火山岩；有的以火山岩形成时所处的环境不同，分为陆相火山岩及海相火山岩；有的以火山喷发物离火山口的远近分为火山口相、近火山口相和远火山口相；有的以火山喷出物所处的部位分为顶板相、底板相、内部相和前额相；有的以火山活动产出物的产出方式、形态及岩石特征划分为爆发相、溢流相、火山通道相、侵出相及火山沉积相。最后一种方法基本与火山机构的分布形态描述最为接近，对于恢复古火山机构有直接的帮助，是采用最多的一种火山岩岩相划分的方法。

一、火山岩岩相分类

岩相是岩浆作用产物形成环境、条件的概括，或者说岩相是指在一定环境、条件下岩浆作用产物特征的总和。因此，划分岩相类型的主要根据应该是岩浆作用方式、喷发方式、搬运方式、堆积或侵位环境、成岩过程以及产物在火山机构内的位置（谢家莹等，1994；1995；1996）。研究火山岩相，对于重塑火山活动过程、恢复古火山机构、分析火山岩体形成机理、确定火山岩储层储集空间及储层质量控制因素等方面，具有一定的理论和实际意义。

通常，侵入岩岩相划分主要依据其岩石的形成深度；沉积岩的岩相划分常常依据沉积环境；而火山岩岩相划分则依据火山物质的喷发类型、搬运方式和侵位环境与状态，即形成方式的总和。火山岩系通常是多相的产物，即在不同地质条件下，由于不同作用而形成的岩石的复杂组合。通过岩相研究，可以从纯粹的岩性描述转向从环境、成因高度去研究岩浆作用所形成的产物特征，以揭示岩石形成环境。岩相研究必须与火山活动旋回、火山机构相结合，这对确定火山喷发类型、推演火山作用过程、恢复古火山面貌是十分重要的。

上述分析说明，火山岩岩相的研究是一项综合研究任务，既包括火山岩岩石学的基本内容，也包含各种火山岩的分布范围、叠置关系、空间组合、堆积环境等信息。因此，火山岩岩相的研究中，经常采用的方法包括以下 5 种。

（1）岩心、薄片岩石学特殊描述法。该方法基于火山岩岩性类型的确定及其岩石结构、构造的描述，从成因角度反推该岩石的形成过程，进而判断其搬运方式、成岩方式及其距离火山口的距离，从而推测其岩相类型，这是岩相发育模式研究的基础。

（2）典型火山岩发育井岩相划分及解释法。该方法基于钻井、录井和大量测井信息，目的在于落实不同部位火山岩在垂向上的发育演化规律及组合关系，进而划分火山喷发期次及不同期次内部火山岩相单元的叠置关系及发育演化历程。

（3）地震资料岩相识别及连井岩相剖面精细对比法。该方法首先在岩心、测井约束下建立地震相–岩相识别图版，据此开展不同层位地震相解释和平面岩相识别，再通过典型连井剖面的岩相作精细横向对比，落实平面火山机构及其内部各种岩相发育规模、平面分布及其相互关系，进而落实火山喷发类型、喷发方式及火山机构中各岩相单元的平面分布特征和基本组合关系。

（4）基于火山岩及其相邻沉积岩岩石学的沉积环境恢复法。为了解释火山岩堆积环境（陆上、水下，浅水区、深水区），需要首先从火山岩特征（如淬碎成因玻璃质外壳、岩流自流破碎形成的撕裂状火山角砾熔岩结构、岩石原地破碎并被熔浆充填而形成的隐爆角砾结构等）和相邻沉积岩特征（如细粒沉积岩的颜色、特殊的交错层理、暴露成因的泥裂、生物活动形成的遗迹构造等）判断火山岩堆积的沉积环境性质。

（5）地球化学环境判定法。岩石地球化学中 Fe^{2+}/Fe^{3+} 相对含量对其形成环境比较敏感，是进行沉积环境氧化、还原性判断的较有效指标。

近年来，随着火山岩油气藏的不断揭示，火山岩的研究引起油气地质学家的广泛关注和浓厚兴趣。但火山岩相的研究远不如沉积相研究那样深入和细致，不同学者往往存在不同的划分方案。有一定代表性的火山岩岩相划分方案包括以下两种。

（一）谢家莹等的方案

谢家莹等（1994）研究认为，岩相研究必须与火山活动旋回、火山机构相结合，这对确定火山喷发类型、推演火山作用过程、恢复古火山面貌是十分重要的。根据上述综合原则，将本区岩浆作用产物的岩相类型归纳为 3 大类 12 种岩相类型（表3-4）（谢家莹等，1994）。

表3-4　火山岩相划分方案一（据谢家莹等，1994）

类	相	亚相
火山岩相	溢流相（溢流相）	
	爆发空落相	弹射坠落式爆发空落亚相
		喷射降落式爆发空落亚相
	火山碎屑流相	下部涌流堆积亚相
		中部火山碎屑流堆积亚相（狭义的）
		上部灰云堆积亚相
	爆溢相	
	基底涌流相	下部爆发角砾岩、角砾凝灰岩堆积亚相落层状凝灰岩堆积亚相
		厚层状凝灰岩堆积亚相（块状涌流层和空落相凝灰岩层组成）
	火山泥石流相	火山泥流堆积亚相
		火山泥石流堆积亚相
	喷发沉积相	

续表

类	相	亚相
侵出岩相	火山预相	
	侵出相	
侵入岩相	侵入岩相（深成岩相）	
	潜火山相	
	隐爆角砾岩相	

对上述方案中最重要的几种火山岩相成因及特征介绍如下。

1. 爆发空落相

特征岩性是黏稠岩浆以爆裂喷发方式将火山物质喷发到空中后坠（降）落堆积所形成的火山碎屑岩。一般围绕火山口依次向外分布，粗粒级火山碎屑主要受自身重力作用坠落，堆积在火山口附近，细粒级火山碎屑受重力、风力双重因素作用，在空中运移降落堆积，火山碎屑发生自然分选，形成以火山口为中心的近粗远细、下粗上细的粒度变化。

2. 火山碎屑流相

包括由火山喷发产生的高温气体和炽热火山碎屑所组成的高密度碎屑流堆积、火山喷发初期的涌流堆积，以及从喷发柱顶部蘑菇状灰云体中降落的微尘状碎屑堆积，其形成的岩石称为熔结火山碎屑岩类，包括熔结的和不熔结的两部分，根据碎屑粒级可分为集块、角砾、凝灰三级。

一个发育完整的冷却单元火山碎屑流相堆积从下到上可分为三个堆积亚相。

第一，下部涌流堆积亚相：这是火山喷发初期阶段蒸气岩浆喷发产物，其特征是：①分布范围小，一般只分布于近火口附近，厚度薄、变化大，在古地貌起伏不平时具有填平作用；②组成岩石从下到上为凝灰质碎屑岩、沉凝灰岩或涌流凝灰岩、玻屑凝灰岩，有时有火山泥球凝灰岩；③岩石组分有岩屑、晶屑、玻屑、火山尘以及陆源砂砾、泥质物等，成分较复杂，粒度较细；④岩石层理构造发育，常有低角度斜层理或交错层理构造。

第二，中部火山碎屑流堆积亚相（狭义的）：在紧接蒸气岩浆喷发之后，是大规模的火山碎屑流喷发，大量高温气体和炽热火山碎屑组成的混合体从火山口猛烈喷发，冲向高空，形成喷发柱，到上冲力与重力平衡时发生崩塌坠落，在地面涌流堆积之上被汹涌湍急流动运移侵位堆积，形成火山碎屑流堆积亚相。

中部火山碎屑流堆积亚相（狭义的）是火山碎屑流相堆积的主体层，其主要特征是：①组成的岩石为熔结凝灰岩，向上、下可过渡为弱熔结或不熔结凝灰岩，顶部有时可出现浮岩屑富集层；②由多量强烈塑性变形的浆屑、玻屑定向平行排列，使岩石发育流动构造和熔结凝灰结构；③碎屑粒度由下而上，浆屑由逆粒序转为正粒序结构，浮岩屑则为正粒序结构；④有时可见到发育的柱状节理。

第三，上部灰云堆积亚相：在喷发柱顶部，由大量微尘状碎屑所组成的蘑菇状灰云体，随着向外扩散运移过程中能量的衰减，碎屑物质大量迅速降落下来形成灰云堆积亚相，部分更细微的灰尘物质，可受风力影响被搬到更远地方降落堆积。灰云堆积亚相可超越碎屑流堆积亚相分布。其主要特征是：①分选性好、形成显层理构造的灰云凝灰岩、包括玻屑凝灰岩、晶玻或玻晶凝灰岩，含浮岩屑玻屑凝灰岩等，在近火口处可出现含角砾浮岩屑凝灰岩；②火山碎屑保持刚性状态，岩石具有发育的凝灰结构。

3. 爆溢相

其特征岩性是一种既不同于熔岩、也不同于火山碎屑岩的岩石，以含有 35% ~ 40% 的碎裂状晶屑组分与熔岩相区别，晶屑组分被玻质熔岩胶结，与火山碎屑岩相区别，从岩类学看，它应该属于火山碎屑岩类中的碎屑熔岩类，故命名为凝灰熔岩。

岩相特征分析表明，形成这种岩石的火山喷发，既不像形成熔岩那样平静地从火山口溢出，也不像形成火山碎屑岩那样爆裂喷发，应是间于其间，即火山喷发时，火山物质像泉水那样向上喷涌并向外倾泻流动侵位，故称为爆溢喷发作用，由其形成的堆积称为爆溢相。爆溢相凝灰熔岩分布面积可由数十到数百平方千米，且岩性单一，变化甚小。

（二）王璞珺等的方案

王璞珺等（2003，2008）通过对松辽盆地酸性火山岩的研究，在综合国内外火山岩、尤其是火山碎屑岩研究现状基础上，参考前人岩相划分方案，从储层地质角度，将火山岩相类型归纳为 5 种相和 15 种亚相（图 3-12），总结了露头区和钻井取心火山岩不同相、亚相的特征和识别标志，使火山岩相研究更加贴近油气藏勘探与开发的实际。

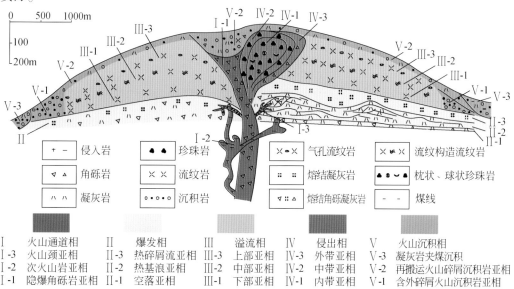

图 3-12 松辽盆地酸性火山岩岩相模式（据王璞珺等，2008）

二、火山岩岩相识别标志

本次研究以松辽盆地为例，在王璞珺等的火山岩岩相划分方案的基础上，通过对30口井的岩心观察、薄片鉴定和全岩氧化物等资料的综合分析，进行了火山岩相的识别划分。根据30口钻井923.98m取心观察结果统计，研究区主要发育爆发相和溢流相，二者发育厚度达到了60%。

在此基础上，进一步总结归纳了火山岩5种岩相10种亚相的识别标志。具体火山岩岩相分类见表3-5。

表 3-5　火山岩岩相类型及识别标志（地质相）

相	亚相	相标志		
		特征岩性及成因	特征结构	特征构造
火山通道相	火山颈亚相	再熔结（胶结）型火山碎屑熔岩，是早期火山岩后期破碎，经熔浆搬运、熔结或胶结而成的火山碎屑熔岩，角砾磨圆、有烘烤冷凝边	具火山碎屑熔岩结构，或原地堆砌构造	环状或放射状节理
	隐爆角砾岩亚相	隐爆角砾岩，是在近地表隐爆作用形成，裂缝发育，充填原地角砾和岩汁	隐爆角砾结构	筒状、层状、脉状、树杈状、裂缝充填状
爆发相	热碎屑流亚相	熔结火山碎屑岩，由火山碎屑流形成，发育熔结结构，但熔结程度具分带性	熔结凝灰熔岩结构	基质支撑、粒序层理、浆屑拉长、定向排列
	空落亚相	火山碎屑岩（集块岩、火山角砾岩、凝灰岩），空落成因	集块结构、角砾结构、凝灰结构	颗粒支撑、正粒序层理
溢流相	上部亚相	熔岩，发育气孔，且气孔顺岩浆流动方向发育，顶部易发育岩流自碎成因的火山碎屑熔岩，熔浆快速冷凝固结形成	熔岩结构	块状构造，气孔顺流纹成带发育
	中部亚相	熔岩，熔浆冷凝固结相对较慢，岩石较致密，一般不发育气孔	熔岩结构	流纹构造，气孔不发育
	下部亚相	熔岩或岩流自碎成因的火山碎屑熔岩，发育少量气孔，且气孔拉长方向与岩浆流动方向斜交	熔岩结构、角砾熔岩结构	流纹构造，气孔与流纹理斜交
侵出相	外带亚相	熔岩，常发育变形流纹构造	熔结角砾结构、熔结凝灰结构	变形流纹构造
火山沉积相	含外碎屑火山沉积岩亚相和再搬运火山碎屑沉积岩亚相	层状沉火山碎屑岩，火山喷发结束或者间歇期火山碎屑经搬运或者混沉积岩形成	陆源碎屑结构	交错层理槽状层理、粒序层理、块状构造
	凝灰岩夹煤沉积	凝灰岩夹煤		韵律层理、水平层理

三、火山岩岩相类型及发育特征

（一）火山通道相（Ⅰ）

火山通道是指从岩浆房到火山口顶部的整个岩浆导运系统。火山通道相位于整个火山机构的下部，是岩浆向上运移到达地表过程中滞流和回填在火山管道中的火山岩类组合。研究区火山通道相可划分为火山颈亚相和隐爆角砾岩亚相（图3-13）。不过需要说明的是，在松辽盆地深层火山岩中暂未发现典型次火山岩亚相。它们可形成于火山旋回的整个过程中，但保留下来的主要是后期活动产物。

(a)火山颈亚相，流纹质火山角砾熔岩，　　(b)隐爆角砾岩亚相，粗面质隐爆角砾岩，原岩为
具角砾，具坍塌–原地堆砌–胶结特点　　　粗面岩，裂缝发育，充填原地角砾和红褐色岩汁

图3-13　火山通道相

火山颈亚相（Ⅰ₁）是大规模的岩浆喷发、地壳内部能量的释放造成岩浆内压力下降，后期的熔浆由于内压力减小不能喷出地表，在火山通道中冷凝固结。同时，由于热沉陷作用，火山口附近的岩层下陷坍塌，破碎的坍塌物被持续溢出冷凝的熔浆胶结，形成火山颈亚相。其代表岩性为熔岩、角砾熔岩和（或）凝灰熔岩、熔结角砾岩和（或）熔结凝灰岩。岩石具斑状结构、熔结结构、角砾结构或凝灰结构，具环状或放射状节理。

隐爆角砾岩亚相（Ⅰ₃）形成于岩浆地下隐伏爆发条件下，是由富含挥发分的岩浆入侵到岩石破碎带时，由于压力得到一定释放又释放不完全而产生地下爆发作用形成的。隐爆角砾岩亚相位于火山口附近或次火山岩体顶部，经常穿入其他岩相或围岩。其代表岩性为隐爆角砾岩，具隐爆角砾结构、自碎斑结构和碎裂结构，呈筒状、层状、脉状、枝杈状和裂缝充填状。角砾间的胶结物质是与角砾成分及颜色相同或不同的岩汁（热液矿物）或细碎屑物质。隐爆角砾岩亚相的代表性特征是岩石由"原地角砾岩"组成，即不规则裂缝将岩石切割成"角砾状"，裂缝中充填有岩汁或细角砾岩浆，充填物岩性和颜色往往与主体岩性相似但颜色不同。

（二）爆发相（Ⅱ）

爆发相形成于火山作用的早期和后期，是分布较广的火山岩相（图 3-14）。其构造类型繁多，也是与正常沉积岩易混淆的火山岩类。

(a)空落亚相，凝灰岩，具典型凝灰结构　　　(b)热碎屑流亚相，熔结火山角砾岩，具典型熔结结构

图 3-14　爆发相

空落亚相（Ⅱ₁）的主要构成岩性为含火山弹和浮岩块的集块岩、角砾岩、晶屑凝灰岩，具集块结构、角砾结构和凝灰结构，颗粒支撑，常见粒序层理。它是固态火山碎屑和塑性喷出物在火山射作用下在空中作自由落体运动降落到地表经压实作用而形成的。多形成于火山岩序列的下部，或呈夹层出现，向上粒度变细。其鉴定特征是具有层理的凝灰岩层被弹道状坠石扰动而形成的"撞击构造"。

热碎屑流亚相（Ⅱ₃）的主要构成岩性为含晶屑、玻屑、浆屑、岩屑的熔结凝灰岩，具熔结凝灰结构、火山碎屑结构，块状，基质支撑。它们是含挥发分的灼热碎屑-浆屑混合物，在后续喷出物推动和自身重力的作用下沿地表流动，受熔浆冷凝胶结与压实共同作用固结而成，以熔浆冷凝胶结成岩为主。多见于爆发相上部。原生气孔发育的浆屑凝灰熔岩是热碎屑流亚相的代表性岩石类型，浆屑塑性拉长/撕裂状，顺层分布，气孔和浆屑以及晶屑的长轴方向平行于流动方向。

不过，在一个冷却单元内，熔结程度往往具有分带现象（图 3-9a，b，c）。这是由于火山碎屑流上部和底部散热快，中部散热慢，致使中下部熔结程度最强，底部和上部基本未熔结或熔结程度较弱。另外，储层内气孔及溶蚀孔的发育与浆屑含量呈正相关关系。

（三）溢流相（Ⅲ）

溢流相形成于火山喷发旋回的中期，是含晶出物和同生角砾的熔浆在后续喷出物推动和自身重力的共同作用下，在沿着地表流动过程中，熔浆逐渐冷凝、固结而形成。溢流相在酸性、中性、基性火山岩中均可见到，一般可分为下部亚相（图 3-15）、中部亚相（图 3-16）、上部亚相（图 3-17）。

流纹岩·气孔发育、排列近于垂直、含角砾

图3-15　溢流相下部亚相

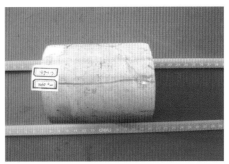

流纹岩，气孔基本不发育

图3-16　溢流相中部亚相

下部亚相（Ⅲ₁）代表岩性为细晶流纹岩及含同生角砾的流纹岩，玻璃质结构、细晶结构、斑状结构、同生角砾结构，具块状或断续的流纹构造，位于流动单元的下部。溢流相下部亚相岩石的原生孔隙不发育但岩石脆性强，有利于裂隙的形成和保存，所以是各种火山岩亚相中构造裂缝最发育的。

中部亚相（Ⅲ₂）代表岩性为流纹构造流纹岩，细晶结构、斑状结构，流纹构造，位于流动单元的中部，由于中部岩浆散热慢，利于矿物结晶和挥发分逃逸，所以往往斑晶含量较高，气孔不发育。但溢流相中部亚相是唯一的原生节理缝、流纹理层间

流纹岩，气孔特发育，顺流纹排列

图3-17　溢流相上部亚相

缝隙和构造裂缝都发育的亚相，往往与原生气孔极发育的溢流相上部亚相互层，构成孔、缝"双孔介质"极发育的有利储集体。

上部亚相（Ⅲ₃）代表岩性为气孔流纹岩和球粒流纹岩，气孔呈条带状分布，沿流动方向定向拉长、球粒结构、细晶结构，发育气孔构造、杏仁构造和石泡构造，主要位于流动单元的上部。上部亚相是原生气孔最发育的相带，气孔之间通过构造裂缝连通。由于气孔的影响，构造裂缝在上部亚相中主要表现为不规则的孔间裂缝，而规则的、成组出现的裂缝较少。溢流相上部亚相一般是储层物性最好的岩相带之一。

（四）侵出相（Ⅳ）

侵出相主要见于酸性岩中，形成于火山喷发旋回的晚期。当破火山口——火山湖体系已经形成，高黏度岩浆受内力挤压流出地表时，遇水淬火或在大气中快速冷却便在火山口附近形成侵出相（玻璃质）火山岩体。我国东部中生代酸性岩发育区的珍珠岩、黑曜岩和松脂岩类都属于侵出相火山岩。侵出相岩体外形以穹隆状为主，岩穹高几十米至数百米，直径几百米到数千米。

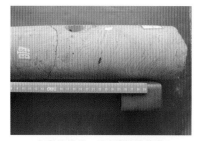

灰色流纹岩，具变形流纹构造

图3-18　侵出相外带亚相

外带亚相（Ⅳ₃）（图3-18）位于侵出相岩穹的外部，其代表岩性为具变形流纹构造的角砾熔岩。它们是（高黏度）熔浆舌在流动过程中，其前缘冷凝、变形并铲刮和包裹新生和先期岩块，在自身重力和后喷熔浆作用下流动，最终固结成岩而成。岩石具熔结角砾结构、熔结凝灰结构，常见变形流纹构造。其鉴定特征是具变形流纹构造的角砾/集块熔岩，其中的角砾和集块也具有变形流纹构造。

（五）火山沉积相（V）

火山沉积相是经常与火山岩共生的一种沉积岩相，可出现在火山活动的各个时期，与其他火山岩相侧向相变或互层，分布范围远大于其他火山岩相。火山沉积相主要形成于冲积扇和山间河流沉积环境，在火山喷发过程中，尤其在火山活动的间歇期，于火山岩隆起之间的凹陷带主要形成火山–沉积相组。其岩性主要是含火山碎屑的沉积岩，碎屑成分主要为火山岩岩屑和凝灰质碎屑以及晶屑、玻屑。研究区火山沉积相可细分为3个亚相：含外碎屑火山碎屑沉积岩、再搬运火山碎屑沉积岩和凝灰岩夹煤沉积。

含外碎屑火山碎屑沉积岩（V₁）：其代表岩性是具有层理的、以火山碎屑为主（>50%）的沉积岩和（或）火山凝灰岩中包裹有泥质岩等外来岩块。

再搬运火山碎屑沉积岩（V₂）：岩石由火山角砾岩和凝灰岩组成，层理构造发育，岩石序列中有明显地反映再搬运的沉积构造或相关特征。

凝灰岩夹煤沉积（V₃）：是松辽盆地最常见的岩相之一，由凝灰岩与煤互层序列组成，形成于间湾沼泽沉积环境。

在每一期火山活动结束或火山活动间歇期基本都分布有火山沉积相，尤其是前两个亚相。但考虑到本次研究的主要目的是为火山岩相的测井识别提供参考物和标尺，而含外碎屑火山碎屑沉积岩和再搬运火山碎屑沉积岩这两个亚相在测井上很难分辨开来，因此，在研究中，习惯将其称之为火山沉积相，并未进行亚相划分。

第三节　火山岩岩性测井响应特征及响应机理

火山岩的测井响应主要是指岩性（化学成分、矿物）、物性和含油（气）性的综合响应。尽管火山岩岩性复杂，但不同火山岩的矿物具有明显的共生组合，在化学成分上存在明显差异，即使火山岩的主要成分基本相同，但含量上也存在明显的差别，具有内在的规律性。不同岩性的火山岩，其矿物成分和化学成分的变化在电学、声学、核物理学等方面有一定的响应特征。研究岩石学和岩石物理学之间的相互关系，寻找普遍或特殊的变化规律，探索测井信息的响应机理，对选取火山岩岩性识别敏感的测井参数，并有效识别岩性，进而开展火山岩岩相识别具有重要的意义。

一、火山岩放射性测井响应特征及响应机理

（一）火山岩放射性测井响应特征

岩石的天然放射性是由岩石中具有的放射性同位素，其含量越高，放射性强度越高。岩石中常见的放射性同位素为 ^{238}U、^{232}Th、^{40}K 引起的，其含量的多少决定着放射性强度的大小。不同成分火山岩矿物所含的元素不同，所具有的放射性强度也不同，因此开展放射性强度的研究对于识别火山岩的矿物组成及化学成分具有重要的意义。

火山岩天然放射性特征的研究一般从两个方面着手：一是通过测定不同岩性火山岩放射性同位素的含量；另一方面是通过统计取心井中具有确定岩性命名的自然伽马测井曲线数值来开展研究。

松辽盆地北部深层主要发育的不同成分的火山岩有玄武岩、安山岩、英安岩、流纹岩、粗面岩、粗安岩，通过统计取心井中已知的岩性所对应的井段的自然伽马和自然伽马能谱测井值，经验统计规律表明：从基性到酸性，火山岩的自然伽马值以及铀、

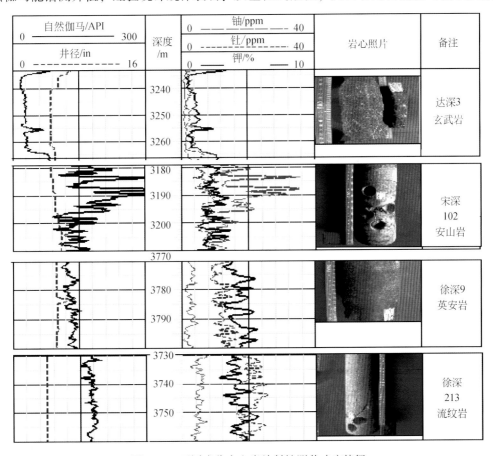

图 3-19 不同成分火山岩放射性测井响应特征

钍、钾元素的含量逐渐增大，因此，天然放射性强度逐渐增强。其中，铀的含量易受缝洞、溶孔等影响出现异常，如图3-19所示。

统计松辽盆地北部深层30口关键井取心段不同成分、结构的火山岩的测井响应值，结果表明：对于不同成分的火山熔岩或火山碎屑熔岩，从基性到酸性，自然伽马值及铀、钍、钾含量逐渐增大，如图3-20a、b、c、d所示；对于相同成分、不同结构的火山熔岩和碎屑熔岩，自然伽马值及铀、钍、钾含量均变化不大，如图3-20e、f、g、h所示。

为了进一步验证火山岩的天然放射性特征与火山岩岩石学之间的内在联系，利用ECS测井测得的SiO_2含量与自然伽马能谱测井值进行了相关分析，通过17口井52层SiO_2含量与自然伽马、铀、钍、钾测井值相关关系分析，发现（图3-21），随着SiO_2含量的增加，自然伽马、铀、钍、钾的测井值有明显增大的趋势，反映了火山岩成分的变化，这种规律是火山岩岩石学的内在反映，为火山岩岩性的划分提供了重要的理论基础。

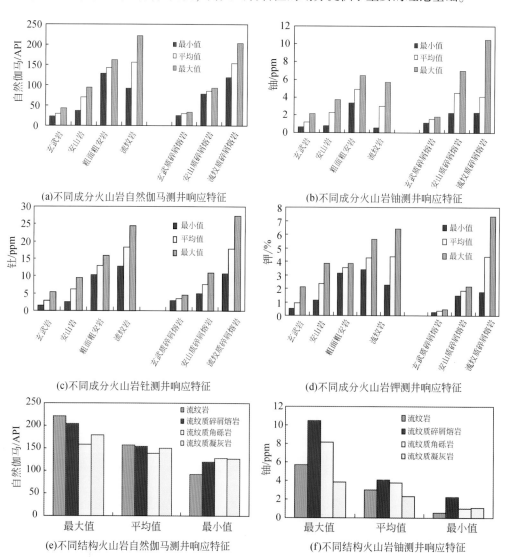

(a)不同成分火山岩自然伽马测井响应特征

(b)不同成分火山岩铀测井响应特征

(c)不同成分火山岩钍测井响应特征

(d)不同成分火山岩钾测井响应特征

(e)不同结构火山岩自然伽马测井响应特征

(f)不同结构火山岩铀测井响应特征

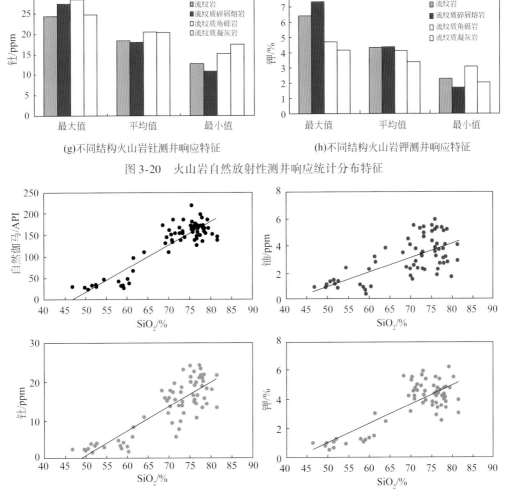

(g)不同结构火山岩钍测井响应特征　　　(h)不同结构火山岩钾测井响应特征

图3-20　火山岩自然放射性测井响应统计分布特征

图3-21　火山岩中天然放射性元素含量随 SiO₂ 含量变化的规律统计

（二）火山岩放射性测井响应机理

火山岩中含放射性的同位素较多的矿物有钾长石、云母、似长石、独居石、褐莲石等，其中碱性长石中 K_2O 的含量较高。由前面分析可以看出，随着岩性由基型变为酸性，放射性强度比较大的碱性斜长石增多是造成放射性强度增大的主要原因。

图3-22 为不同岩性的火山岩化学成分理论图版，由图中可以看出，火山岩从基性到酸性，K 元素的增加是造成放射性增强的一个重要原因。

根据松辽盆地 23 口井 443 个样品全岩氧化物含量分析结果（图3-23）可以看出，从基性岩到酸性岩，随着二氧化硅含量增加，氧化钾含量逐渐增加，造成放射性强度的逐渐增大。

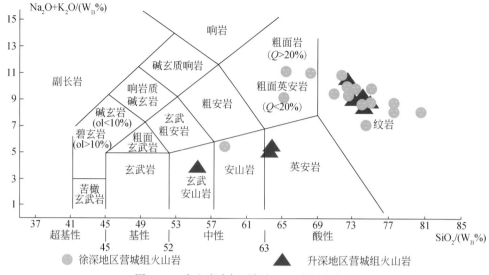

图 3-22　火山岩中钾+钠随 SiO_2 含量变化图

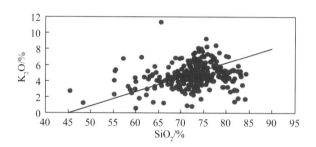

图 3-23　火山岩中氧化钾随二氧化硅含量变化的规律统计

二、火山岩孔隙度测井响应特征及响应机理

（一）火山岩密度测井响应特征及响应机理

密度测井又称伽马–伽马测井，测量原理是通过伽马射线照射地层，伽马射线与地层中元素的核外电子发生相互作用，包括电子对效应、康普顿效应和光电效应，从而引起伽马射线被吸收。其中康普顿效应引起的伽马射线的吸收能力主要与物质的电子密度有关，而物质的电子密度几乎等于体积密度，光电效应引起的伽马吸收能力主要与物质的原子序数有关。应用康普顿效应和光电效应分别发展了补偿密度测井和岩性密度测井。这两种测井方法均采用相对低能（0.661MeV）的伽马源[137]Cs，避免了电子对效应，分别记录康普顿效应产生的伽马射线和光电效应产生的伽马射线，从而得到地层的体积密度和光电吸收截面指数等地层参数。

1. 火山岩密度测井响应特征

图3-24为9口取心井28个取心段（气层）结合薄片资料统计结果。从统计结果看，各类火山岩的测井值都有一个较大的分布范围，主要为成分渐变、次生变化和物性引起的。但总体上看，从基性到酸性，火山岩的密度测井值逐渐降低，且差异较大，密度测井值的变化可以有效地反映火山岩岩石学成分的变化。

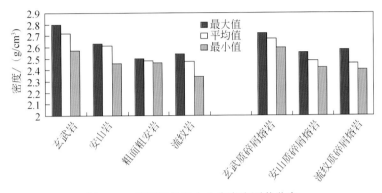

图3-24　不同岩性的火山岩密度测井分布

对于同质异构火山岩，从平均值分布上可以看出同质火山碎屑岩的密度低于熔岩，密度值能够在一定程度上反映火山结构的变化，如图3-25所示。

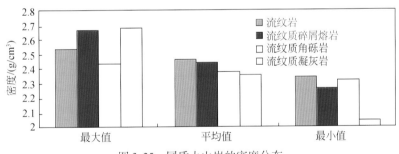

图3-25　同质火山岩的密度分布

为了进一步验证不同成分火山岩的密度测井响应特征及变化规律，利用研究区的ECS测井测得的SiO_2的含量与孔隙度系列测井值进行了相关分析，通过研究区17口井52层二氧化硅与岩性密度测井值之间的相关性分析，建立交会图，从图3-26中可以看出，随着二氧化硅含量的增加，密度测井值逐渐降低。

2. 火山岩密度测井响应机理

火山岩岩性从基性到酸性，密度值逐渐降低，这种响应特征是火山岩岩石在物理学上的反映，具有内在的岩石物理学成因。

1996年，邱家骧研究了火山岩中SiO_2含量与其他金属氧化物含量的关系，并证明了从基性到酸性，火山岩随着SiO_2含量的增加，铁镁等物质的含量逐渐减少，火山岩

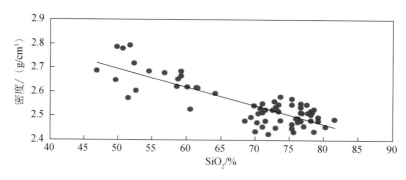

图 3-26 火山岩密度测井值随 SiO_2 含量变化关系

密度的变化主要是二氧化硅含量和铁镁矿物含量的变化引起的。

松辽盆地 23 口井 443 个样品薄片资料显示（图 3-27），随着二氧化硅含量的增加，铁、钛、钙、铝等金属元素的含量逐渐降低，这是造成密度降低的重要原因。

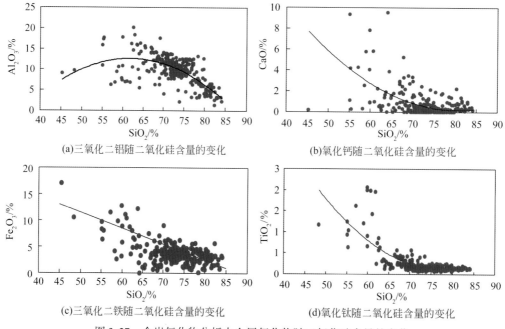

(a)三氧化二铝随二氧化硅含量的变化   (b)氧化钙随二氧化硅含量的变化

(c)三氧化二铁随二氧化硅含量的变化   (d)氧化钛随二氧化硅含量的变化

图 3-27 全岩氧化物分析中金属氧化物随二氧化硅含量的变化

松辽盆地 ECS 测井显示，随着二氧化硅含量的增大，铁、铝、钙和钛的含量逐渐减少，与前人研究成果具有较好的一致性。因此可以说火山岩岩性从基性到酸性，低密度的 SiO_2 含量不断增加，高密度成分逐渐减少是造成火山岩密度由大逐渐变小的原因，因此密度的变化在一定程度上反映了成分的变化。

（二）火山岩声波时差测井响应特征与响应机理

岩石的声学性质在一定程度上反映了岩石成分、物性参数等的变化，主要用于研究岩石的声阻抗、传播速度和动态泊松比等声学特性，进而用于地震标定、计算地层孔隙度、机械特性等方面。1965 年，Christensen N. I. 对侵入岩的声波纵波传播速度进行了测量，得出了从酸性火山岩到基性火山岩，声波纵波传播速度增加的结论。从酸性侵入岩到基性侵入岩，声波的纵波速度变化范围为（5500～8000）m/s。

以松辽盆地火山岩地层为例，从 9 口取心井 28 个取心段（气层）声波时差测井值的统计结果，可以看出，火山岩从基性到酸性的声波时差变化不大，如图 3-28 所示，同质火山碎屑岩的声波时差略大于火山熔岩，如图 3-29 所示。

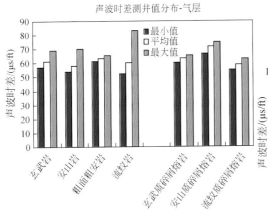

图 3-28　不同成分火山岩声波时差测井值分布　　图 3-29　不同结构火山岩声波时差测井值分布

火山熔岩声波时差从基性到酸性总体变化不大，声速对火山岩化学成分的变化反应不敏感，这是火山岩重要的岩石物理特征。火山碎屑岩的声波时差要大于火山熔岩，这是由火山岩的结构及物性变化引起的。为什么火山岩的声波时差随岩性变化如此之小呢？主要原因是与声波测井滑行波的传播特性有关。岩石骨架的声速主要取决于岩石的化学成分，作为硅酸盐类的火山岩主要化学成分为二氧化硅，含量较小的二氧化硅含量也达到了 45% 以上。由声波传播的特点可知，火山岩的声速应基本与二氧化硅的声速相当，应该在 55μs/ft 左右，从基性到酸性，火山岩声波时差仅略微增大。

（三）火山岩补偿中子测井响应特征及响应机理

补偿中子测井是用同位素中子源在井眼中向地层中发射快中子，在离中子源距离不同的两个观测点上，用中子探测器测量地层中经快中子弹射散射减速为热中子，并散射回井眼的热中子数量。离中子源远的探测器称为长源距探测器，离中子源近的探测器称为短源距探测器，采用合适的源距，并记录不同源距的两个探测器计数率的比值，在很大程度上补偿了地层吸收性质及井眼环境对中子孔隙度测井值的影响。在岩石所有的元素中，氢元素对中子弹性散射的减速能力最强，因此，补偿中子测井读数主要反映岩石中氢的含量。

1. 火山岩补偿中子测井响应特征

为研究不同岩性火山岩补偿中子测井响应特征，对松辽盆地 9 口取心井 28 个取心段气层测井值统计分析，结果如图 3-30 所示。从中可以看出，火山岩从基性到酸性，补偿中子测井值由大变小，反映了火山岩成分的变化；同质火山碎屑岩的中子数值大于同质火山熔岩，反映了结构的变化（图 3-31）。

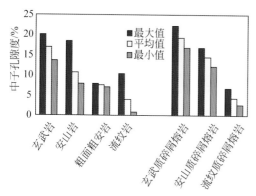

图 3-30　不同成分火山岩中子测井值分布

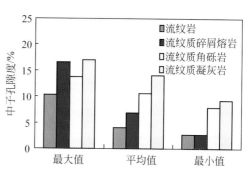

图 3-31　不同结构火山岩中子测井值分布

2. 火山岩补偿中子测井响应机理

岩石成分的变化是导致火山岩岩性从基性岩到酸性岩，补偿中子测井值由高到低的一个重要原因。补偿中子的测井响应值反映的是岩石骨架含氢量和岩石孔隙中含氢量之和，在不考虑孔隙的情况下，补偿中子的测井响应值反映的是岩石骨架本身对其的贡献金属元素的弹性散射减速能力要强于硅等非金属元素，特别是褐铁矿，由于其含有大量的结合水，补偿中子的测井值大于 60%。而这些矿物从基性岩到酸性岩的含量降低，导致从基性岩到酸性岩，补偿中子测井值是逐渐降低的。

热蚀变是造成补偿中子测井值异常增大的另一个重要原因。分析认为，玄武岩次生变化引起补偿中子骨架异常增大的因素主要有两个：一是玄武岩气孔或溶蚀孔中含大量的结合水矿物，如浊沸石和绿泥石，这些矿物含有大量的结晶水；二是玄武岩次生蚀变后的一些矿物中含大量的结合水。玄武岩在水热作用下极易发生次生变化，这些次生蚀变主要包括：斜长石的钠黝帘石化、绢云母化；辉石的纤山石化（次山石化）、绿泥石化；橄榄石除蛇纹化、磷石化外，还广泛发育伊丁石化。这些蚀变后的矿物成分中含有大量的结合水，玄武岩蚀变程度越高，含有的结合水就越多。

三、火山岩电阻率测井响应特征及响应机理

目前电阻率测井仪基本采用聚焦电极系，一类为采用电极结构的双侧向电阻率仪，另一类为采用线圈结构的感应电阻率仪。前者一般适用于咸水泥浆、高阻地层，并且具有较高的纵向分辨率；后者适用于淡水或油基泥浆、低阻地层，纵向分辨率较低。针对火山岩地层一般为高阻地层，所以采用的为双侧向电阻率仪。

（一）火山岩电阻率响应特征

图 3-32 至图 3-35 为松辽盆地 30 口井不同岩性的火山岩电阻率测井值分布范围统计结果。总体上火山岩由基性到酸性，电阻率数值增大，同质碎屑熔岩电阻率小于熔岩电阻率，但总体规律性不强。

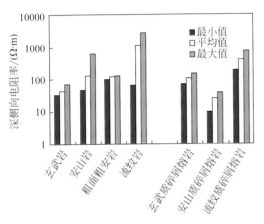

图 3-32　不同成分火山岩深侧向
电阻率测井值分布

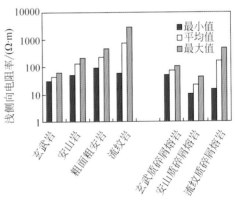

图 3-33　不同成分火山岩浅侧向
电阻率测井值分布

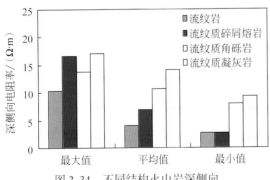

图 3-34　不同结构火山岩深侧向
电阻率测井值分布

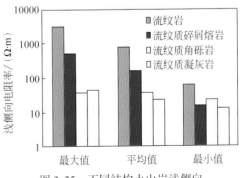

图 3-35　不同结构火山岩浅侧向
电阻率测井值分布

（二）火山岩电阻率测井响应机理

通常情况下，火山岩的骨架是不导电的，电阻率测井值的大小主要受孔隙结构及孔隙内流体类型的影响。首先，对于蚀变的火山岩，骨架矿物蚀变为含水较多、导电性较强的伊利石、高岭石等，使得蚀变火山岩骨架具有导电性。其次，岩石成分及后期热液、溶蚀、风化淋滤、构造等作用的不均一性，造成孔隙空间类型和孔隙结构极强的各向异性，从而造成电阻率测井值的严重各向异性，产生较大的变化范围。另外，溶蚀孔洞和裂缝在火山岩中分布是不均匀的，从而也造成了电阻率测井值具有较大的变化范围。

四、元素俘获伽马能谱测井响应特征及响应机理

元素俘获能谱（elemental capture spectroscopy）测井是斯伦贝谢公司研发的测量地层元素含量的测井新技术。元素俘获能谱测井反映的是中子非弹性散射和热中子的俘获特性，不同元素的原子核与中子发生非弹性散射所产生的热中子被俘获后，释放的伽马射线的能量不同，从而处在伽马能谱的不同部位，由此获得的伽马能谱经过处理可以获得岩石中敏感元素的含量。碳（C）、氧（O）、硅（Si）、钙（Ca）和铁（Fe）的非弹性散射俘获截面较大，热中子俘获截面较大的元素主要有氯（Cl）、硅、钙、硫（S）、铁、钛（Ti）和钆（Gd）等。

（一）元素俘获伽马能谱测井响应特征

ECS 测得的 Si 元素是火山岩最主要的指示元素，它的百分含量比较稳定，从基性到酸性，Si 元素含量逐渐升高，其相应的氧化物也逐渐升高，玄武岩 Si 元素含量平均为 0.25，安山岩平均元素含量为 0.3，流纹岩及流纹质凝灰岩平均为 0.35。另外，铝（Al）、Fe、Ti、K、钠（Na）也是识别火山岩成分变化的特征元素，从基性到酸性，Al、Fe、Ti 含量逐渐降低，K、Na 含量逐渐升高。图 3-36 为玄武岩、安山岩、流纹岩对应的 ECS 测井曲线值。

（二）元素俘获伽马能谱测井响应机理

在超基性岩中，矿物成分主要为辉石和橄榄石，铁镁矿物占主要地位，二氧化硅含量低于 45%，富含 FeO 和 MgO；在基性岩中，辉石和基性斜长石共生，二氧化硅含量为 45% ~ 52%，氧化钙和氧化铝大量出现，并出现峰值；在中性岩中，角闪石和中性的斜长石共生，暗色矿物占 30% 左右，二氧化硅增至 52% ~ 63%，FeO、MgO 和 CaO 较基性岩均有所减少，氧化钠和氧化钾含量相对增加；在酸性岩中，常出现钾长石、酸性斜长石、石英，二氧化硅的含量大于 63%，FeO 和 MgO 大大减少，氧化钠和氧化钾含量显著增加。松辽盆地 23 口井 443 个样品显示，随着二氧化硅含量的变化，

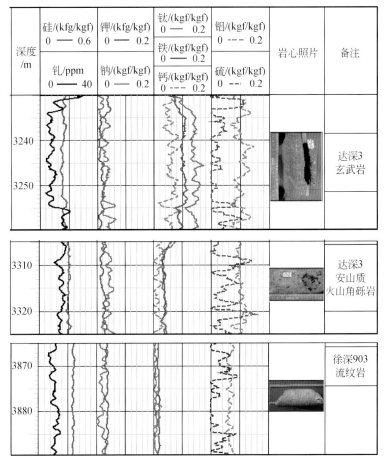

图 3-36 不同成分火山岩 ECS 测井响应特征

金属氧化物有规律地发生变化，其金属元素的含量也随之发生变化。

ESC 测井测量元素随 SiO_2 含量变化的关系如图 3-37 所示，也说明了火山岩化学成分的变化符合理论分布特征，因此，在识别火山岩岩石成分方面，ECS 测井可以发挥较好的作用。

五、火山岩岩石结构构造的测井响应特征及响应机理

前面的研究表明，常规测井和 ECS 测井对火山岩成分具有良好的反映，但对火山岩结构、构造的识别能力较差。成像测井，特别是微电阻率扫描成像测井，在反映火山岩的结构、构造方面有一定的技术优势。

（一）电阻率扫描成像仪测量原理与响应机理

井壁成像测井仪器有斯伦贝谢公司的全井眼微电阻率扫描成像测井仪（FMS/FMI）、哈里伯顿公司的井眼微电阻率扫描成像测井仪（EMI）、阿特拉斯公司的井眼微

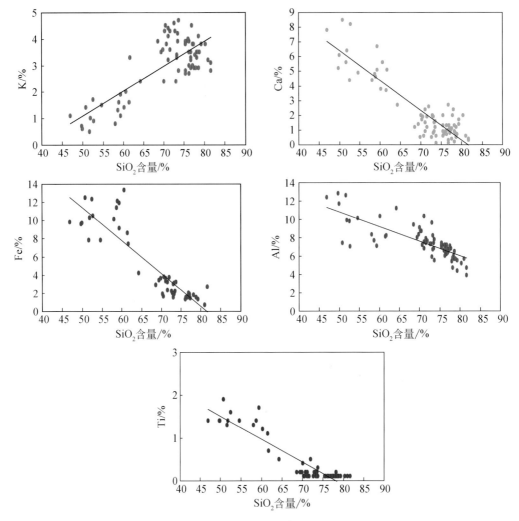

图 3-37 火山岩 ECS 测井元素随 SiO$_2$ 变化关系

电阻率扫描成像测井仪（STAR-Ⅱ）。下面以斯伦贝谢公司的全井眼微电阻率扫描成像测井仪（FMI）为例，介绍电阻率扫描成像仪的测量原理与响应机理。

1. FMI 的基本原理

微电阻率扫描测井是为解决非均质性储层中存在的一系列问题而发展起来的一种新测井方法。它是采用阵列扫描或旋转扫描方式，将井壁地层的岩性、缝、洞、沉积、构造特征变化引起的电阻率变化转换成为伪色度，使人们直观而清晰地看到地层的岩性及几何界面的变化，从而识别地质特征。以图像的形式直观、形象、清晰地展示出环井壁二维空间岩石类型、岩石结构、沉积构造、孔洞和裂缝等地质特征的微细变化。图像颜色越浅，电阻率越高，颜色越深，电阻率越低。

FMI 仪器由 4 臂 8 极板组成，其中 4 个主极板，4 个副极板。每个极板有两排 24 个圆形电极，8 个极板共计 192 个电极，测量过程中 8 个极板推靠至井壁，192 个电极同时测量，每个电极可测得所在处井壁视电阻率值。用这 192 个点的电阻率数据调节色标，即可获得井眼极板覆盖处微电阻率扫描图像。随着仪器上提，可测得全井段的数据，经过一系列处理，即可获得测量井段纵向上的微电阻率扫描图像。深度采样间隔为 0.1in[①]，探测深度为 1~2in，仪器在测量深度方向和径向的分辨力均为 0.2in，对 8.5in 井眼，井壁覆盖率可达 80%（图 3-38、图 3-39）。

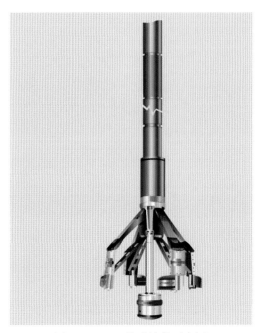

图 3-38　FMI 外形结构示意图

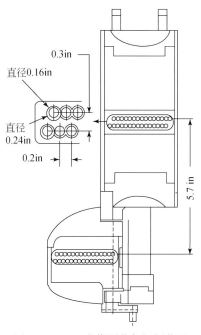

图 3-39　FMI 成像测井仪极板装置

2. 电成像测井响应的实验基础

1）电成像测井响应的数值模拟分析

所有地质事件的响应都可以看成是点状体和线状体的组合，应用数值模拟方法，从成像测井原理出发，考察 FMI 对缝洞的分辨能力、缝洞的径向延伸深度和电阻率对比度对测量结果的影响，以及缝洞真实尺寸与仿真测井图上检测出来的对应关系，结果表明，只要地质体的电阻率与背景电阻率有较大差别，所有电阻率异常体（小到 1mm 张开度的裂缝和 1mm 半径的孔洞）均可被检测出来，且地质体的形状及大小相差不多，但对比度差别较大（图 3-40）。

2）物理模拟

为开展井壁成像测井响应特征的研究，长城钻探集团公司的辽河测井公司建立了可以用于电阻率扫描成像和声波扫描成像的实验装置，如图 3-41 所示，装置由人工模块组成，在模拟井中掺入花岗岩、灰岩、砂岩等不同形状的岩石，首先渗合固化后再钻眼，具有不同物理参数与形状的地质体在井壁上得以实现。

---

① 1in=0.0254m

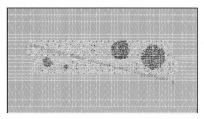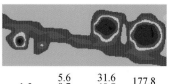

1.5	5.6	31.6	177.8
	8.7	48.7	273.8
2.4	13.3	75.0	421.7
3.7	20.5	115.5	

图 3-40 电成像测井识别不同地质体数值模拟图

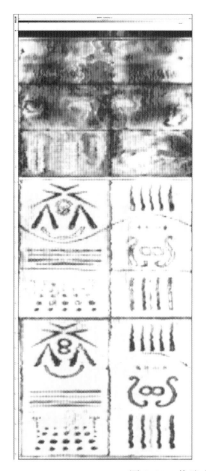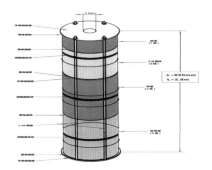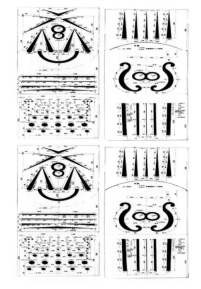

图 3-41 井壁成像测井模拟装置图

在广泛调研电学、声学扫描和阵列成像测井方法、仪器和成果处理技术的信息资料基础上，结合成像测井原理及其仪器的分辨率，深入分析我国各油田测井数字图像资料及定性解释成果并进行实验模拟，明确了利用成像测井资料可识别的过井筒地质事件为：薄层及微细层（厚度为 0.01 ~ 0.1m）、断层、褶皱、裂缝（开度大于 0.1mm 或更小，取决于对比度）、沉积构造（层理等线型的特征）、孔隙/洞穴（直径>5mm）、砂砾岩（砾石直径>5mm）（图 3-42）。

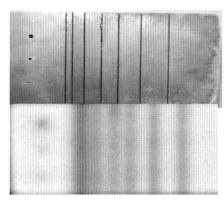

图 3-42　成像测井资料可识别的过井筒地质事件

由上述实验结果表明，电成像测井可准确、全面地反映地质现象。

（二）典型火山岩结构测井响应特征及机理

火山岩结构是指岩石物质组分的结晶程度、颗粒大小、形态特征以及它们之间的相互关系等。火山岩中，不同的结构往往代表着不同的地质成因，这是识别火山岩岩相的重要标志。常见的火山岩结构包括熔岩结构、碎屑熔岩结构、熔结熔岩结构、隐爆角砾结构、碎屑结构。

熔岩结构在火山岩中最为常见，是识别火山熔岩的重要依据。熔岩结构中岩性较为均一，无粒状特征，通常有裂缝发育；在微电阻率扫描成像测井（FMI）图像中通常为块状模式（图 3-43）。

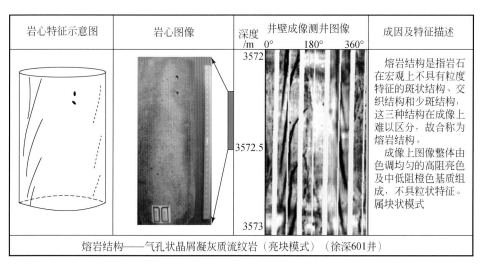

图 3-43　熔岩结构 FMI 测井响应

在熔浆流动过程中，塑性碎屑物质发生压扁变形，定向拉长，属于熔结结构，它是火山碎屑流亚相的典型标志。研究区主要为流纹质熔结凝灰岩，塑性浆屑成分多为含长石石英的岩石碎屑，因此 FMI 图像上多为亮色的角砾或浆屑，并呈定向拉长状排列（图 3-44）。

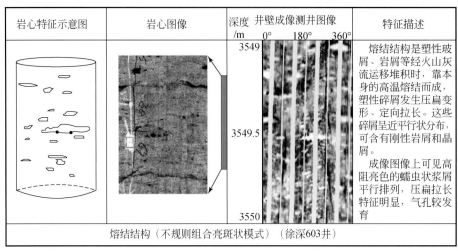

岩心特征示意图	岩心图像	深度/m	井壁成像测井图像 0° 180° 360°	特征描述
		3549〜3550		熔结结构是塑性玻屑、岩屑等经火山灰流运移堆积时，靠本身的高温熔结而成，塑性碎屑发生压扁变形、定向拉长。这些碎屑呈近平行状分布，可含有刚性岩屑和晶屑。成像图像上可见高阻亮色的蠕虫状浆屑平行排列，压扁拉长特征明显，气孔较发育
	熔结结构（不规则组合亮斑状模式）（徐深603井）			

图 3-44　熔结结构 FMI 测井响应

　　隐爆角砾结构是岩浆侵入烘烤、挤压造成围岩破碎及本身的冷却破碎形成的岩石结构，这种结构常见于次火山岩及其与之接触的围岩。在岩浆侵入接近地面时冷却收缩，形成大小不等的碎块，小的为角砾级别，大的为集块级别。具有该结构的岩石由原地火山角砾和同成分或相似成分熔浆组成，是识别隐爆角砾岩亚相的典型标志。因此在 FMI 图像上显示为不规则组合亮斑模式和亮暗截切模式，具有明显的隐爆角砾结构特征（图 3-45）。

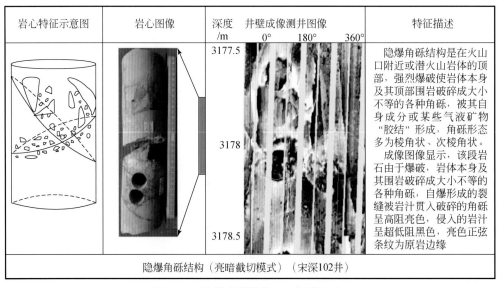

岩心特征示意图	岩心图像	深度/m	井壁成像测井图像 0° 180° 360°	特征描述
		3177.5〜3178.5		隐爆角砾结构是在火山口附近或潜火山岩体的顶部，强烈爆破使岩体本身及其顶部围岩破碎成大小不等的各种角砾，被其自身成分或某些气液矿物"胶结"形成，角砾形态多为棱角状、次棱角状。成像图像显示，该段岩石由于爆破，岩体本身及其围岩破碎成大小不等的各种角砾，自爆形成的裂缝被岩汁贯入破碎的角砾呈高阻亮色，侵入的岩汁呈超低阻黑色，亮色正弦条纹为原岩边缘
	隐爆角砾结构（亮暗截切模式）（宋深102井）			

图 3-45　隐爆角砾结构 FMI 测井响应

　　火山碎屑结构是指火山爆发所产生的火山碎屑的含量达到90%以上，并被相应的更细小的碎屑（通常为火山尘）压实固结所产生的结构。火山碎屑结构是火山爆发相的重要指示标志，由于火山角砾与火山角砾之间充填物的矿物成分不同，FMI图像上颜色明暗相间，可见颗粒间相互支撑，混杂堆积，不具磨圆特征。在FMI图像上可以清晰地显示出颗粒大小等形状，根据颗粒大小，其碎屑结构特征可以细分为火山集块结构、火山角砾结构和火山凝灰结构。典型的结构特征是具有火山碎屑结构的火山碎屑岩（图3-46）。

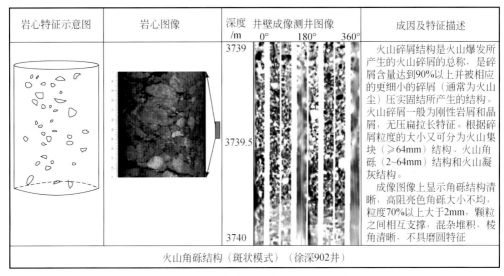

图 3-46　火山碎屑结构 FMI 测井响应

　　碎屑熔岩结构：熔岩流动中由于地形与地貌的影响，或后期风化淋滤作用，熔岩破碎形成具有"火山碎屑"结构特征的火山熔岩。碎屑大小不一，成分相同，碎块之间具有很好的复原性，常位于溢流相顶部。FMI图像上不连续线状模式背景下的亮斑模式，显示出裂缝切割与碎屑颗粒状（图3-47）。

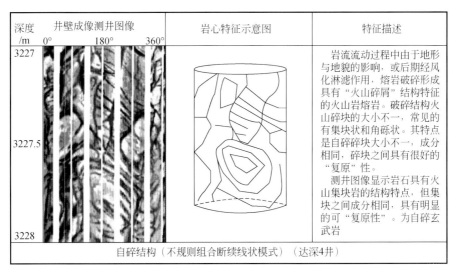

图 3-47　碎屑熔岩结构

（三）典型火山岩构造测井响应特征及机理

　　火山岩构造是指组成岩石的各部分（集合体）在形成岩石时，在排列充填其空间方式上所构成的岩石特点；也可以说是集合体的排列、配置与充填方式的关系。

　　火山岩构造是不同环境下火山成岩时的产物，是识别火山岩岩相亚相的重要标志。目前，松辽盆地测井能够识别的构造主要有：块状构造、气孔杏仁构造、流纹构造、变形流纹构造、堆砌构造五种类型。

　　（1）块状构造。是岩石中的矿物组分均匀分布所造成的一种构造。组成岩石的矿物在岩石中无定向排列，岩石各部分在成分和结构上都是一样的，图像整体上由高低阻基质组成。FMI 图像上为高阻亮色分布，但常被裂缝切割，呈现出高阻背景下的暗色条纹，但整体较均一（图 3-48）。

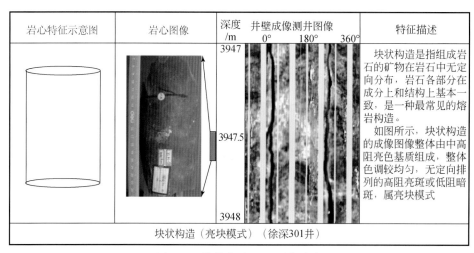

图 3-48　块状构造 FMI 测井响应

　　（2）气孔杏仁构造。是岩浆沿地壳裂隙喷溢于地表，在流动冷凝过程中，所含的挥发物质向外逸散，留下空洞，有圆形、椭圆形及其他不规则的形状，这样，此类喷出岩就具有气孔状构造了。气孔构造被岩浆后期矿物所充填，形成杏仁构造。气孔的形状有所不同，有时拉长具有一定的方向性。

　　气孔后期被绿泥石等黏土矿物充填或充满流体，导电性能强，因此气孔显示为高阻亮色背景下的暗色斑点状，同时由于气孔是在流动过程中形成的，因此与流动方向及形成环境有关，是火山岩岩相的重要标志。杏仁则由于充填物与原岩成分差异，则可能显示为亮色和暗色两种情况（图 3-49）。

　　（3）流纹构造。当岩浆溢流于地表，其中的矿物具有色调的差异性，在流动过程中，造成由不同颜色的条纹和拉长的气孔等表现出来的一种流动构造，是酸性火山岩中最为常见的构造。它是由不同颜色，不同成分的条纹、条带和球粒、雏晶定向排列，以及拉长的气孔等表现出来的一种流动构造，是在熔浆流动过程中形成的。FMI 图像

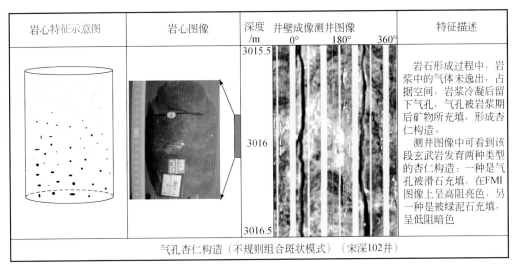

岩心特征示意图	岩心图像	深度/m	井壁成像测井图像 0° 180° 360°	特征描述
		3015.5 — 3016 — 3016.5		岩石形成过程中，岩浆中的气体未逸出，占据空间，岩浆冷凝后留下气孔，气孔被岩浆期后矿物所充填，形成杏仁构造。　测井图像中可看到该段玄武岩发育两种类型的杏仁构造：一种是气孔被滑石充填，在FMI图像上呈高阻亮色，另一种是被绿泥石充填，呈低阻暗色
气孔杏仁构造（不规则组合斑状模式）（宋深102井）				

图 3-49　气孔杏仁构造 FMI 测井响应

表现为条带状明暗相间的条纹，条纹连续性好，亮色部分主要成分是熔浆，暗色条纹主要成分是充填的一些暗色矿物及导电能力较强的气孔（图 3-50）。

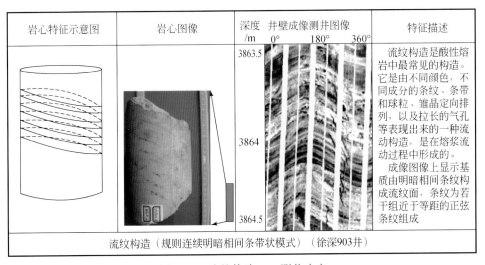

岩心特征示意图	岩心图像	深度/m	井壁成像测井图像 0° 180° 360°	特征描述
		3863.5 — 3864 — 3864.5		流纹构造是酸性熔岩中最常见的构造。它是由不同颜色，不同成分的条纹、条带和球粒、锥晶定向排列，以及拉长的气孔等表现出来的一种流动构造，是在熔浆流动过程中形成的。　成像图像上显示基质由明暗相间条纹构成流纹面，条纹为若干组近于等距的正弦条纹组成
流纹构造（规则连续明暗相间条带状模式）（徐深903井）				

图 3-50　流纹构造 FMI 测井响应

（4）变形流纹构造。包括流面构造和流线构造。流面构造是由片状矿物、板状矿物及扁平捕房体、析离体的平行排列形成的，柱状矿物和长析离体、捕房体的定向排列形成流线构造，流面和流动构造的产生都与岩浆流动有关。应用流面构造、流线构造可以判断火山岩岩浆的流动方向。成像图像上整体表现为杂色，中低阻橙色基质明暗相间，呈现明显的强烈揉皱状流纹构造，属不规则明暗相间条带状模式，具有明显的变形流纹构造（图 3-51）。

（5）堆砌构造。FMI 图像上显示为大块颗粒支撑排列。基质破碎割裂为形状规则

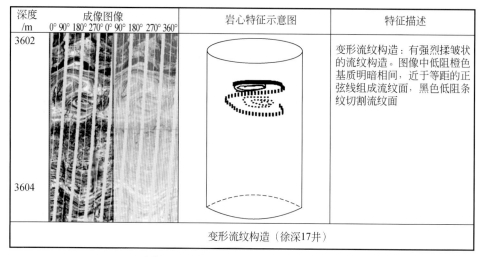

深度 /m	成像图像 0° 90° 180° 270° 0° 90° 180° 270° 360°	岩心特征示意图	特征描述
3602 3604			变形流纹构造：有强烈揉皱状的流纹构造。图像中低阻橙色基质明暗相间，近于等距的正弦线组成流纹面，黑色低阻条纹切割流纹面
	变形流纹构造（徐深17井）		

图 3-51　变形流纹构造 FMI 测井响应

的碎屑，发育具环状或放射状节理，堆砌构造明显发育。FMI 图像上显示为火山集块堆积排列，为不规则组合断续线状模式（图 3-52）。

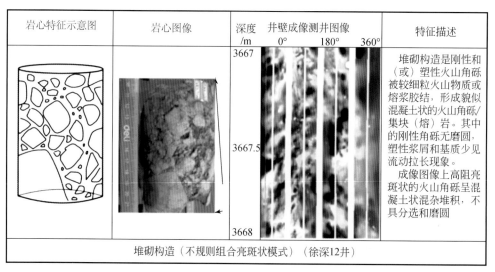

岩心特征示意图	岩心图像	深度 /m	井壁成像测井图像 0°　　　180°　　　360°	特征描述
		3667 3667.5 3668		堆砌构造是刚性和（或）塑性火山角砾被较细粒火山物质或熔浆胶结，形成貌似混凝土状的火山角砾/集块（熔）岩。其中的刚性角砾无磨圆，塑性浆屑和基质少见流动拉长现象。 成像图像上高阻亮斑状的火山角砾呈混凝土状混杂堆积，不具分选和磨圆
	堆砌构造（不规则组合亮斑状模式）（徐深12井）			

图 3-52　堆砌构造 FMI 测井响应

第四节　火山岩岩相地质成因及测井响应模式

尽管火山岩岩相、亚相在测井曲线或图像上并不存在一一对应关系，但作为岩相指示标志的火山岩成分、结构、构造，具有明显的测井响应特征，提取不同岩相亚相的特征模式，对于火山岩岩相亚相识别具有重要的意义。下面就分别开展火山岩岩相的常规测井响应特征及 FMI 成像测井响应特征的研究。

一、火山岩岩相模式及岩性序列

火山岩岩相模式能够直观反映火山岩岩相和亚相之间的叠置和依存关系，是展现火山岩的岩相之间依存关系的概念化的和简单化的直观模型，它是已知剖面/钻井的相序研究成果的概括总结，同时它对于新的剖面/钻井的岩相观察和预测又具有指导作用。火山岩相模式在勘探开发中最重要的作用是约束和指导地震–岩相解释，对测井岩相识别同样具有指导意义。在本次研究中，总结出松辽盆地火山岩相的相模式，如图3-53所示。

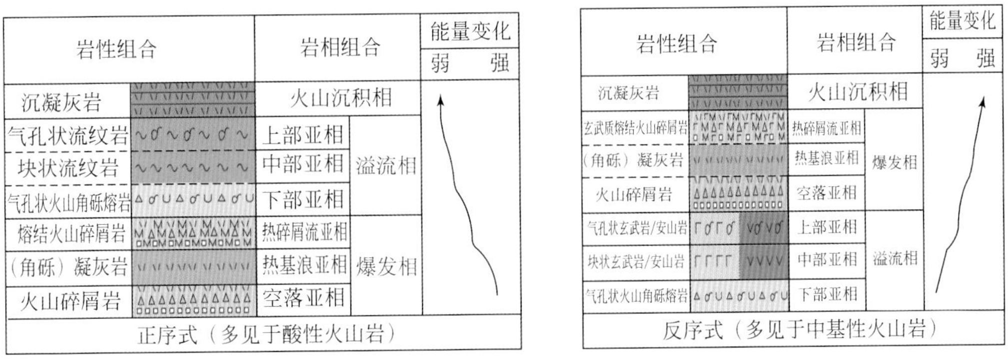

图3-53 松辽盆地火山岩岩相原始喷发相模式

二、火山岩岩相的成因序列及测井响应特征

（一）火山岩典型岩相、亚相的常规测井响应特征

常规测井对火山岩成分具有良好的响应，但对结构构造响应较差。不同岩相岩石类型可能相同，也可能不相同，特别是成分与岩相之间对应复杂，每种岩相在数值上很难有一个统一的标准。例如，溢流相的岩石有可能是玄武质熔岩，也可能是流纹质熔岩，自然伽马、密度、铀、钍、钾等测井值变化范围非常大，同时，测井值还受流体性质、储层物性等因素的影响，因此，不能仅仅通过常规测井数值大小上来考虑所属的岩相类型，而应重点考查常规测井曲线的形态及其变化趋势。

前文的研究表明，常规测井对火山岩的成分具有良好的响应，在某种程度上也反映了火山岩结构的变化。对一个完整的火山岩相，不同亚相间火山岩岩石的成分相对稳定，其结构构造要相对发生变化。自然伽马值大小对火山岩的成分具有良好的响应，对结构构造响应不敏感；而电阻率、密度、中子对火山岩的结构构造具有较好的变化，尽管测井响应数值变化没有较好的规律，但在某种程度上，其形态的变化反映了岩石的结构构造的变化。

1. 火山通道相的常规测井响应特征

典型火山通道隐爆角砾亚相的自然伽马及铀、钍、钾呈锯齿状，孔隙度曲线平直，电阻率呈漏斗状，上高下低。

其主要原因是隐爆角砾岩被不同成分的熔浆充填，造成放射性强度的变化；隐爆角砾岩的破裂由下及上发生，底部岩石破裂程度大，因而造成电阻率上下不一致，顶部一般呈现上高下低的形态（图3-54）。

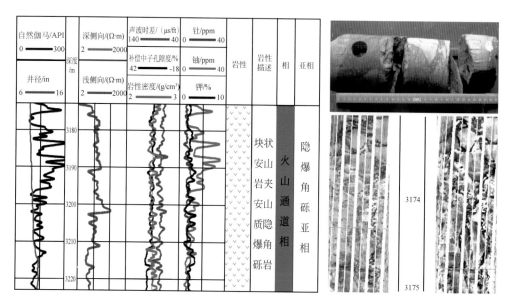

图3-54　火山通道隐爆角砾亚相常规测井响应特征

典型火山通道相火山颈亚相自然伽马及能谱曲线较平直，电阻率曲线呈锯齿状、钟形状，上低下高，三孔隙度曲线平直（图3-55）。

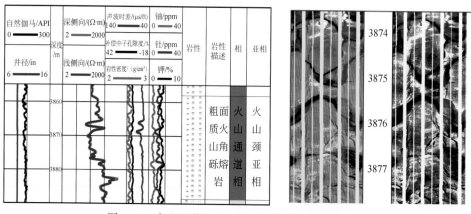

图3-55　火山通道相火山颈亚相常规测井响应特征

其主要原因是火山通道相是垮塌造成的，为具有堆砌构造的碎屑熔岩，由于垮塌一般从火山口开始，因此上部破裂严重，电阻率呈现上低下高的特征。

2. 爆发相的常规测井响应特征

典型爆发相空落亚相常规测井曲线呈锯齿状（图3-56），岩石类型多、成分复杂、放射性元素易于流失是造成放射性测井变化异常的原因；孔隙空间类型复杂是造成孔隙度测井和电阻率测井异常的主要原因。

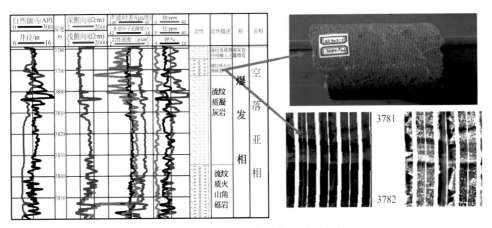

图3-56　爆发相空落亚相常规测井响应特征

典型爆发相热碎屑流亚相常规测井曲线呈微锯齿状，密度和中子测井显示物性较好，电阻率曲线呈微幅变化。测井响应与溢流相相似（图3-57）。

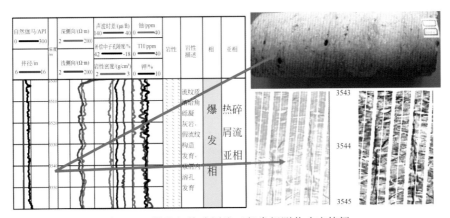

图3-57　爆发相热碎屑流亚相常规测井响应特征

3. 溢流相的常规测井响应特征

溢流相上、中、下三个亚相总体表现为伽马曲线平直，如图3-58、图3-59、图3-60所示，上部亚相密度和中子测井显示物性最好，中部亚相密度和中子测井显示物性较差，下部亚相密度和中子测井显示物性较中部亚相好，但次于上部亚相。

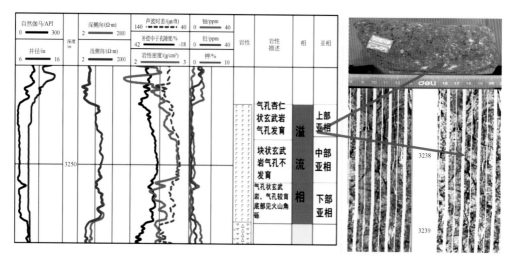

图 3-58　溢流相上部亚相常规测井响应特征

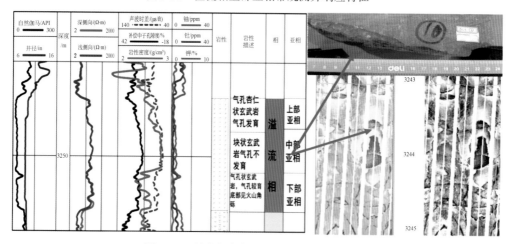

图 3-59　溢流相中部亚相常规测井响应特征

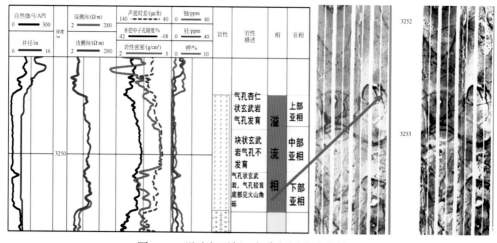

图 3-60　溢流相下部亚相常规测井响应特征

4. 火山沉积相的常规测井响应特征

典型火山沉积相伽马数值中等，电阻率值数值一般为低值，一般情况下电阻率与伽马呈明显的镜像关系，当含有火山物质及煤或钙质时，电阻率为高值（图3-61）。

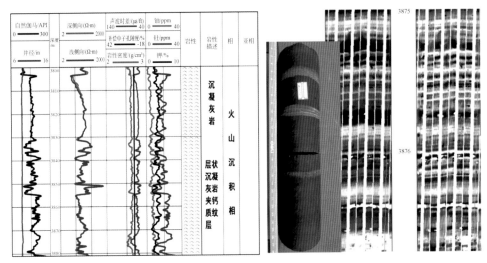

图 3-61　火山沉积相常规测井响应特征

（二）火山岩典型岩相、亚相电成像特征模式

1. 火山通道相及其亚相的成像测井特征模式

火山通道相是指从岩浆房到火山口顶部的整个岩浆导运系统。火山通道相位于整个火山机构的下部和近中心部位，是岩浆向上运移到达地表过程中滞留和回填在火山管道中的火山岩类组合。火山通道相可划分为火山颈亚相、次火山岩亚相、隐爆角砾岩亚相。

1）火山颈亚相

其代表岩性为熔岩、角砾熔岩和（或）凝灰熔岩、熔结角砾岩和（或）熔结凝灰岩。岩石具斑状结构、熔结结构、角砾结构或凝灰结构，具环状或放射状节理。火山颈亚相的鉴定特征是不同岩性、不同结构、不同颜色的火山岩与火山角砾岩相混杂，其间的界限往往是清楚的。

其最明显的是在剖面、岩心及成像测井图像上经常能够见到"堆砌结构"，即角砾未经搬运磨圆、基质未见流动拉长，显示出原地垮塌堆积后胶结成岩的特点（图3-62）。

火山通道相火山颈亚相的典型岩性为具有碎屑熔岩结构的火山碎屑熔岩，因此其FMI图像特征模式为：不规则组合亮斑状模式、不规则组合斑状模式。

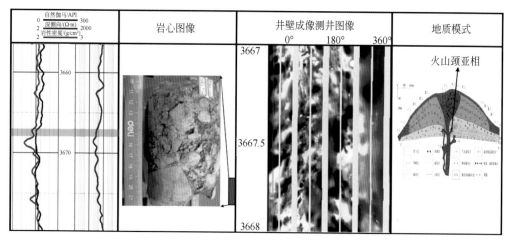

图 3-62　火山颈亚相图版

2）隐爆角砾岩亚相

隐爆角砾岩亚相的代表岩性为隐爆角砾岩，具隐爆角砾结构、自碎斑结构和碎裂结构，呈筒状、层状、脉状、枝杈状和裂缝充填状。角砾间的胶结物质是与角砾成分及颜色相同或不同的岩汁（热液矿物）或细碎屑物质。隐爆角砾岩亚相的代表性特征是岩石由"原地角砾岩"组成，即不规则裂缝将岩石切割成"角砾状"，裂缝中充填有岩汁或细角砾岩浆。

如图 3-63 所示，FMI 图像中可观察到呈低阻暗色的岩汁侵入条带，以及岩汁内部呈高阻亮色的角砾，且这些角砾与围岩同为高阻亮色，显示围岩被爆破后被岩汁带入"原地堆积而成"。

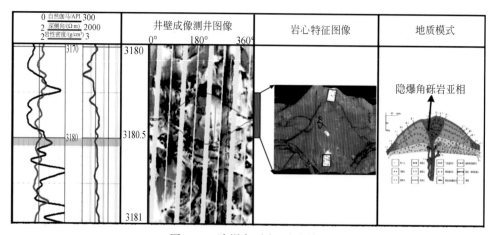

图 3-63　隐爆角砾岩亚相图版

相标志：岩性为具有隐爆角砾结构的火山碎屑熔岩，其 FMI 图像特征模式为不规则组合斑状模式。

2. 爆发相及其亚相的成像特征模式

爆发相形成于火山作用的早期和后期，是分布最广的火山岩相，也是构造类型繁多、易于与正常沉积岩混淆的火山岩类。可分为 3 个亚相：空落亚相、热基浪亚相、热碎屑流亚相。

1）空落亚相

空落亚相主要构成岩性为含火山弹和浮岩块的集块岩、角砾岩、晶屑凝灰岩，具集块结构、角砾结构和凝灰结构，颗粒支撑，常见粒序层理。空落亚相是固态火山碎屑和塑性喷出物在火山气射作用下在空中作自由落体运动降落到地表，经压实作用而形成的。

由于爆发相空落亚相典型岩性为具有碎屑结构的火山碎屑岩，其 FMI 图像特征模式是反映碎屑结构的斑状模式、具有层状构造的凝灰岩及条带状模式，主要包括不规则断续条带状模式、亮块模式、单一暗斑模式、不规则组合亮斑状模式。

如图 3-64 所示，成像测井图像上部是具平行层理的凝灰岩层，中部的平行层理被竖型暗色条带所扰乱，且暗色条带下部具一暗斑，暗斑之下又恢复平行层理。表明平行层理被弹道状火山坠石所扰乱形成了"撞击构造"，是空落亚相的典型特征，因而该段火山岩属于空落亚相。

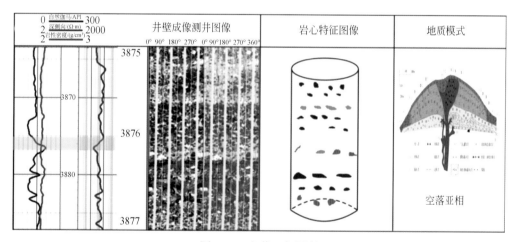

图 3-64　空落亚相图版

2）热基浪亚相

热基浪亚相主要构成岩性为含晶屑、玻屑、浆屑的凝灰岩，火山碎屑结构，以晶屑凝灰结构为主，具平行层理、交错层理，特征构造是逆行沙波层理。它们是火山气射作用的气–固–液态多相体系在重力作用下于近地表呈悬移质搬运，重力沉积，压实成岩作用的产物，因此也称之为载灰蒸气流沉积。该亚相多形成于爆发相的中、下部，构成向上变细变薄序列，或与空落相互层。热基浪亚相的代表性特征是发育层理构造，尤其是逆行砂波层理（反丘）构造（如图 3-65 所示）。

岩性为具有碎屑结构的凝灰岩，因流动常具层理，其 FMI 图像特征模式为暗块

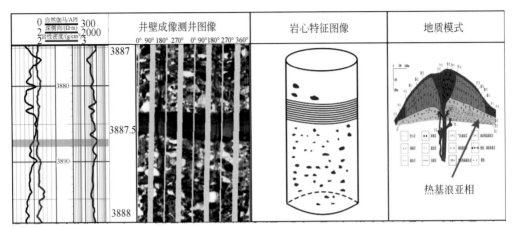

图 3-65　热基浪亚相图版

模式。

3）热碎屑流亚相

热碎屑流亚相主要构成岩性为含晶屑、玻屑、浆屑、岩屑的熔结凝灰岩，熔结凝灰结构、火山碎屑结构，块状，基质支撑。它们是含挥发分的灼热碎屑–浆屑混合物，在后续喷出物推动和自身重力的作用下沿地表流动，受熔浆冷凝胶结与压实共同作用固结而成，以熔浆冷凝胶结成岩为主，多见于爆发相上部。原生气孔发育的浆屑凝灰熔岩是热碎屑流亚相的代表性岩石类型。

如图 3-66 所示，成像图像上部可看到浆屑压扁变形、定向拉长，具熔结凝灰结构，浆屑的定向拉长具流动感，组成假流纹构造，浆屑的形态、颜色共同构成热碎屑流亚相的典型成像图像。成像图像下部发育逆行砂波层理（反丘）构造，是典型的热碎屑流亚相。

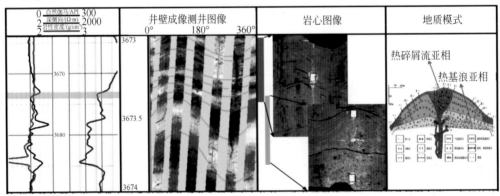

图 3-66　热碎屑流亚相图版

3. 溢流相及其亚相的成像测井特征模式

溢流相形成于火山喷发旋回的中期，是含晶出物和同生角砾的熔浆在后续喷出物推动和自身重力的共同作用下，在沿着地表流动过程中，熔浆逐渐冷凝、固结而形成。溢流相在酸性、中性、基性火山岩中均可见到，一般可分为下部亚相、中部亚相、上部亚相。

1）上部亚相

上部亚相纵向上位于每个溢流期次的顶部。熔岩在流动过程中，顶部冷凝硬结，而下部岩浆仍在流动，所以顶部岩石会破碎呈角砾状，然后混入熔岩中，特征类似流纹质熔结角砾岩。下部熔岩中的挥发气体向上溢出，形成较多的气孔，一般流纹构造比较发育，可见沿流纹构造线发育的气孔。同时，一般在一次溢流周期结束后，均有较短时间的地面暴露和淋滤，气孔的发育也有利于溶孔的形成，所以上部单元一般由富气孔、溶孔角砾状流纹岩和流纹岩组成，其下部向中部单元的块状致密流纹岩过渡（图 3-67）。

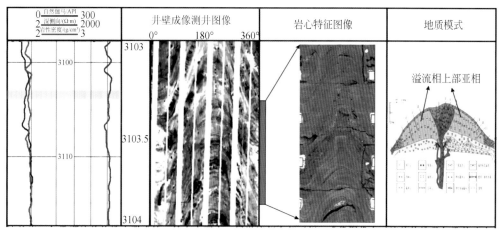

图 3-67　溢流相上部亚相图版

岩性为具有熔岩结构的火山熔岩，常具气孔杏仁构造，顶部发育火山角砾熔岩，其电成像测井图像特征模式为不规则组合斑状模式、线状模式。

图 3-67 为溢流相上部亚相，成像图像上可见呈暗斑状的气孔、溶孔较富集，呈圆形直立状，显示出气孔向上溢出的形态。

2）中部亚相

中部亚相处于溢流相的中部，由于在溢流过程中冷凝速度较慢，大部分流体溢出，基本没有气孔，或者只有非常小的孤立气孔沿流纹发育，所以比较致密，孔隙度很低，呈块状特征，在成像测井图像上通常相对呈亮色（图 3-68）。

岩性为具有熔岩结构的火山熔岩，发育流纹构造，其 FMI 图像特征模式为不规则连续线状模式、亮块模式。

3）下部亚相

下部亚相位于每个喷发–溢流期次的底部，主要由具有气孔和成岩微裂缝的流纹岩组成。由于在溢流过程中首先接触底部并相对较快冷凝，所以部分气孔被保留，在底部流动摩擦的影响下，气孔呈拉长状。同时可以混入前一次溢流相流纹岩，脆性强，

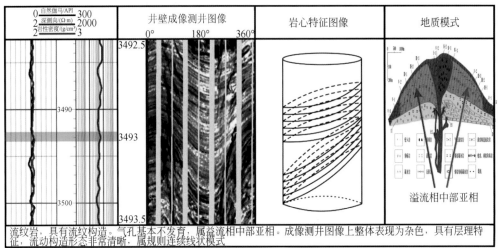

流纹岩，具有流纹构造。气孔基本不发育，属溢流相中部亚相。成像测井图像上整体表现为杂色，具有层理特征，流动构造形态非常清晰，属规则连续线状模式

溢流相中部亚相(规则组合连续线状模式)(徐深17井)

图 3-68　溢流相中部亚相图版

微裂缝发育，成像测井上通常可观察到呈低阻暗色的微裂缝（图 3-69）。

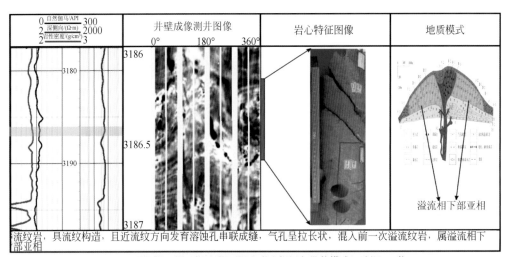

流纹岩，具流纹构造，且近流纹方向发育溶蚀孔串联成缝，气孔呈拉长状，混入前一次溢流纹岩，属溢流相下部亚相

溢流相下部亚相(不规则组合明暗相间条带状模式)(达深401井)

图 3-69　溢流相下部亚相图版

岩性为具有熔岩结构的火山熔岩，常具气孔构造，底部发育火山角砾熔岩，其FMI图像特征模式为规则连续线状模式、不规则组合斑状模式。

4. 侵出相及其亚相的成像测井特征模式

侵出相主要形成于火山喷发旋回的晚期。本地区的珍珠岩类都属于侵出相火山岩。侵出相岩体外形以穹隆状为主，可划分为内带亚相、中带亚相和外带亚相。

外带亚相：位于侵出相岩穹的外部，其代表岩性为具变形流纹构造的角砾熔岩。它们是（高黏度）熔浆舌在流动过程中，其前缘冷凝、变形并铲刮和包裹新生和先

期岩块，在自身重力和后喷熔浆作用下流动，最终固结成岩而成。岩石具熔结角砾结构、熔结凝灰结构，常见变形流纹构造，其鉴定特征是具变形流纹构造的角砾/集块熔岩，角砾多见由暗化边（氧化边）或浅化边（重结晶边）而构成的环带状外貌（图 3-70）。

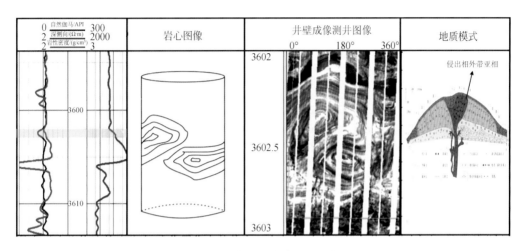

图 3-70　侵出相外带亚相图版

岩性为熔岩，具流动特征，成像图像上整体表现为杂色，中低阻橙色基质明暗相间，呈现明显的强烈揉皱状流纹构造，属不规则明暗相间条带状模式，具有明显的变形流纹构造。

5. 火山沉积相及其亚相的成像测井特征模式

火山-沉积岩相是经常与火山岩共生的一种沉积岩相，可出现在火山活动的各个时期，与其他火山岩相侧向相变或互层，分布范围广，远大于其他火山岩相。大庆地区火山-沉积相可细分为 3 个亚相：含外碎屑火山碎屑沉积岩、再搬运火山碎屑沉积岩和凝灰岩夹煤沉积。

含外碎屑火山碎屑沉积岩的代表岩性是具有层理的、以火山碎屑为主（>50%）的沉积岩和（或）火山凝灰岩中包裹有泥质岩等外来岩块。碎屑有磨圆、含非火山碎屑（但<50%）是其鉴定标志（图 3-71）；再搬运火山碎屑沉积岩的岩石由火山角砾岩和凝灰岩组成，层理构造发育，岩石序列中有明显地反映再搬运的沉积构造或相关特征；凝灰岩夹煤沉积是松辽盆地最常见的岩相之一，由凝灰岩与煤互层序列组成，形成于间湾沼泽沉积环境（图 3-72）。

岩性为砂泥岩互层、沉火山岩、夹煤沉积、钙质胶结等特征，具有明显的层理等特征，在 FMI 图像上具有亮色条带模式、规则连续明暗相间条带状模式。

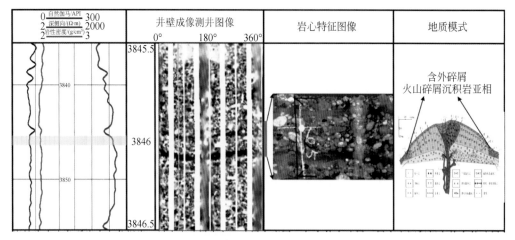

图 3-71　含外碎屑火山碎屑沉积岩亚相图版

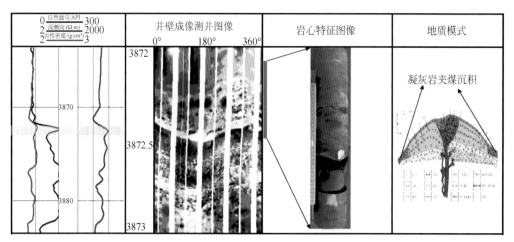

图 3-72　凝灰岩夹煤沉积亚相图版

第四章 火山岩岩性岩相测井识别方法研究

火山岩岩相的测井识别方法是火山岩岩相标志识别方法的综合，其基本思想是利用测井地质学的基本理论，通过岩心刻度测井，建立火山岩岩相识别标志及其识别方法，最终形成岩相识别的基本方法（图4-1）。

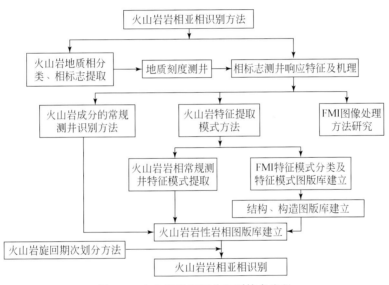

图 4-1　火山岩岩相测井识别技术流程

第一节　火山岩岩性识别方法

在岩相识别方法中核心内容是建立起岩相识别标志的测井识别方法，其中包括了岩性的识别方法。火山岩岩性识别方法包括两大类方法：一类是应用常规测井和元素俘获能谱测井（ECS）识别火山岩成分的方法；另一类是应用电成像测井识别火山岩结构、构造的方法。前者主要用于确定火山岩的成分，后者用于识别火山岩岩石的结构和构造，二者结合综合确定火山岩岩性。本节内容介绍岩性中岩石成分的识别方法，而利用电成像测井识别火山结构构造的方法将在后续章节介绍。

一、常规测井识别火山岩岩石类型

常规测井通常是指井径、自然电位、自然伽马、密度、中子、声波时差及电阻率测井，在地层复杂的情况下加上自然伽马能谱和地层倾角测井两项。从测井原理出发，结合岩石成因,通过分析不同火山岩的常规测井曲线值域、形态和组合关系,建立岩性测井响应模式,综合识别火山岩岩石类型。

不同类型的火山岩具有不同的常规测井响应特征:基性岩具有"低自然伽马、铀、钍、钾,高密度、中子孔隙度"的特征;酸性岩具有"高自然伽马、铀、钍、钾,低密度、中子孔隙度"的特征;中性岩介于二者之间。因此,从基性到酸性,火山岩具有自然伽马升高,铀、钍、钾含量增加,密度、中子孔隙减小的变化趋势,我们根据这些特征研究火山岩常规测井岩性识别方法。

(一) 交会图版法

交会图版法是测井评价中经常使用的一种比较直观的方法,常用的识别岩性的交会图有 M-N 交会图、$P_e-\rho_b$ 交会图及岩性-孔隙测井交会图等,这些交会图版在碎屑岩储层中都有较好的应用效果。但由于火山岩岩石类型和矿物多样,岩性及矿物成分复杂,这些方法在火山岩岩性识别的适用性变差。我们在火山岩测井响应特征及机理研究的基础上,寻找不同岩石类型之间的测井响应差异,采用岩心标定测井的方法,选取中子孔隙度 (Φ_N) 与密度孔隙度 (Φ_D) 差值 ($\Phi_D-\Phi_N$)、自然伽马 (GR)、铀 (U)、钍 (TH)、钾 (K) 等测井参数,建立了火山岩岩性识别交会图版 (图 4-2、图 4-3),应用上述图版对基性岩、中性岩、中酸性岩、酸性岩 (流纹岩) 识别效果较好,而对于火山碎屑岩类 (流纹质熔结凝灰岩、角砾凝灰岩、火山集块岩、火山角砾岩等) 则需要结合电成像测井资料进行岩性识别。

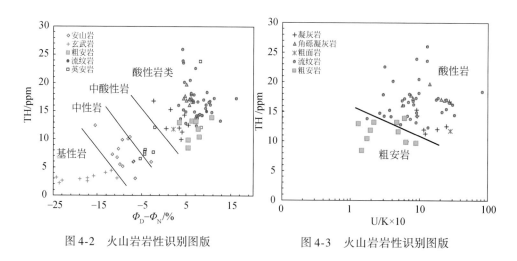

图 4-2 火山岩岩性识别图版   图 4-3 火山岩岩性识别图版

(二) 主成分分析法

主成分分析方法 (即 R 型因子分析方法) 就是通过变量变换,通常是正交变换,将一组有相关性的原变量变换为一组新的变量,即原始变量的主成分。正交变换后的主成分是相互正交的,其中第一主成分具有最大方差,第二主成分具有第二大方差,…依此类推，最后一个主成分具有的方差最小。当前 p 个主成分的方差比后面 $n\text{-}p$（假设共有 n 个主成分）个主成分的方差大很多时，可忽略后 $n\text{-}p$ 个主成分，在提取了绝大部分总信息（或总变差）的前提下达到了压制干扰并降维的目的。

设每个样本具有 n 个测井参数，可以表示为 n 维空间中的随机向量 X，有

$$X_k = (x_1, x_2, \cdots, x_n)^T \tag{4-1}$$

假设共有 N 个样本，为使各个分析不受测井参数的影响，即与测井曲线的量纲无关，首先计算 N 个样品各种测井曲线的均值和均方差，利用其均值和方差作归一化处理，保证样本各个测井参数的均值为 0，方差为 1。为方便起见，将这种归一化后的测井参数仍用 X 表示，通过计算各个测井参数的相关系数，从而形成协方差矩阵 Σ。设协方差矩阵 Σ 的 n 个特征值按大小排列为 $\lambda_1, \lambda_2, \cdots, \lambda_n$，而 $\omega_1, \omega_2, \cdots, \omega_n$ 为相应的单位正交特征向量，这时测井参数 X 的第 i 个主成分为可表示为：

$$y_i = \omega_i^T X \qquad (i = 1, 2, \cdots, n) \tag{4-2}$$

相应的协方差矩阵为 $\mathrm{var}(y_i) = \lambda_i$，很容易看出，特征值 λ_i 越小，其相应的主成分 y_i 的方差也越小，这样就可以选用前面几个特征值较大，即方差较大，代表主要的变化信息的主成分来达到压缩空间维数的目的。

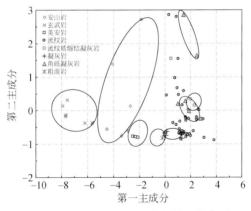

图 4-4　升平地区主成分分析样品载荷图

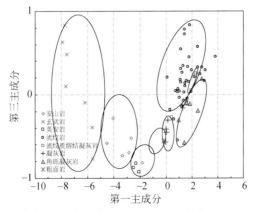

图 4-5　升平地区主成分分析样品载荷图

以火山岩岩心及薄片资料为基础，选用自然伽马、岩性指数、钍、中子密度差等测井参数，通过主成分分析，提取 5 个主因子，并确定出每种岩石类型的中心点及各主因子的分布半径（图4-4、图4-5），然后，利用模糊模式识别的方法，识别火山岩岩性。应用该方法火山岩进行岩性自动处理，处理结果与岩心或者薄片资料符合较好（图4-6）。

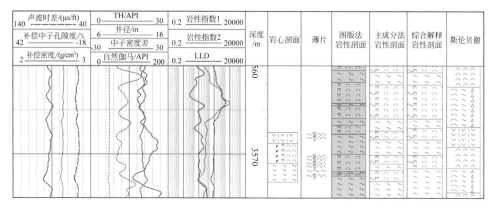

图 4-6　主成分分析法确定火山岩岩性

二、ECS 测井识别火山岩岩石成分

（一）交会图版法

元素俘获能谱测井中，钙、铁、钛、钾、钠、硅、钆、铝元素干质量分数的变化反映了火山岩岩石成分的变化，如图4-7所示，当岩性从沉积岩过渡到火山岩时，岩石矿物成分发生变化，可引起钆（Gd）元素的含量有一个突变的过程，钆（Gd）元素值突然升高；火山岩岩性从基性、中性到酸性的变化，铁元素、钙元素和钛元素曲线值是逐渐降低的，而硅元素、钠元素和钾元素曲线值是逐渐升高的。利用这一现象，建立铁元素含量与钆元素含量交会图，可较好地区分沉积岩、酸性、中性及基性火山岩（图4-8）。

（二）TAS 图矿物成分识别法

TAS 图分类法（total alkali silica）即硅-碱分类法，是目前国际上通用的火山岩分类方法，其基本的分类依据是根据二氧化硅含量和碱度高低（K_2O+Na_2O）的比例关系进行岩性划分。应用该方法不仅可以识别酸性、中性及基性等火山岩，还可以识别英安岩、粗安岩、粗面岩等过渡岩性。

对松辽盆地深层 30 余口井火山岩段的 ECS 测井资料进行分析，得到地层主要元素

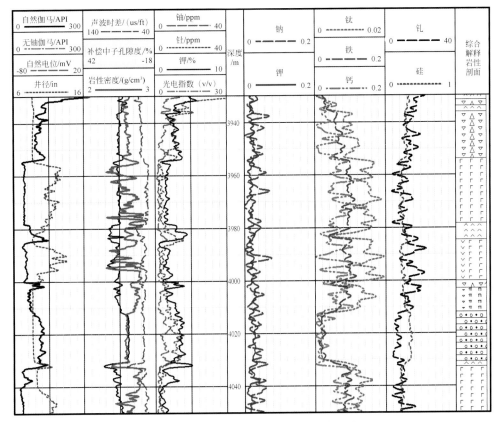

图 4-7　火山岩中沉积岩夹层 ECS 特征图

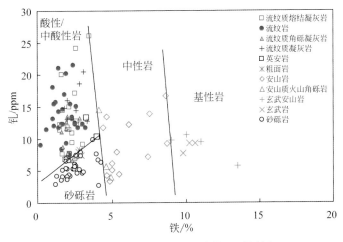

图 4-8　火山岩 ECS 测井岩性识别图版

的氧化物含量，将样本点投影到 TAS 图上，如图 4-9 所示，可知松辽盆地深层酸性、中酸性火山岩较发育，其次是中性、基性火山岩。

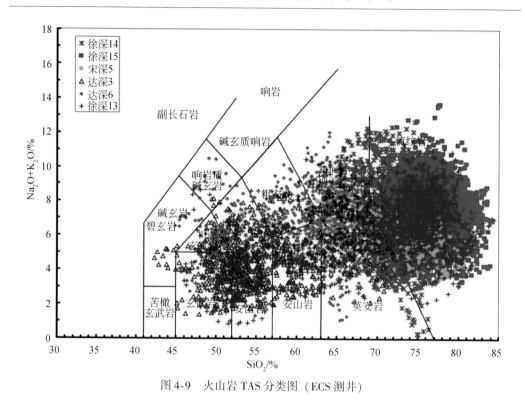

图 4-9 火山岩 TAS 分类图（ECS 测井）

第二节 火山岩结构构造 FMI 成像测井识别方法

上述几种方法可以很好地区分沉积岩、酸性岩、中性岩、基性岩及过渡岩性，但对于成分相近而结构、构造不同的岩性，应用上述方法难以有效区分，必须研究测井识别火山岩结构、构造的方法。

一、井壁成像测井图像特征分类方案

井壁成像测井资料所包含的丰富信息，集中反映在电阻率图像上，因此，井壁成像测井模式是建立在电阻率基础之上，对图像表现出的颜色、形态及所包含的地质及地球物理信息的综合反映。归根到底，建立成像测井模式是为了方便、快捷、准确而全面地解决地质问题。因此，所建立的成像测井模式必须具备以下特点：①模式须简明扼要，概念化、直观化，易于掌握和运用；②模式能最大限度反映地质信息及其他非地质信息，以便进一步深入研究。成像测井模式可以从以下几个方面进行分类。

（一）颜色分类

按照成像图颜色的深浅程度可分为 4 种模式，即亮色、浅色、暗色和杂色。此方法虽然直观，但过于简单，单独使用实际应用价值不高，和其他分类方法结合效果较好。

（二）形　态　分　类

按照成像图表现的形态分类，成像测井模式有 6 种，即块状、条带状、线状、沟槽状、斑状及杂乱状。此方法既简单明了、涵盖范围广，又具有一定的实用价值，和其他分类方法结合，效果很好。

（三）地球物理意义分类

按照成像图的表现特征所隐含的地球物理信息进行分类，如高阻层、低阻层、不均一层等。此法既不直观，又过于简单，实用价值不大，一般不采用。

（四）地质意义分类

按照成像图上表现特征是否包含地质信息进行分类，可将成像测井分为两类，即有地质意义模式和无地质意义模式。其中有地质意义模式又可分为致密层、疏松层、互层、层面、冲刷面、不整合、层理、裂缝、断层、孔洞、砾石以及对称沟槽模式等类型；无地质意义模式又可分为斜纹、木纹、不对称沟槽及白模式等类型。此方法具有很高的实用价值，但模式种类繁多，应用时需具备一定的专业知识及丰富经验。

上述 4 种成像测井模式分类方案，各有各的优缺点，在简明和实用两个方面不能很好地统一，因此，考虑一种将上述 4 种分类方法综合起来的方案。

综合分类方法以形态分类法为主线，以地质意义为核心，尽可能将成像图的颜色、形态、地球物理特征及地质特征表述出来，按照"色度–形态–（地球物理意义）–地质意义"这样一种顺序命名模式类型。例如，"亮色块状（高阻）致密层或亮块致密层"、"暗块疏松层"、"亮线充填缝"、"暗线开口缝"、"亮斑砾石"、"暗斑孔洞"等；在颜色不易表述时也可略去颜色，如"条带状互层"、"线状斜层理"等；在无地质意义时，仅以形态表示或加上造成这种现象的原因，如"斜纹状钻具刮痕"。此方法的优点是，根据解释人员专业水平和经验程度的不同，可以采用不同深度的分类方法，如水平较低的人员在识别不出砾石的情况下，仅以"亮斑模式"命名也未尝不可；而"暗线开口诱导缝"则是水平较高的人员在识别出天然裂缝和钻井诱导缝的情况下进行的命名。图 4-10 为火山岩成像测井图像特征分类方案。

图像特征模式分类			图像征类型	地质、工程及仪器等方面的解释
类	亚类	单一模式类	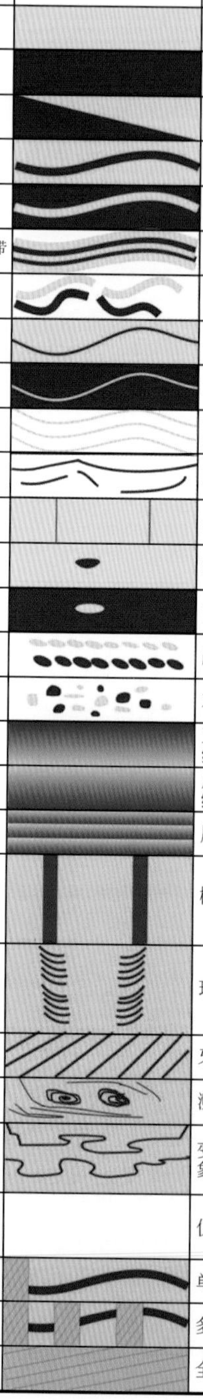	
块状模式	亮块模式			相对高阻高密度地层段、致密砂岩、钙质砂岩、致密火成岩、致密碳酸盐岩等
	暗块模式			相对低阻低密度地层段，泥岩、多孔碳酸盐岩、多孔火成岩等
	亮暗块截切模式			不整合、断层、岩性突变等地层或岩性突变接触等
条带状模式	单一条带	单一暗色条带		相对低阻、低密度地层或岩性条带状
		单一亮色条带		相对高阻、高密度地层或岩性条带状
	组合条带	规则连续明暗相间条带		高阻高密度与低阻低密度地层相间连续复式叠置，如泥云岩等
		不规则连续断线条带		高阻高密度与低阻低密度地层或岩性连续出现，如条带状泥岩等
线状模式	单一线状	单一暗线		相对低阻低密度裂缝等线状地质现象
		单一亮线		相对高阻高密度物质充填的裂缝、缝合线、断层面等
	组合线状	规则组合连续线状		岩层面、层理、层组构造、火山岩流纹等成组线状地质现象
		不规则组合断续线状		断续线状层理及其他非连续成因现象
		纵向对称竖形线状		多为直劈缝、钻井压裂缝等
斑状模式	单一斑状	单一暗斑		洞穴、低阻砾石、泥质、黄铁矿等的斑块、结核等
		单一亮斑		高阻高密度物质充填洞穴、高阻砾石、化石、结核等
	组合斑状	规则组合亮、暗斑		顺层溶蚀洞穴、规则或定向排列砾石等
		不规则组合亮、暗斑		不规则分布的洞穴、结核、化石、砾石等
递变模式	单一连续递变	下亮上暗正递变		正粒序递变层，自下而上由高阻高密度向低阻低密度连续过渡
		上亮下暗逆递变		反粒序逆变层，自下而上由低阻低密度向高阻高密度连续过渡
	复合递变	正韵律或反韵律及复式叠置		周期反复出现正、反粒序或不同阻抗物质反复叠置等
对称槽状模式	暗色对称竖形槽状模式			椭圆井眼，现今地应力定向释放，重泥浆压裂崩塌等
	雁列式对称竖形槽状模式			现今地应力秋放、压裂等产生的对称雁列诱导缝等
条纹模式	规则螺纹模式			牙轮在钻井过程中的刮削井壁，井壁规则不平现象
	不规则条纹模式			测井仪器异常提升、悬停及旋转等特殊地质现象
杂乱模式				变形层理、层面的沉积构造，生物扰动，测量异常等现象
空白模式				仪器提拉异常
异常图像模式	局部异常	单极板块异常		单极板电极异常或缝、洞等
		多极板块异常		多极板电极异常或洞穴等
	全部异常	全极板块异常		全极板电极异常、大洞穴等

图 4-10 井壁成像测井图像特征模式分类

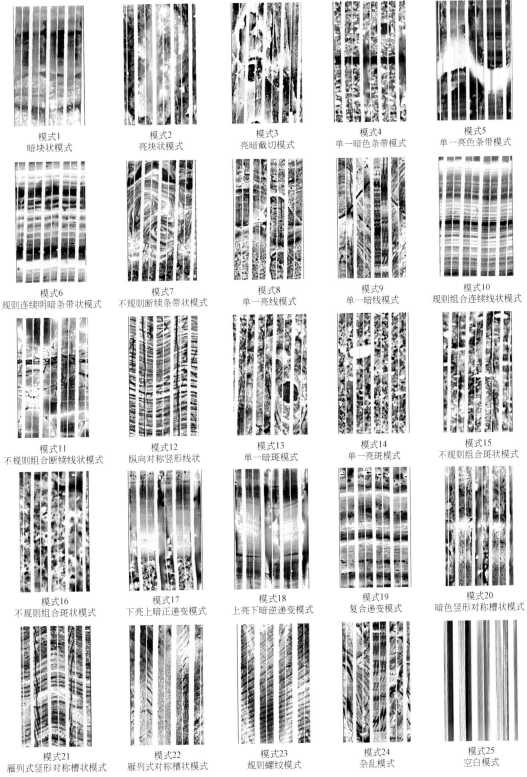

图 4-11　典型成像测井模式图像

二、井壁成像测井解释模式特征图像

上述 10 种模式分类基本上包含了火山岩井壁成像测井的所有图像特征，在井眼范围内展布的各种地质现象在成像图上的响应都可以概括为上述一种模式或多种模式的组合。我们在应用不同比例的岩心资料反复标定的基础上，将以储层评价为中心的各种基础地质现象在实际中分别找到真实的刻度图像，建立了包括井筒构造、裂缝、岩性、岩相、结构构造以及孔隙空间等特征地质现象的典型图像特征解释图版。

成像测井的图像特征主要表现在颜色变化和几何形态两个方面。成像测井图像是以不同色级的变化代替显示物理量（电阻率）的变化，像素色彩刻度为 42～256 个等级，按照白–黄–橙–黑的序列变化；但总体上可划分出 4 个色调：亮、浅、暗和杂色，对应物理参数即为高阻、低阻、不均一变化电阻率，而同岩石本身的颜色没有关系。不同色调组成的测井图像构成的环井周形态又可分为块状、线状、斑状、杂乱及竖形条带等不同形态。图像色调及形态的组合均从不同侧面反映了某种地质现象在成像图上的直观映射特征。通过研究区内大量成像测井解释实例，综合图像本身的颜色变化、几何形态变化、地球物理参数的高低变化以及地质成因，将成像测井图像特征概括为10 类、19 个次级类型的典型图像模式及可能的成因解释，其中包括了仪器振动、仪器失控等非地质因素引起的图像响应如图 4-11 和图 4-12 所示。

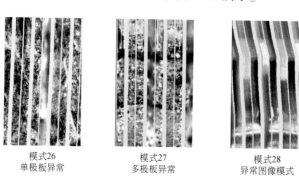

模式26　　　　　模式27　　　　　模式28
单极板异常　　　多极板异常　　　异常图像模式

图 4-12　典型成像测井模式图像

三、井壁成像测井解释模式的意义

（一）块 状 模 式

指成像图上基本无色级变化的均质块状结构、段，不显示任何沉积、构造特征或其他井眼现象。这并不意味着这种模式没有地质意义，相反，它代表了一种块状的火山岩构造，或在火山岩中未发育裂缝、孔洞、层理、角砾等地质现象。根据色级及截切关系分为亮块、暗块和亮暗块截切。

1. 亮块模式

指块状模式的成像图基本为单一的亮色（模式2）。指示地层电阻率或声阻抗较高，岩性较致密，如致密火山岩、致密碳酸盐岩、块状砂岩等。视岩性的不同，亮块模式可进一步划分为各种模式，但仅仅依靠成像图是很难将这些模式区分开的，需要常规测井的帮助。

2. 暗块模式

指块状模式的成像图基本为单一的暗色（模式1）。指示地层电阻率或声阻抗较低，岩性较疏松，典型的如泥质以及缝洞十分发育的火山岩和碳酸盐岩等。一般来讲，地层中泥质含量越多，孔洞越发育，成像图上颜色越暗。目前还没有发现孔隙度较高的含水砂岩显示为暗色的例子。当火山岩或碳酸盐岩中存在缝洞但不是十分发育时，暗块模式转化成斑状或线状模式。

3. 亮暗块截切模式

指块状模式的成像图为亮块与暗块的交错组合（模式3）。指示由于不整合、断层、岩性突变等地层或岩性突变接触等，在洞穴发育层段也可呈现出亮暗块截切模式。

通常亮、暗块状模式之间还可以分出一种浅色模式，表示电阻率中等，如含泥火山岩、粉砂岩、含泥砂岩、含泥碳酸盐岩等。当然，这种浅色模式同亮、暗模式之间没有一个明显的界限，它们只是相对而言。

（二）条带状模式

指成像图上明暗相间的条带状，相当于亮块、暗块模式的岩层以薄层、极薄层的形式相互叠复，当条带大于一定的厚度时，则转化为块状模式。指示由高阻层和低阻层构成的互层结构的空间延续性在穿过井筒的范围内是否稳定，沉积环境的能量强弱。根据其连续性，又可进一步分为连续的明暗条带和不连续的明暗条带。

1. 单一亮色条带模式

指在相对暗色调的成像图上出现一条亮色条带（模式5）。指示地层电阻率或声阻抗较高，岩性较致密，如致密火山岩、致密碳酸盐岩、块状砂岩等。

2. 单一暗色条带模式

指在相对亮色调的成像图上出现一条暗色条带（模式4）。指示地层电阻率或声阻抗较低，岩性较疏松，典型的如泥岩以及缝洞十分发育的火山岩和碳酸盐岩等。

3. 规则连续明暗相间条带状模式

指成像图上明暗相间、排列规则的条带状（模式6）。指示具有较高电阻率的火山岩（或砂岩、碳酸盐岩）层和具有较低电阻率的泥岩层以互层形式反复出现。

4. 不规则组合断续条带状模式

指成像图上排列不规则的条带状（模式 7）。表明互层结构延续范围较小，沉积环境能量较强，在井筒范围内即发生了横向的非均质变化。

（三）线 状 模 式

主要指在成像图某一色级背景上突然出现了相对变亮或相对变暗的线形展布，从而使图像形成各种线状变化现象。这可以出现在多种地质特征现象中。根据色级、组合及分布形式可分为单一亮线、单一暗线、组合线状和断续线状。

1. 单一亮线模式

指在相对暗色调的成像图上出现一条亮线（模式 8）。指示高阻或高密度物质充填的裂缝、缝合线、断层面等。

2. 单一暗线模式

指在相对亮色调背景上出现一条暗线（模式 9）。指示由低阻或低密度物质充填的裂缝、缝合线、断层面等，据此可有效地识别裂缝。

3. 规则组合连续线状模式

指成组出现的亮、暗线或亮暗线交互排列（模式 10）。指示电阻率或声阻抗层，是密集的层面、层理、裂缝组合及熔岩流线的表现，可以根据线状不同组合的形式来判别层理类型。

4. 不规则组合断续线状模式

指成组出现的不规则排列的线状图像（模式 11）。是断续层面、层理及其他非连续线状成因事件的反映。

5. 纵向对称竖型线状模式

指成对出现的纵向竖型线状图像，多为直劈缝的反映（模式 12）。

层面：一般成像图上层面常常出现在不同岩性之间，是一组距离较远的暗色正弦线条，这些线条宽度窄而均一，形状规则，产状一般与构造产状相近。层面上下地层模式可能有所不同，层面之间可以是任何其他类型的成像模式。当层面间距离接近时，孤立线条模式被条带状模式代替。

冲刷面：严格来说，它也是一种类型的层面，只是由于受到冲刷作用而呈现为不规则弯曲状的暗线，上下地层的成像模式有所不同。

不整合面：为地层大范围内受到风化剥蚀作用形成的另一种类型的层面。成像图上表现为水平状暗线，上下地层成像模式有所不同。如果是角度不整合，上下地层层面的产状会明显不同；如果是平行不整合，上下地层层面产状接近。在不整合面附近常伴随有风化壳出现，成像图上表现为暗块状或杂乱状模式。

缝合线：为地层受到压溶作用形成的不规则或锯齿状线条。一般显示为暗色，当被溶蚀又被高阻物质充填时，则显示为亮色。

裂缝：为构造作用、成岩作用或钻井诱导作用形成的暗色线条，当有充填作用导致方解石、石英等高阻物质充填裂缝时，多表现为亮色。按照裂缝的成因可分为两类，即天然缝和钻井诱导缝。天然缝按形态至少分为高角度缝、斜交缝、低角度缝、水平缝、不规则缝五种类型。

天然缝一般与层面不平行，不规则，且宽窄不一，特别是当受到后期溶蚀作用影响后，变得更为不规则，常伴随有充填作用。其中高角度缝、斜交缝、低角度缝倾角不同，与层面斜交，在成像图上一般表现为与层面不一致的正弦线条状，它们之间幅度有所不同。

水平缝与层面平行，在成像图上表现为与层面一致的水平状或正弦线条状。

不规则缝在成像图上表现为不规则的线条状，一般出现在碳酸盐岩中，由强烈的溶解作用造成。

钻井诱导缝是由各种原因（如钻具过重、水力压裂、钻具转动产生的扭应力等）造成的裂缝。其中除水力压裂缝表现为沿井壁呈现180°对称分布的暗线外，一般表现为成组出现的正弦形暗线，其走向一般与最大主应力平行，并无任何充填作用，根据这一点即可与天然缝区别。

断层：成像图上表现为正弦暗线条，与层面斜交，倾角较大，当胶结作用强烈时，也可表现为亮线。断层两侧的地层有明显的错动。组合线状模式：指成像图上显示的线条成组密集出现，线条之间距离很近，如层理、火山岩中的流纹构造等。层理主要出现在砂泥岩剖面中，在部分的内碎屑碳酸盐岩中也有出现。根据层理中线条的组合方式，可以识别出各种层理。

平行层理：成像图上表现为一组与层面基本平行的正弦曲线，正弦曲线的产状基本一致。当构造倾角为零时，则表现为一组水平线条。

波状层理：成像图上表现为一组总体上与层面基本平行的正弦曲线，正弦曲线之间近于平行，幅度差别不大，但方位变化多端。

单斜层理：成像图上表现为一组与层面斜交的正弦曲线，正弦曲线的产状基本一致。

前积层理：成像图上表现为一组与层面斜交的正弦曲线，正弦曲线的方位基本一致，但幅度一般是从下到上逐渐变小的。

板状交错层理：成像图上表现为几组与层面斜交的正弦曲线，每组内部正弦曲线产状基本相同，但各组之间的正弦曲线产状不同。

楔状交错层理：成像图上表现为几组与层面斜交的正弦曲线，每组内部正弦曲线方位基本一致，幅度逐渐变化，各组之间正弦曲线产状不同。

槽状交错层理：成像图上表现为几组正弦曲线，组内曲线产状基本一致，组间正弦曲线产状差别较大，前一组正弦曲线被后一组削蚀。

其他类型的层理，如水平层理、爬升层理等都各有各的特点，但均为组合线状模式。另外一些沉积构造如泄水构造，在一定程度上也表现为组合线状模式。流纹构造仅出现在火山岩中，表现为水流状的组合线状模式。一些比较密集发育的网状裂缝也可呈组合线状。

上述的各种线状模式，一般均以暗色线条显示，但在某些情况下，也表现为亮线模式，如裂缝或缝合线溶解扩大后又被方解石、石英等高阻物质充填（模式8），断层被高阻物质胶结严重时，应该引起注意的是，某些线状模式即使充填有高阻物质也不一定表现为亮线模式，如裂缝处于半充填状态或充填裂缝边缘发生崩落现象时，成像图上仍表现为暗线模式。

（四）斑 状 模 式

是成像图在均匀色级背景上出现斑状和跳色级的突变的电阻率或声阻抗色块，是与基质背景有电阻率和密度差异的特征地质现象的指示，根据色级、组合及分布形式可分为单一亮斑、单一暗斑、规则组合斑状和不规则组合斑状。

1. 单一亮斑模式

指在相对暗色调背景下出现的单一亮色的斑点或斑块状（模式14）。指示相对低阻背景中，高阻的砾石（如火山岩砾石、碳酸盐岩以及化石等）、化石、结核及高阻物质（方解石、白云石及石英等）充填的孔洞等。

2. 单一暗斑模式

指在相对亮色调背景下出现的单一暗色的斑点或斑块状（模式13）。指示相对高阻背景中，低阻的泥砾、化石、结核及低阻物质（如泥质、铁质等）充填的孔洞以及砂岩中的泥岩透镜体等的存在等。

3. 规则组合斑状模式

指在成像图上出现的规则排列亮、暗斑状图像。指示顺层溶蚀洞穴、规则或叠瓦状排列砾石等。

4. 不规则组合斑状模式

指在成像图上出现的不规则排列亮、暗斑状图像（模式15、16）。指示不规则分布的洞穴、砾石、结核、化石等。

在斑状模式中，常见的是孔洞和砾石。孔洞一般出现在碳酸盐岩以及具气孔、杏仁构造的火山岩（如玄武岩）中，表现为圆斑或近圆斑状，溶解扩大后呈不规则斑状。较大、较深的孔洞在成像图中呈深黑色斑块状，易于识别；较小、较浅的孔洞呈浅黑色斑点状，不易识别。当溶解作用强烈，孔洞为数众多，同溶解扩大后的裂缝连成一体时，成像图中则看不到斑状模式，而转化为杂乱状或暗块状。砾石在各种岩性地层中均有见到，如火山角砾岩、砂砾岩、岩溶角砾岩等。砾石在成像图上的形状视其磨圆程度而定，磨圆较好的砾石呈圆形或卵圆形斑状，磨圆较差的砾石则呈不规则棱角状。砾石同周围介质在颜色上差别明显，多以亮斑状显示（少数为暗斑状，如泥砾），但当砾石从井壁上掉落，在砾石原来的位置上充满泥浆后，成像图上则显示为暗斑状。这一点应引起注意。

（五）递 变 模 式

指成像图上色级均匀递变的块状层，是由于电阻率或密度上下均匀变化引起的，指示沉积构造中的递变层理及密度递变层理段。根据组合及分布形式分为正递变模式、反递变模式和复合递变模式。

1. 下亮上暗正递变模式

指成像图像由亮色向暗色逐渐过渡的块状层（模式 17）。指示粒度由粗变细的正粒序递变层、自下而上由高阻高密度向低阻低密度连续过渡。

2. 下暗上亮反递变模式

指成像图像由暗色向亮色逐渐过渡的块状层（模式 18）。指示粒度由细变粗的反粒序递变层、自下而上由低阻低密度向高阻高密度连续过渡。

3. 复合递变模式

指单一递变模式图像在连续的深度内重复出现（模式 19）。指示周期反复出现正、反粒序或不同阻抗物质反复叠置等。

（六）对称槽状模式

特指由于地应力不均衡造成的椭圆形井眼崩落，在成像图上一般表现为沿井壁分布的两条互呈 180° 对称的条带。它们可以在相当长的井段内连续出现，也可以仅在某层内出现。由于这种现象在成像图特别是声成像图中经常遇到，故单列为一种模式。这种模式是地应力方向的良好指示，因为井眼崩落的方位恰是现代水平最小主应力的方位。根据其成因，分为以下两种。

1. 暗色对称竖形槽状模式

一般表现为沿井壁分布的两条互呈 180° 对称的暗色沟槽（模式 20）。指示椭圆井眼、现今地应力定向挤压形成、重泥浆压裂崩塌等。

2. 雁列式对称竖形槽状

一般表现为沿井壁分布的两条互呈 180° 对称的由雁列缝组成的条带（模式 21、

22）。指示现今地应力释放、压裂等产生的对称雁列诱导缝等。

（七）条 纹 模 式

这类成像模式本身不是地质特征在成像图上的表现，也不能间接地指示一定的地质现象，而是由钻井或测井施工过程中某种因素造成的。指在正常成像图像背景上出现的条纹变化。根据形态的不同，可以分为规则螺纹模式、不规则条纹模式。

1. 规则螺纹模式

这种模式不是斜交井轴的平面在成像图上的反映特征，因为一般斜交井轴的平面在成像图上呈正弦曲线形态，而该模式在成像图上表现为不对称的倾斜纹理，因此它不是地层本身存在的特征，而是钻井过程中钻头转动在井壁上的擦痕。这种模式在声波成像图中有时会见到，一般出现于岩性较致密的层段，因为它近似一种组合线状模式，往往被误解为层理的显示特征。

2. 不规则条纹模式

这种模式在成像图上类似树木的年轮（模式23），可以在相当长的井段内出现，仅出现于声波成像图中，可能是由于测井仪器在井下振动引起的，也不是地层本身的特征。

（八）杂 乱 模 式

指成像图上色级及形态变化杂乱、模糊（模式24）。可能指示沉积构造的变形、扰动、滑动及其他导致图像变差的客观因素，如井眼不规则、测井资料变差就可能导致图像杂乱模式。

（九）空 白 模 式

成像图上没有任何信息，或虽然有信息但模糊不清没有任何意义（模式25）。这种现象往往是测井过程中仪器失灵或仪器工作不正常造成的。由于井壁不规则仪器遇卡或者仪器抖动也可能导致成像图中空白模式的出现。

（十）异 常 图 像 模 式

指由于极板异常引起的成像图像杂乱、模糊等情况（模式26~28）。根据异常极板数量分为局部异常和全部异常。

四、松辽盆地火山岩岩相标志的井壁成像特征模式

松辽盆地火山岩井壁特征模式图像典型图版的建立，是在以井壁成像测井图像特

征分类方案中的综合方案为指导，在大量的井壁特征图像中甄选出的最具代表意义的特征模式图像。应用岩心资料刻度电成像测井资料，分析不同岩石结构构造的电成像测井响应特征，建立了不同岩石结构、构造的图像识别模式，并形成电成像测井识别火山岩岩性的图版库，图 4-13 是应用电成像测井建立的图版库，应用这些图版可以识别具有熔结结构、集块结构、角砾结构、凝灰结构及流纹构造等不同结构、构造的岩石类型。

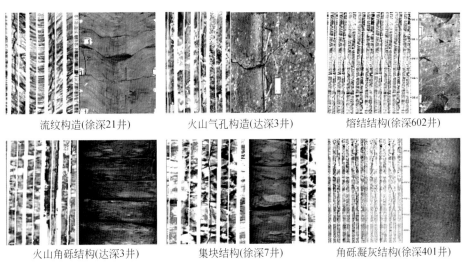

| 流纹构造(徐深21井) | 火山气孔构造(达深3井) | 熔结结构(徐深602井) |
| 火山角砾结构(达深3井) | 集块结构(徐深7井) | 角砾凝灰结构(徐深401井) |

图 4-13　成像图像识别岩性结构、构造典型图版模式

（一）火山岩结构成像测井特征模式

火山岩结构是指岩石的结晶程度、颗粒大小、形态特征以及这些物质彼此间的相互关系。熔岩结构具有块状模式；隐爆角砾结构具有亮暗截切模式；熔结结构、火山碎屑结构、沉火山碎屑结构具有斑状模式；层理发育的沉火山碎屑结构具有条带状模式和线状模式。

（二）火山岩构造成像测井特征模式

火山岩构造是指火山岩中不同矿物集合体或矿物集合体与岩石的其他组成部分之间的排列充填空间方式所构成的岩石特点。块状构造具有块状模式；流纹构造、变形流纹构造具有条带状模式；流纹构造具有线状模式；气孔构造、杏仁构造、假流纹构造、堆砌构造具有斑状模式。

第三节　火山岩储层井壁成像测井资料处理方法

井壁电成像测井具有不同于常规测井的地质响应模式，而且能够提供直观的井下地层岩石物理图像。在地层识别、构造、沉积相、储层评价研究等多个方面发挥着重要作用。在复杂岩性储层特别是火山岩地层中，如何发挥井壁电成像测井的作用，在火山岩岩性、岩相划分方面具有重要的意义。

FMI测井资料的应用基础是要有清晰可靠的图像，这就要求在图像处理技术上要考虑周全，做到精益求精。井壁成像资料的数据量极大，近乎常规测井单条曲线的1000倍，300ft①的测量井段就需要10M字节的记录空间。另外由于其仪器设计的固有特点，使得其测量数据处理独具特色。FMI测量的是阵列电扣电流和仪器方位的几何信息。从这些测量信息中提取地层地质特征需要两个过程：一是将测量信息映射为电阻率图像的成像过程，第二是从处理的图像中提取地层地质特征。第一个过程构成了井壁电阻率成像的数据处理技术；第二部分是井壁电阻率成像的解释技术与方法。

一、井壁成像测井资料处理技术

井壁成像测井资料的应用基础是要有清晰可靠的图像，本项目的研究中，针对火山岩地层，如何清晰地再现火山岩地层中的岩石的结构、构造以及成分，为火山岩岩性、岩相划分提供技术保证是本项目面临的一项重要课题。

本次主要研究的电成像资料是斯伦贝谢公司的FMI资料，所以成像测井数据资料处理采用斯伦贝谢公司的GeoFrame平台软件实现。该软件在碎屑岩地层处理中，针对不同的地质体在岩性、结构、构造方面存在着差异，采用不同的处理参数，取得了较好的效果。不同的地质体岩性、结构、构造方面的差异具体表现在电阻率数值的不同，根据不同的电阻率数值大小，生成易于识别的图像是本项目中的根本任务。在研究中，针对不同的地质体，我们提出了基于目标体的变窗长高分辨率图像处理方法。下面以FMI测井资料的处理为例介绍微电阻率成像测井资料的处理过程及关键技术，处理流程如图4-14所示。

（一）预 处 理

1. 深度及速度校正

深度及速度校正是井眼微电阻率成像资料处理的重要组成部分，其校正目的是使每一个电极的测量值都具有准确的深度值。由于FMI测井资料的采样间隔仅为0.1in，其分辨率为0.2in。因此，必须确保测量深度的准确无误。速度校正是FMI数据处理中尤为重要的一步，主要目的就是要恢复采样数据对应的真深度，消除仪器非匀速运动引起的曲线畸变。

如图4-15所示，当仪器进行测量时，测量电极通过相同地层的时间是不同的。仪

---

① 1ft=0.3048m

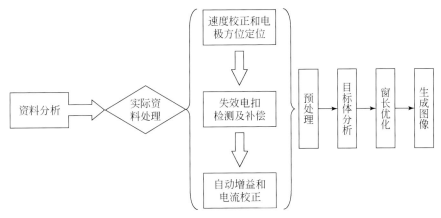

图 4-14 FMI 资料处理流程图

器在井下很难保持匀速运动,由于井筒条件的不同,仪器在井下可能会遇卡,这会导致仪器与所记录的电缆运动速度不一致。如果仍按照统一的标准转换数据,则会与真实地层不符。第一步应用三分量加速度计测量信息将阵列电极电流时间域测量信息映射为深度域测量信息,即确定每个测点的深度。校正方法完全等同于地层倾角测井速度校正。第二步利用三分量磁通量测量信息和加速度测量信息确定每个电极相对于磁北极的方位角。还须要对每个电极测量的信息(或曲线)进行"深度对齐"。由于极板上两排纽扣电极间的距离为 0.3in,不做深度对齐时,两排电极显示的异常具有深度偏移。而翼板的电极(FMI)与主极板上的电极相距 5.7in,显示的异常会有较大的深度偏移。在对像素处理时必须首先将各电极的测量结果做深度对齐处理,图 4-16 是深度对齐前后的电极异常显示。

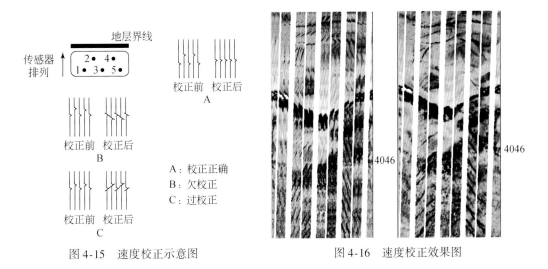

图 4-15 速度校正示意图   图 4-16 速度校正效果图

对于某一确定时间,FMI 的两排电极在不同深度上;对于同一地层界面,两排电极通过它的时间是不同的。如果仪器以一恒定的速度上提,每一行电极进行简单的常数深度移动就可以校准所有的数据。事实上，电缆上提的过程中一般不可能是匀速的，由于电缆的伸、缩、晃动、仪器与井壁的碰撞，仪器或多或少存在加速度。在这种情况下，若采用简单的常数移动要么会导致校正过量，要么会导致校正不足，在图像上出现不规则的锯齿状。通常有两种方法可进行速度校正，一种是用三分量加速度测量值校正，另一种是基于测量数据本身，用相关对比的方法进行校正。通常这两种方法同时使用。用三分量加速度计可获得仪器沿井眼中心运动的加速度 a，由此可获得深度移动量 ΔH

$$\Delta H = C + \iint a \mathrm{d}t \tag{4-3}$$

由于 FMI 测井仪每个极板有两排电极，因此两排电极深度差可用相关对比的方法求得，如果发现两排电极存在着深度差，求出差值，而后进行深度移动即可。

2. 数据归一化

FM1 有 192 个电极，在测量过程中，各个极板与井壁的接触程度不可能是完全相同的，有的可能接触好一些，有的可能接触差一些。对于同一极板上的电极，其电极系数也不可能完全相同，与井壁的接触程度也不可能完全相同。由于上述因素的影响，每个电极对同一阻值的地层的测井响应可能存在着一定的差异，从而导致图像上各电极之间无相同的背景色，这一缺点从仪器设计上是无法避免的，这就需要在数据处理中加以克服。

事实上，对于某一特定的测量井段，各电极的测量值应基本相同，也就是说应有一定的数学期望。另外，其测量值数据的分布应基本服从正态分布。这就给我们用数学方法改善井眼微电阻率扫描图像提供了可能。进行数据归一化的方法很多，如数据标准化、数据正规化、极大值规格化、均值规格化、标准归一化、中心化等。

斯伦贝谢 GeoQuest 的 GeoFrame 软件采用限制统计的数据标准化方法进行 FMI 的归一化处理，处理过程中采用了窗口技术。采用限制性统计的目的是消除电极测量过程中某些因素引起的异常高阻和低阻对统计结果的影响，以确保统计结果真正地反映地层特性。程序是采用数据的个数百分比来限制的，对于给定窗长，其窗内每个电极的测量点数相同，若计为 n 点，则窗内 192 个电极的测量数据可表示为：

$$\begin{bmatrix} C_{1,1} & C_{1,2} & \cdots & C_{1,192} \\ C_{2,1} & C_{2,2} & \cdots & C_{2,192} \\ \cdots & \cdots & \cdots & \cdots \\ C_{n,1} & C_{n,2} & \cdots & C_{n,192} \end{bmatrix} \tag{4-4}$$

则其总体算术平均值 A 可表示为：

$$A = \frac{1}{n \times 192 - p} \sum_{j=1}^{192} \sum_{i=1}^{n} C_{i,j} \tag{4-5}$$

其中，低截止值 $\leqslant C_{i,j} \leqslant$ 高截止值，其中 p 为高于低截止值且低于高截止值的采样数据的个数。

各电极的测量值可做如下转换：

$$\sigma_j = \sqrt{\frac{1}{n}\sum_{i=1}^{n}(C_{i,j} - \bar{C}_j)^2} \qquad (4\text{-}6)$$

$$C''_{i,j} = A\left(\frac{C_{i,j} - \bar{C}_j}{\sigma_j} + 1\right) = \frac{A(C_{i,j} - \bar{C}_j) + A}{\sigma_j} \qquad (4\text{-}7)$$

经过上述变换，窗口内各电极的测量平均值为 A，各电极之间所测数据的平均值、均方差均相等。经过上述变换可大幅度地改善 FMI 各极板之间微电阻率扫描图像分辨率，并可确保各极板的背景值一致，提高视觉效果。

FMI 测井过程中所记录的数据，实际上是各测量电极的电流与总电流的比值，它间接地反映井壁地层电阻率随深度的相对变化。测井时，仪器会根据局部井段范围内地层电导率的变化，不断的改变总电流和总电压这两个参数，使得电极的响应特性很难一致，与井壁的接触情况各不相同，在测井过程中，各纽扣电极表面形成的泥浆膜、油膜或其他污染物等随机因素也在不断变化，这样对相同电导率的地层，各级扣电极记录的数据就会存在着差异。归一化处理就是使所有的电极在较长的井段内，具有基本相同的平均响应（图 4-17、图 4-18）。

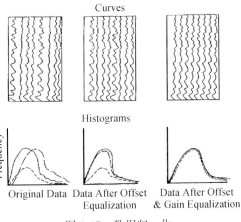

图 4-17　数据归一化

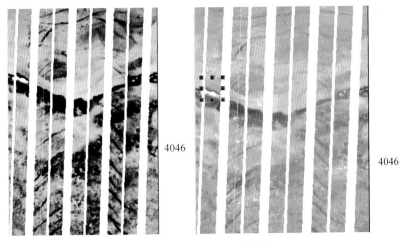

图 4-18　归一化处理结果

在求取电扣电流窗口平均值和均方差时应注意排除地层局部结构非均质的影响，尽可能去掉由于裂缝、溶洞、砾石颗粒存在而引起的电扣电流异常增大或减少的情况的影响。

3. 发射电压校正

在测井过程中，被测地层电阻率动态范围变化大，要使测量电扣电流的动态范围变化相应地大，需要通过自动增益控制和改变供电电流强度而实现。仪器动态地改变电流，以使在具有较大电阻率差异的情况下，电流强度也处于最佳的操作范围内，在高电阻的地方，发射电流加大，以使足够的电流进入地层；相反在低电阻的地方，发射电流减少，以避免出现电压饱和。结果造成不同井段内，具有相同导电特性的地层，在扫描曲线上对应着不同的导电特性，特别是测量井段之间电阻率差异很大的时候，问题更加突出，电流校正可以消除仪器通过电阻率差异很大的一段地层时所引起的图像畸变。

为了确保仪器采样工作在线性范围内，仪器在不断地调整电极电压。当记录电流过大时，将调低发射电压；相反，当仪器电流过小时，将调高发射电压。因此，不进行电压校正 FMI 的记录数据不能准确地反映所测地层的电阻率。为了确保 FMI 测量数据与地层电阻率之间的正比关系，需对发射电压的变化进行校正。校正方法比较简单，将每个电极的测量电流 I 除以发射电压 V 即可得到每个电极的视电阻率 C_i

$$C_i = \frac{I_i}{V_i} \tag{4-8}$$

式中，I_i 为每个电极的测量值；V_i 为该点测量点的 EMEX 电压值。

4. 失效纽扣检测及补偿

仪器上某一个或几个电极可能临时性工作不正常，其测量数据不能客观地反映地层电导率的变化。很多原因可引起电极不能正常工作，使电极出现短路或断路现象，其测量结果在图像上引起垂直的黑色或白色条带。在成像前必须将不正常的电极数据剔除，否则会在图像上产生一些干扰和假象；坏电极的数据通常有两种表现形式：一种是曲线过分光滑平缓，其方差小于某一门槛值；另一种曲线变化非常剧烈，其方差大于某一门槛值。合理设置上下门槛值，可以自动识别坏电极数据。通过对每个电扣电流在选择的处理窗口上的电流分布直方图分析，去掉那些电扣电流不随地层变化的电扣信息，利用有效相邻电扣相应测点处的测量值的插值对失效电扣进行填补。插值的方法很多，处理中一般采用内插的方法，即采用相邻电极的线性内插，就可以使失掉的数据恢复。即使是一整排的电极或者成像极板以外的其他电极出现了故障也能恢复。而事实上，在一个极板上，超过三个电极失效的情况是极为少见的。

5. 数据刻度

FMI 有 192 个微电阻率扫描电极，由于仪器设计的限制，无法对每个电极的电极系数进行刻度。因而，FMI 中每个电极的测量值不是准确的微电阻率曲线。虽然经过发射电压校正以后，它已有微电阻率曲线的特征，但它仍不是视电阻率曲线。这种曲线可以准确地反映所测剖面微电阻率的变化程度，但不能准确地反映所测剖面微电阻率数值。FMI 具有很高的分辨率（0.2in），这一点是其他测井项目无法比拟的。用 FMI 图像资料，我们可以很好地识别裂缝，并进行产状解释。除此之外，我们还寄希望于利用其分辨率高、数据覆盖面积大的优点进行裂缝的定量评价。然而，裂缝的定量评价需要准确的微电阻率曲线，这就产生了矛盾，这一矛盾从 FMI 本身是无法解决的，必须用其他手段解决。

幸运的是，一般情况下，在同一测量井段，都进行了微电阻率曲线测量，如浅侧向测量，其探测深度基本与 FMI 一致，它反映的是所测的环形剖面电阻率的平均值，是一种频率相对较低的低频信号，而 FMI 测井单电极所测的是电极所经过环形剖面各部分的微电阻率的变化值，它是一种高频信号，从信号分析的角度上讲，两种信号相加即可得到能反映环形剖面局部电阻率数值的微电阻率曲线。

在某一测量井段，我们假设其中一个测量点所测环形剖面电导率值的平均电流为 I_{aj}，则这一数值可表示为：

$$I_{aj} = \frac{1}{192}\sum_{i=1}^{192} I_{i,j} \tag{4-9}$$

式中，$I_{i,j}$ 为第 j 个测量点第 i 个电极的测量电流值；I_{aj} 为第 j 个测量点环形剖面平均电流值。

从浅侧向测量数值可以得到能够准确反映该点电导率数值的电流值，称之为理论电流 I_j。

$$I_j = KKC_j \tag{4-10}$$

式中，I_j 为第 j 个测量点的电流理论值；KK 为微侧向测井仪的电极系数；G_j 为第 j 个测量点微侧向测井仪的电导率响应值。

用数理统计的方式，可得到全井段 I_{aj} 和 I_j 之间的统计关系，这种统计关系可表示为：

$$I_j = a + bI_{aj} \tag{4-11}$$

由此统计关系式，可得到各电极的刻度值：

$$II_{i,j} = a + bI_{i,j} \tag{4-12}$$

式中：II_{ij} 为第 j 个测量点第 i 个测量电极刻度值；I_{ij} 为第 j 个测量点第 i 个测量电极的测量值；a，b 为刻度系数。

GeoQuest 的 GeoFrame 软件，首先计算平均电流 I_a 和理论电流 I，再进行二者的深度匹配，而后，用分段线性拟合的方法建立刻度系数，最后完成每一电极的逐点刻度。

（二）图 像 生 成

图像加强的目的是用有限的色标来更加精细地表现图像，提高图像的对比度，加强视觉效果。图像加强是一门数字图像处理的新兴学科。图像加强的方法很多，处理的目的不同，处理的方法也不尽相同。

　　井眼微电阻率图像是通过把微电阻率测量数值转换成图像实现的。为此首先要对微电阻率测量值进行分级，并使得每一级对应于一定的色标。若采用电阻率值线性分级的方法，有限的色标可能大多用于小的低阻或高阻的异常尖峰数据点，而多数数据则仅用少量的色标显示，从而使大多数数据在图像上处于同一色标，使得整个图像对比比较差。窗口直方图增强技术采用窗口直方图归一化的图像增强方法，如图 4-19 所示，电阻率数据经过直方图分析技术求取累计概率分布，把电阻率数据转化为 0 和 1 之间的数据，不同分布的电阻率数值使用不同的色标，每一数据分级点数相等，赋予一定的色标。如果数据具有较小的分布，最大的数值和最小的数值采用所有的色标范围，保证了色标的充分使用；如果数据具有较大的分布，也同样经过累计概率分布对数据实现归一化，最大的数值和最小的数值同样采用所有的色标范围，不同的电阻率等级赋予不同的色素。这就充分利用了有限的色标，使得图像的对比度大大地加强（图 4-19）。

　　采用窗口直方图归一化的图像加强技术按照窗长的大小又可分为静态加强和动态加强两种方式。所谓静态加强是动态加强的特例，其窗长即为整个处理井段。对于动态加强用户可以定义窗长，处理过程中，在窗长范围内的 192 个电极的所有测量值都参加直方图分级处理，分级完成输出分级数据，而后窗长向上移动整个窗长的 25%，对于窗内的数据重新进行直方图分级处理，输出新的分级数据。这样，窗口连续向上滑动，直至整个处理井段处理完毕，用新的分级数据进行图像显示，即可获得较好的对比度，更加精细显示微电阻率扫描图像。

　　无论采用哪种增强方式，处理后就可获得灰度等级或者像素色标值的数字图像，这样就可以利用绘图程序进行显示和观察。

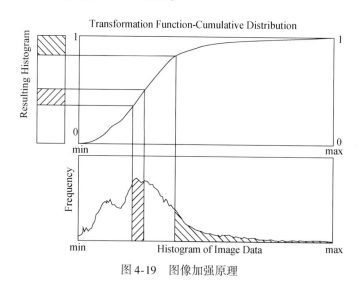

图 4-19　图像加强原理

1. 静态加强

　　即在较大的深度段内（相对于层段或某一储集层段），对仪器响应进行归一化，即在某一深度处特定色彩表示的电阻率，在另一深度处如果色彩相同即表示该深度处具有同样的电阻率，这种归一化的优点是可以在较长的井段内通过灰度或颜色的比较来对比电阻率。不足之处是不能分辨小范围内为电阻率的变化。

2. 动态加强

像素色彩或灰度等级刻度是将电扣电流强度按照一定关系刻度为像素的色彩或灰度等级。电扣电流像素色彩或灰度等级刻度窗长也是可以选择的，一种是将大段或者全井段资料用作一个窗口进行刻度。这种图像适用于区别大范围电阻率变化，进行岩性对比。另一种选择较短的窗长，对像素色彩或灰度进行刻度以突出地层细节的变化。显然，动态增强处理后的图像将一个窗长内的像素色彩进行最大程度的图像增强，窗长越短，增强的效果越明显，但会显著增加处理时间。另外，动态增强处理是为了解决有限颜色刻度与全井段大范围的电阻率变化之间的矛盾，由静态图像的全井段统一配色改为在每个窗长井段内配色，以充分体现 FMI 测井高分辨率的优势，如图 4-20 所示。这种图像用于识别岩层中各种尺度的结构、构造，如裂缝、节理、层理、结核、砾石颗粒、断层等。但由于是分段配色，某一颜色在不同的井段可能对应着不同的岩性，因此动态图像不能应用于大范围的岩性对比。

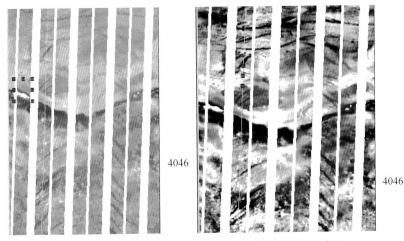

图 4-20　静态加强图像与动态加强图像处理结果对比

二、基于目标体的变窗长成像资料精细处理方法研究

在成像测井处理软件中具体的工作流程分为以下五步，分别是：①深度及速度校正；②死电极校正；③发射电压校正和数据刻度；④数据归一化处理；⑤图像生成（静态增强、动态增强）。其中前四步属于资料预处理部分，在 BorEid 处理模块中选择实现，而第五步在 BorNor 模块中实现。

针对大庆深层研究区火山岩特殊岩性段，本次研究中在数据归一化处理阶段又建立了"交互式变窗长精细成像测井处理解释方法"，即通过改变 Geoframe 处理软件中

BorNor 模块的窗长数据，来达到清晰处理成像图像的目的（图 4-21）。在此高质量数据的基础上进一步对成像测井图像分别进行动态、静态数据增强，可最终获得清晰的图像数据，为下一步研究工作提供了高质量资料。

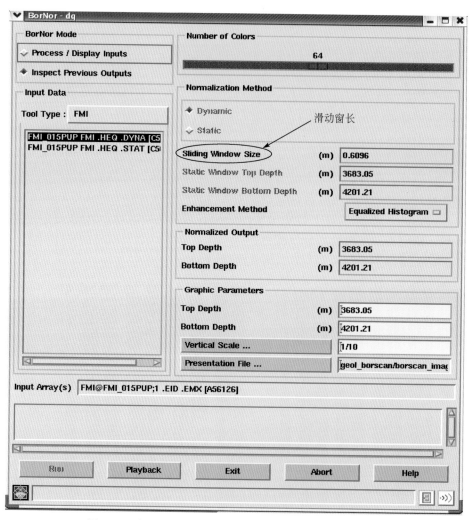

图 4-21　交互式变窗长精细成像测井处理解释方法示意图

（一）目标体分析及处理程序简介

1. 主要相标志和相体

在开展的本项目研究中，核心的任务是通过岩心标定技术，建立用 FMI 测井资料识别岩相的方法和技术流程，因此，如何识别相标志是本工作的重中之重。前述研究中，火山岩岩相的相标志主要包括岩性、结构、构造等特征，同时储集空间识别也是火山岩评价的主要目标。因此 FMI 面临的目标体主要包括火山岩岩性、结构和构造以及储集空间类型。在精细处理中就是考虑如何针对不同的目标体，采用不同的处理参数，达到精细处理的目标，进而为岩相识别和储层评价服务。火山岩地层处理的主要目标包括：熔岩结构、熔结结构、隐爆角砾结构、火山碎屑结构；流纹构造、变形流纹构造、块状构造、气孔构造、杏仁构造、层理；裂缝、孔洞。

对于不同地质对象 FMI 成像测井具有不同的响应特征，总体上讲，静态图像上颜色的亮暗反映了电阻率数值的大小，受控于岩石形成环境及其岩性类别、结构、构造等影响。在大套地层大的构造不甚发育的情况下，小尺度的结构构造是火山岩测井识别的主体。前面论述提到，归一化处理和图像动态加强是提高图像质量的有效途径，因此针对不同的目标体，开展变窗长的资料处理方法，提高 FMI 资料识别地质体的能力是一条可行之路。

2. 处理程序

在处理中，采用 GeoFrame 软件中 Geolog 模块中的微电阻率成像处理链，如图 4-22 所示，处理步骤包括：数据加载、格式转换、预处理（加速度校正、电流校正、深度校正以及归一化处理）、动态归一化处理及图像生成。

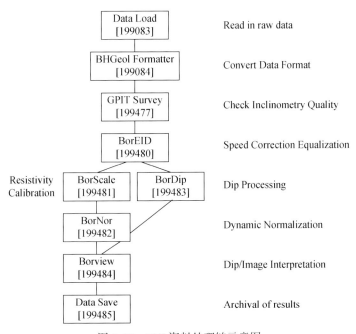

图 4-22 FMI 资料处理链示意图

（二）不同目标体处理结果分析

在火山岩地层中层理是热基浪亚相和火山沉积岩地层的重要标志，因此有效识别层理对火山岩岩相识别具有重要的意义。如图 4-23 是徐深 X 井 3858m 处和 3959.8m 处为热基浪亚相地层，为平行层理，图中自左而右依次为静态图像，滑动窗口分别为

0.1524m、0.3028m、0.4572m 和 0.6096m 所处理的结果。从处理结果可以看出，小的动态窗长具有较高的层理及层面识别能力，动态窗长的变化对于火山岩层面及层理识别具有意义。

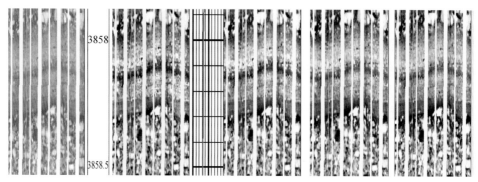

图4-23　徐深X井热基浪亚相平行层理处理结果

如图4-24是徐深X井3400m处以下部分为平行层理，图中自左而右依次为静态图像，滑动窗口分别为0.1524m、0.3028m、0.4572m 和 0.6096m 所处理的结果。从处理结果可以看出，小的动态窗长具有较高的层理识别能力；而对于3400m处以上部分有一地层界面，采用0.6096m的处理窗长取得了较好的结果，采用较大窗长具有更好的清晰度。

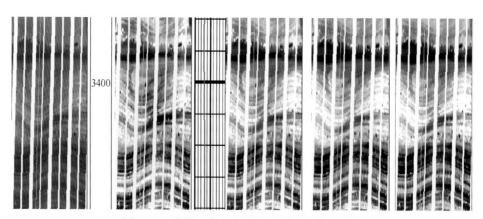

图4-24　徐深X井平行层理及层界面处理结果

变形流纹构造是侵出相外部亚相的重要相标志，如图4-25是徐深X井3602m处处理的结果，图中自左而右依次为静态图像，滑动窗口分别为 0.1524m、0.3028m、0.4572m 和 0.6096m 所处理的结果。处理结果显示：小动态窗长提高了图像分辨率，增强了识别以变形流纹构造为主的目标体的能力。

如图4-26是徐深X1井4032m处的处理的结果，图中自左而右依次为静态图像，滑动窗口分别为0.1524m、0.3028m、0.4572m 和 0.6096m 所处理的结果。处理结果显示：小动态窗长提高了图像分辨率，增强了识别以变形流纹构造为主的目标体的能力。

流纹构造是反映岩浆流动的标志，具有一定的相指示意义。如图4-27是徐深M井

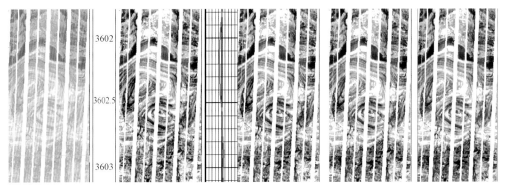

图 4-25　徐深 X 井变形流纹构造处理结果

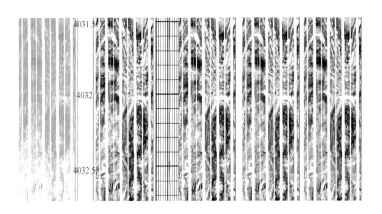

图 4-26　徐深 X1 井变形流纹构造处理结果

图 4-27　徐深 M 井变形流纹构造处理结果

3603m 处的处理的结果，图中自左而右依次为静态图像，滑动窗口分别为 0.1524m、0.3028m、0.4572m 和 0.6096m 所处理的结果。处理结果显示：小动态窗长提高了图像分辨率，增强了识别以流纹构造为主的目标体的能力。对于气孔发育区，0.1524m 滑动窗口的处理效果明显好于其他处理效果（岩心归位下放 2m）。

　　火山角砾岩是火山碎屑岩的重要组成部分，火山角砾是一种重要的岩相标志，是一种重要的地质目标体。如图 4-28 是徐深 X 井 3443m 处的处理结果，图中自左而右依次为静态图像，滑动窗口分别为 0.1524m、0.3028m、0.4572m 和 0.6096m 所处理的结果。处理结果显示：对于粒径较小的砾岩，小动态窗长提高了图像分辨率；而对于中等粒径的砾岩，较大的滑动窗长具有较高的分辨率；而粒径大于一定的范围，滑动窗长对于图像处理效果没有较大的改观。因此通过变窗长的处理，增强了识别火山角砾为主的目标体的能力。

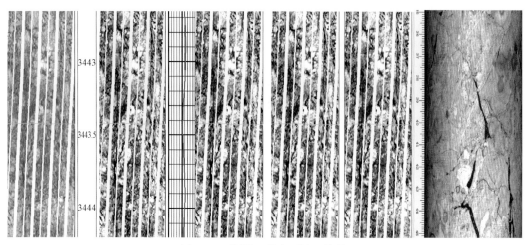

图 4-28　徐深 X 井角砾处理结果

三、火山岩结构、构造特征信息提取方法研究

BorTex 使用倾角或成像微电阻率曲线（快道曲线），根据这些曲线所反映的地层成层性和内部结构信息确定岩石内部结构特征，然后根据其岩石内部结构特征对处理井段进行分段。BorTex 把井钻遇的地层划分成各种不同的"形态相"（即根据倾角、成像测井和常规曲线的形态划分出来的各种不同的测井相）。从成像测井数据，BorTex 可以提取定量信息以便分析孔洞和裂缝。

用户使用 BorTex 可以从倾角或成像微测井中获取岩石内部结构属性。BorTex 从快道曲线提取出的信息包括层厚、电阻率反差、电阻率曲线活动度、跨井眼地质特征密度、电阻率和电导率趋势、异常（及其他），并可在碎屑岩和碳酸盐岩两种环境下对岩石内部结构属性进行自动分类。针对火山岩岩石，碎屑岩和熔岩具有不同的结构构造，其主要原因是组成岩石的矿物成分发生了变化，在 FMI 图像上具有明显的明暗特征，代表着电阻率数值的变化。针对火山岩地层，利用 BorTex 模块开展火山岩结构构造的提取是本研究中尝试的一项内容，尚未见相关的研究成果。

（一）BorTex 处理方法原理

BorTex 处理包括一系列处理方法流程，主要包括数据准备、滤波与刻度、批量计算、交互处理四个主要步骤。

1. 数据准备

　　在 BorTex Application Manager 打开后，双击 Phases 内左边按钮启动 Batch Phase。当 BorTex 主窗口出现时，在主菜单条上 Process 下拉菜单中，点击 Input。在打开的 Input Selection 窗口中，在 Input Format（输入数据格式）项选择 FMI，在 Processing Format（处理结果格式）项也选择 FMI。在 Select Input（输入数据）项选择 FMI. SCA。选中 Bedding Orientation（地层产状），并选中 Array（地层产状数据为曲线）。在 Dip Collection Query 窗口中，选择 DIP. VIEW，点击 OK。倾角是很重要的输入，因为首先作用于倾角或成像曲线的是对地层倾角进行补偿。回到 Input Selection 窗口中，将 Quality Cutoff（倾角数据质量截止值）设成 0%，即利用所有倾角数据，选中 Inclenometry（井斜数据）。在 Processing Parameters 下，在 Top Depth（处理顶部深度）处输入 4960ft，在 Bottom Depth（处理底部深度）处输入 5105ft。在 Input Selection 窗口中，点击 OK（图 4-29）。稍后，FMI 图像和蝌蚪图将显示在 BorTex 主窗口中。

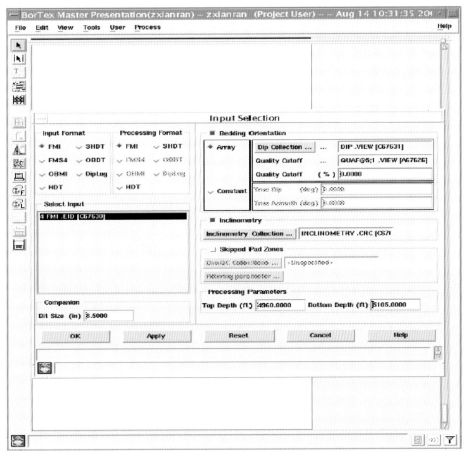

图 4-29　Bortex 数据输入

2. 滤波和刻度

滤波是为了把与地层无关的毛刺等由于仪器采集所造成的尖峰消去，一般把一个窗长内大于高于背景电阻率数值的测量值称为毛刺。主要的方法首先在分析原始曲线的基础上生成一条参考曲线，参考曲线滤去了较高的尖峰，同时也改变了原始的电阻率数值；以参考曲线为基础，利用形态重建技术，原始曲线对应位置中小于 5 倍参考曲线的数值被重建，滤波完成（图4-30）。

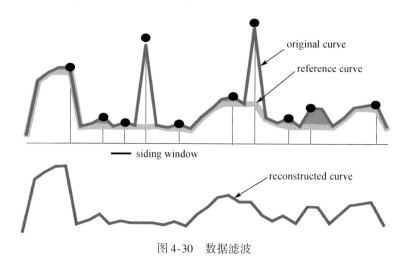

图4-30　数据滤波

滤波完成后，FMI图像数据将按井周方向生成叠加曲线SRES，通过加入微球聚焦或者浅侧向电阻率曲线，可以检查FMI电导率刻度的有效性。

3. 批量计算

批量计算是为了获得反映地层背景电导率和反映结构特征的高导、高阻曲线变化特征，为后续的非均质分析提供基础数据。

首先进行地层倾角校正，而后提取过井筒地质事件，反映了整体的地质背景，然后进行叠加求取平均值，就得到了背景电导率值。针对FMI图像，由原始FMI图像生成了反映地质背景的图像，如图4-31所示。

通过比较背景电导率与FMI图像电导率，可以检测出出现在FMI图像的电导率异常，并计算出最大电导率和最小电导率，其数值反映了由于结构和构造引起的电导率异常，从而提取出过井筒地质事件，如图4-32所示。

4. 交互储量

1）按电导率分层

按照背景电阻率对比的不同，背景电导率曲线被方波化为能够反映一个个具有均一性质的地层信息。包括层信息、层连续性、层密度等信息，如图4-33所示。

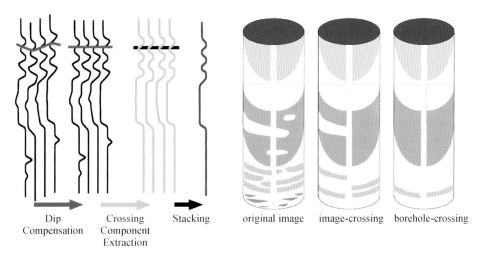

图 4-31 背景电导率的生成原理

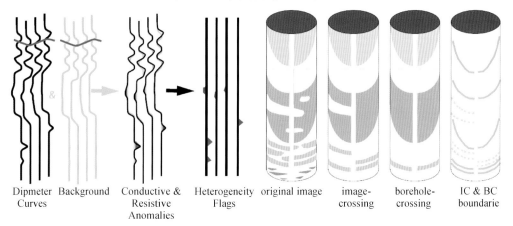

图 4-32 过井筒地质事件的提取原理

2）非均质分析

通过前面的处理，已经提取出电导率的背景值及其最大最小的异常值，如何制定一套判别标准，实现高导和高阻地质体的识别并生成图像及指示曲线是 Bortex 提取地质体的关键。BorTex 从图像上识别"点状体（spots）"和"条带状体（patches）"，以便对岩石中的不同对比度电导率组成的地质体及其连续性进行定量计算。

首先识别地质体是高导还是高阻，其识别规则为：如果电导率数值大于背景值，地质体为高导地质体，否则为高阻地质体。对于高导地质体，如果其与背景电导率间的对比度高（地质体电导率大于设定的某一最大值），就判别为高导斑块；如果其对应的对比度为中等，地质体电导率大于设定的某一区间，且小于条带设定的最小值，就设定为高导斑块；否则为高导条带。对于高阻地质体，规则与高导地质体判别相似，如图 4-34 所示。

经非均质分析，形成具有不同结构构造特征的地质体图像，如图 4-35 所示，地质特征体包括：Resistive Spots（高阻点状体，深蓝色），Resistive Patches（高阻条状体，

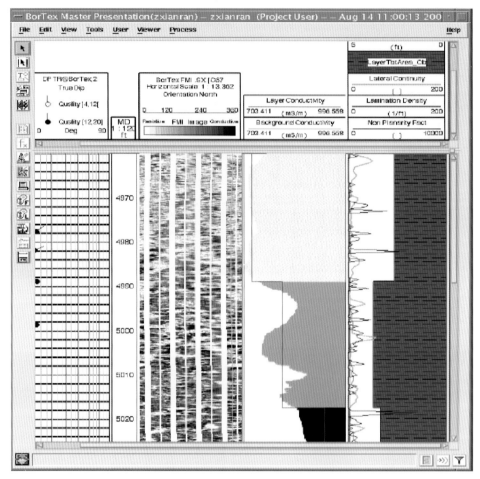

图 4-33　地质分层

浅蓝色），Isolated and Connected Conductive Spots（孤立与连通的高电导点状体，分别为橙色与浅红色），Conductive Patches（高电导条状体，浅蓝色）。

3）汇总曲线

非均质体提取完成后，汇总曲线模块提供了量化地质体的指示曲线，对结构构造敏感的指示曲线有：高阻斑块面比率、高阻斑块大小、高阻斑块电阻率对比度、高导斑块面比率、高导斑块大小、高导斑块电阻率对比度（图 4-36）。

（二）Bortex 处理实例

对徐深 17 井具有角砾结构和熔岩结构，经过各部分处理最终生成汇总曲线，如图 4-37 所示。

对提取的六条曲线，其数值大小受多种因素的影响，火山碎屑岩高阻斑块和低阻

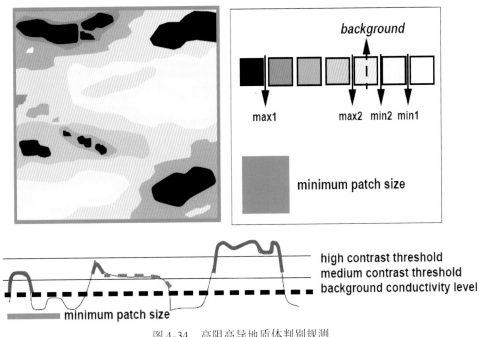

图 4-34 高阻高导地质体判别规测

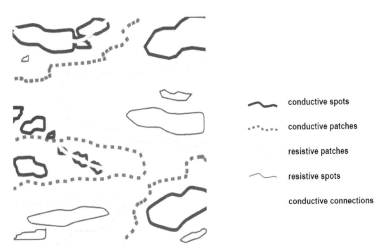

图 4-35 提取的地质体分类

斑块含量较大，对于熔岩二者含量低。因此提取高阻斑块和低阻斑块含量两条指示曲线，利用其曲线形态可以有效识别火山岩的结构构造。选取高阻斑块面比率和高导斑块面比率两条曲线作为结构构造的指示曲线，可以有效识别火山岩的结构构造。

采用具有典型熔岩结构和碎屑结构的 20 口取心井 46 个层，提取高阻斑块和低阻斑块含量两条指示曲线，建立了结构的交会图图版如图 4-38 所示，可以用于识别火山熔岩结构和碎屑结构，图版识别精度 84.7%。

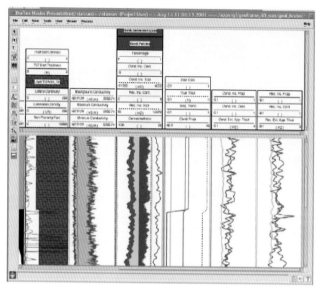

图 4-36 汇总曲线的生成

徐深17岩性岩相综合柱状图

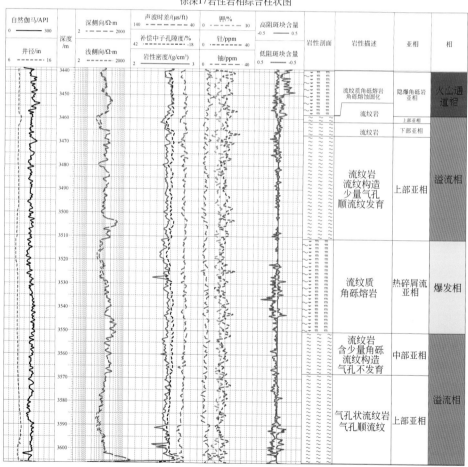

图 4-37 实际井资料的结构敏感曲线提取

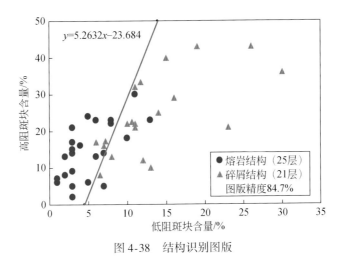

图 4-38　结构识别图版

第四节　火山岩储层井壁成像测井资料解释方法

一、井壁成像测井岩心刻度及解释方法

（一）岩心特征与成像图像匹配关系

1. 成像测井图像的特点分析

　　FMI 成像测井测量的是井壁深度约 1～4cm 范围内地层电阻率的变化。测量时极板被推靠在井壁岩石上，由地面仪器车控制向地层中发射电流，每个电极所发射的电流强度随其贴靠的井壁岩石及井壁条件的不同而变化，因此记录到的每个电极的电流强度及所施加的电压便反映了井壁四周的微电阻率变化。沿井壁每 0.1in 采一次样便获得了全井段微电阻率的变化，这些密集的采样数据经数据恢复、图像生成、图像增强等一系列数字和图像处理，转换为用灰度（或色标）表示的反映井壁地层电阻率相对大小的二维图像、灰度由浅变深指示电阻率由小变大。图像常用的色板为黑-棕-黄-白，分为 42 到 256 个颜色级别，代表电阻率由低到高，色彩的微变化代表着地层岩性和物性的变化。

　　通常提供的 FMI 图像有三种：①一般静态平衡图像（ESU）；②标定到浅侧向测井（LLS）的静态图像（ECS）；③动态加强的图像（ECN）。

　　第一种图像采用全井段统一配色，每一种颜色都代表着固定的电阻率范围，因此反映了整个测量井段的相对微电阻率变化。

　　第二种图像是为了裂缝宽度等定量计算而设计的，因为仪器为微聚焦系统，其测量值反映了相对电阻率。校定后的静态图像不仅反映了全井段的微电阻率变化，而且其值可与浅侧向测量值对应，因此第一、二种图像都可用于岩相分析及地层对比。

第三种图像是为了解决有限的颜色刻度与全井段大范围的电阻率变化之间的矛盾，由静态图像的全井段统一配色改为每 0.5m 井段配一次色，从而较充分地体现 FMI 的高分辨率。这种图像常用于识别岩层中各种尺度的结构和构造，如裂缝、节理、层理、结核、砾石颗粒、断层等。但由于是分段配色，因此某种颜色在不同井段可能对应不同的岩性。

图像的显示方式有两种：静态图像和动态图像。前者是对整个测量井段统一作归一化处理，可以为岩性解释提供绝对的灰度参考；后者则是小范围应用图像动态增强算法作归一化处理，其目的是突出地层的微细特征。成像图像外观类似于岩心剖面，与其有很多相似之处，可用于识别裂缝、分析薄层、沉积构造、成岩作用、岩相等。其解释与岩心描述不同之处在于成像图像为井壁描述，井壁上的诱导缝及破损反映了地应力的影响，而层理及裂缝的定向数据也是岩心上很难得到的。但岩心是地下岩层的直接采样，是最为准确的资料，两者进行标定后，将使地层的描述更为准确。

2. 成像图像解释的一般思路

成像测井地质解释模式的一般思路：通过岩心资料将各种基础地质特征标定到成像测井图上，进行常规测井、多种成像测井图像的交互解释，确立某种地球物理参数（电阻率）图像的地质意义，再经过同种特征地质现象的多次成像测井匹配处理，建立某种基础地质现象的特征图像响应图版，并总结提出成像测井图像自身的解释模式。从而为成像测井地质解释提供快速、直观、有效的指导性模型。图像的获取主要有两种途径，一是利用工作站处理原始数据获得图像；二是利用已有的成果图像。

但在应用成像测井图像时，需注意以下三点：①成像图像的颜色与岩石的实际颜色不相干，它的变化只是反映地层电阻率的变化；②进行多井对比时，就某同一灰度而言，一口井与另一口井的同一颜色可能对应着不同的电阻率值，即代表着不同地层岩性和物性，这是因为地层的微电阻率值变化范围是由于井之间的差异而造成的；③动态加强图像是分段配色的，同一颜色在不同井段也可能对应着不同的岩性。

3. 岩心特征与成像图像的匹配原则

岩心特征与图像匹配遵循以下原则：①成像图像是按照测井深度进行处理的，而岩心深度是钻井深度。在进行匹配的时候需要知道补心海拔高度，在此基础上进行深度的微调；②岩心所反映的地质特征在成像图像上受分辨率以及图像比例的影响，形态上会发生变化；③成像图像具有多解性，相同的成像图像特征可以指示不同的地质现象，在岩心特征与图像匹配的过程中要注意区分。

（二）岩心地面定向归位方法

从地下取上的岩心是没有方位的，为了能准确的了解地下地层的构造特征、储层渗流方向、确定古水流的方向等，这就需确定岩心的方位。一般常采用古地磁定向、井壁定向取心的方法来确定岩心的方位，这些方法虽实用，但费用较高，由于微电阻率扫描成像测井所得的图像是反映井壁地层电阻率相对大小的二维平面图像，它是按一定方位投影在平面图上的，这样成像测井图像就具有了方位，因此可以用来与岩心对比归位，确定岩心的方位。

1. 深度归位

用成像测井图像进行岩心地面定向归位时，要先进行深度归位，通过岩心地面伽马测井资料与常规测井自然伽马资料的深度比对，求出归位深度。

2. 方位归位

在深度归位的基础上再进行岩心的方位归位。对岩心方位归位时，应使岩心上的地质特征尽量与成像测井图像上的特征一致，如图 4-39 分别是宋深 A02 井及徐深 B1 井岩心与成像特征归位图，岩心上的岩性、气孔构造、杏仁构造及裂缝等地质特征与图像特征有着比较好的对应关系。

方位归位有两种方法：第一种方法是利用给定的软件把岩心图像与成像测井图像都卷起来，FMI 图像按北、东、南、西的方位卷起来，岩心图像卷起来后要不断旋转，直到两者图像特征一致时即可。第二种方法是岩心图像和成像图像都是展开的情况下进行，由于岩心的展开是随意的，没有方位，有时岩心上的特征和成像图上的不对应，这要用 PHOTOSHOP 等图像处理软件对岩心图像进行剪切组合，以达到岩心图像的特征与成像测井图像的特征的完全对应。

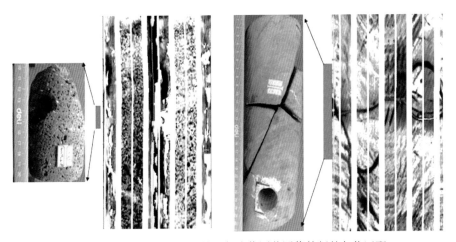

图 4-39　大庆火山岩岩心特征与成像测井图像特征的归位匹配

（三）井壁成像图像与岩心展开扫描图像的对应关系

以平面显示的 FMI 图像，其纵坐标是深度刻度，可选用不同深度比例绘图，动态增强图像通常是用 1∶10 的深度比例绘图，用于进行详细的地质分析，横坐标是电极方位，自左至右为 0°—90°—180°—270°—360°。整个图像是沿井筒从正北方位展开，按从左到右，北（0°）东（90°）南（180°）西（270°）北（360°）的方位顺序将图像投影在平面图，其展开示意图如图 4-40 所示，北、东、南、西四个方位在展开图像上分别是一条正弦线的平衡位置与波峰、波谷的位置。如有一层理或裂缝与井身圆柱体垂直相切时，井壁在 0—360°的展开图上呈一直线，如有一斜面或斜层理，在环周展开图像上必然存在一个或一些正弦曲线，斜面相交的角度愈大，正弦曲线的幅度也愈大，曲线的波峰是斜面的高点，反之即为穿过井眼的低点，即波谷，代表倾斜方位，地面的视走向在正弦波的最低点方位垂直的方位。岩心图像的展开扫描过程类似于成像图像的显示，它也是按某一顺序，将环周扫描的岩心图像展开，将图像投影在平面图上，所得岩心展开扫描图像与成像图像相似，如岩心上有一层理或裂缝与岩心柱平行时，在岩心展开扫描图上就呈一直线，在岩心上层理或裂缝与岩心柱斜交时，在展开扫描图上必然存在一些正弦曲线。

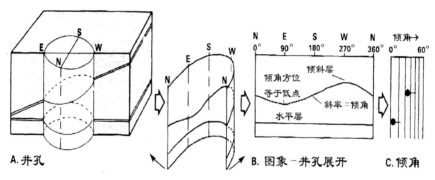

图 4-40　FMI 图像的展开示意图

曲线的低点也代表倾斜方位。按照这样的对应关系，就可进行岩心的对比归位了。但要注意的是岩心展开扫描是按随意方位展开的，有时岩心图像上的特征与成像图像上的并不能完全对应，这时要对岩心扫描展开图像做一些处理，使其达到与成像图像的较完全对应。多数沉积构造可以直接根据电阻率成像测井图像予以识别，但低于图像分辨率的细节部分有可能显示不出来或被扭曲夸大，因此，岩心标定对于图像解释必不可少。在缺少岩心的井或井段，可以根据取心井段的解释结果来类比和外推，此外，常规测井资料可以为图像的解释提供必要的岩性约束。

（四）岩心定向归位的原则

成像图像可以用来对岩心进行归位，但并不是所有的成像都可以用于归位。如果成像图上不存在倾斜面或大段图像都没有倾斜面时，归位较难，这时较难找到可对比的特征因素。如对比的图像段存在倾斜面，可根据图像的特征和岩心图像上的特征进行倾斜面归位。因此在应用成像测井确定岩心方位时，要注意与岩心段对比归位的成像图像段要有（微）倾斜面存在，这样才可以较准确的进行岩心刻度测井。

（五）岩心地面定向归位的应用及意义

完成深度归位和方位归位的岩心图像已经有了准确的方位。岩心具有了大地方位，这对分析地下的地质特征有着十分重要的意义，如物源方位的确定、古水流方向的确定、定向钻取渗流样品、分析渗流方向确定注采关系等。

图 4-41 是徐深 B1 井的电成像测井图像、岩心图像归位对比分析图，地质分析该段为流纹岩，发育高角度缝，在成像图像上呈现黑色正弦线与平直暗线相交，与岩心归位时对比分析该图像段上下几十米深度范围的岩心，找到与该图像段特征相似的岩心段，深度归位后，为了确定该岩心段上裂缝的方位，将成像图像用特有软件按北东南西方向卷起，岩心图像卷起后不停旋转，直到两者特征一致。通过成像图像的方位确定该岩心段上裂缝倾向为东偏南向。

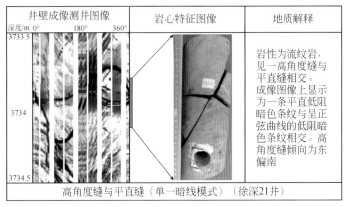

图 4-41　高角度缝与平直缝归位图（徐深 B1 井）

因此，在工作中总结出了成像测井图像的地质解释一般方法：①遵循岩心为第一性参照标准，针对岩心和测井图像兼有良好反应的层段，详细观察和描述其地质现象；②采用照片或岩心扫描等方式记录岩心信息，将测井图像和岩心信息同时输入成像测井交互处理系统进行对比解释；③经过同种地质现象的多次成像匹配处理，建立该种地质现象的图像解释图版，为后续解释提供指导性模型。

二、火山岩典型岩相、亚相电成像特征模式及识别图版

1. 火山通道相及其亚相的成像测井特征模式

火山通道相指从岩浆房到火山口顶部的整个岩浆导运系统。火山通道相位于整个火山机构的下部和近中心部位，是岩浆向上运移到达地表过程中滞留和回填在火山管道中的火山岩类组合。火山通道相可划分为火山颈亚相、次火山岩亚相和隐爆角砾岩亚相。

1）火山颈亚相

其代表岩性为熔岩、角砾熔岩和（或）凝灰熔岩、熔结角砾岩和（或）熔结凝灰岩。岩石具斑状结构、熔结结构、角砾结构或凝灰结构，具环状或放射状节理。火山颈亚相的鉴定特征是不同岩性、不同结构、不同颜色的火山岩与火山角砾岩相混杂，其间的界限往往是清楚的。

其最明显的是在剖面、岩心及成像测井图像上经常能够见到"堆砌结构"，即角砾未经搬运磨圆、基质未见流动拉长，显示出原地垮塌堆积后胶结成岩的特点（图4-42）。

火山通道相火山颈亚相典型岩性为具有碎屑熔岩结构的火山碎屑熔岩，因此其FMI图像特征模式为：不规则组合亮斑状模式、不规则组合斑状模式。

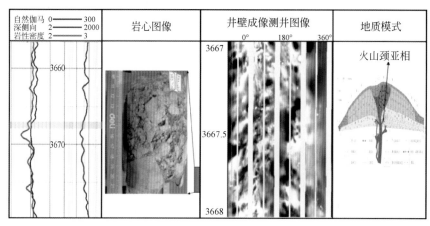

图4-42　火山颈亚相图版

2）隐爆角砾岩亚相

隐爆角砾岩亚相的代表岩性为隐爆角砾岩，具隐爆角砾结构、自碎斑结构和碎裂结构，呈筒状、层状、脉状、枝杈状和裂缝充填状。角砾间的胶结物质是与角砾成分及颜色相同或不同的岩汁（热液矿物）或细碎屑物质。隐爆角砾岩亚相的代表性特征是岩石由"原地角砾岩"组成，即不规则裂缝将岩石切割成"角砾状"，裂缝中充填有岩汁或细角砾岩浆。

如图4-43所示，FMI图像中可观察到呈低阻暗色的岩汁侵入条带，及岩汁内部呈高阻亮色的角砾，且这些角砾与围岩同为高阻亮色，显示围岩被爆破后被岩汁带入"原地堆积而成"。

相标志：岩性为具有隐爆角砾结构的火山碎屑熔岩，其FMI图像特征模式为不规则组合斑状模式。

2. 爆发相及其亚相的成像测井特征模式

爆发相形成于火山作用的早期和后期，是分布最广的火山岩相，也是构造类型繁多、易于与正常沉积岩混淆的火山岩类。可分为3个亚相：空落亚相、热基浪亚相、

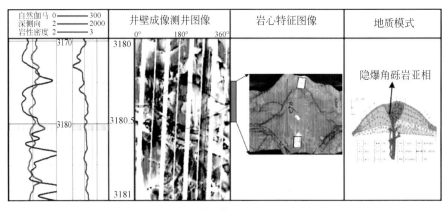

图 4-43 隐爆角砾岩亚相图版

热碎屑流亚相。

1）空落亚相

其主要构成岩性为含火山弹和浮岩块的集块岩、角砾岩、晶屑凝灰岩，具集块结构、角砾结构和凝灰结构，颗粒支撑，常见粒序层理。空落亚相是固态火山碎屑和塑性喷出物在火山气射作用下在空中作自由落体运动降落到地表，经压实作用而形成的。

由于爆发相空落亚相的典型岩性为具有碎屑结构的火山碎屑岩，其 FMI 图像特征模式是反映碎屑结构的斑状模式、具有层状构造的凝灰岩及条带状模式，主要包括：不规则断续条带状模式、亮块模式、单一暗斑模式、不规则组合亮斑状模式。

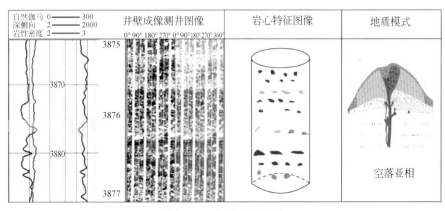

图 4-44 空落亚相图版

如图 4-44 所示，成像测井图像上部是具平行层理的凝灰岩层，中部的平行层理被竖型暗色条带所扰乱，且暗色条带下部具一暗斑，暗斑之下又恢复平行层理。表明平行层理被弹道状火山坠石所扰乱形成了"撞击构造"，是空落亚相的典型特征，因而该段火山岩属于空落亚相。

2）热基浪亚相

其主要构成岩性为含晶屑、玻屑、浆屑的凝灰岩，火山碎屑结构，以晶屑凝灰结构为主，具平行层理、交错层理，特征构造是逆行沙波层理。它们是火山气射作用的气-固-液态多相体系在重力作用下于近地表呈悬移质搬运，重力沉积，压实成岩作用的产物，因此也称之为载灰蒸汽流沉积。该亚相多形成于爆发相的中、下部，构成向上变细变薄序列，或与空落相互层。热基浪亚相的代表性特征是发育层理构造，尤其是逆行砂波层理（反丘）构造（图4-45）。

岩性为具有碎屑结构的火山碎屑岩凝灰岩，因流动常具层理，其 FMI 图像特征模式为暗块模式。

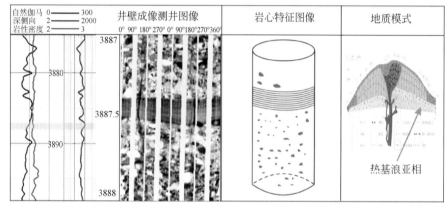

图 4-45　热基浪亚相图版

3）热碎屑流亚相

其主要构成岩性为含晶屑、玻屑、浆屑、岩屑的熔结凝灰岩，熔结凝灰结构、火山碎屑结构，块状，基质支撑。它们是含挥发分的灼热碎屑-浆屑混合物，在后续喷出物推动和自身重力的作用下沿地表流动，受熔浆冷凝胶结与压实共同作用固结而成，以熔浆冷凝胶结成岩为主。多见于爆发相上部。原生气孔发育的浆屑凝灰熔岩是热碎屑流亚相的代表性岩石类型。

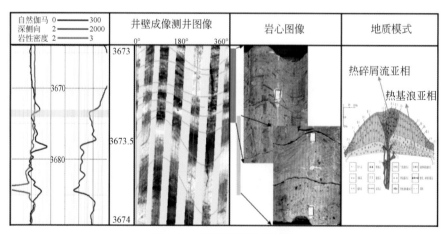

图 4-46　热碎屑流亚相图版

如图4-46所示，成像图像上部可看到浆屑压扁变形、定向拉长，具熔结凝灰结构，浆屑的定向拉长具流动感，组成假流纹构造，浆屑的形态、颜色共同构成了热碎屑流亚相的典型成像图像。成像图像下部发育逆行砂波层理（反丘）构造，是典型的热碎屑流亚相。

3. 溢流相及其亚相的成像测井特征模式

溢流相形成于火山喷发旋回的中期，是含晶出物和同生角砾的熔浆在后续喷出物推动和自身重力的共同作用下，在沿着地表流动过程中，熔浆逐渐冷凝、固结而形成。溢流相在酸性、中性、基性火山岩中均可见到，一般可分为下部亚相、中部亚相、上部亚相。

1）上部亚相

纵向上位于每个溢流期次的顶部。由于熔岩在流动过程中，顶部冷凝硬结，而下部岩浆仍在流动，所以顶部岩石会破碎呈角砾状，然后混入熔岩中，特征类似流纹质熔结角砾岩。由于下部熔岩中的挥发气体向上溢出，形成较多的气孔，一般流纹构造比较发育，可见沿流纹构造线发育的气孔。同时，一般在一次溢流周期结束后，均有较短时间的地面暴露和淋滤，气孔的发育也有利于溶孔的形成，所以上部单元一般由富气孔、溶孔角砾状流纹岩和流纹岩组成。其下部向中部单元的块状致密流纹岩过渡（图4-47）。

岩性为具有熔岩结构的火山熔岩，常具气孔、杏仁构造，顶部发育火山角砾熔岩，其电成像测井图像特征模式为不规则组合斑状模式、线状模式。

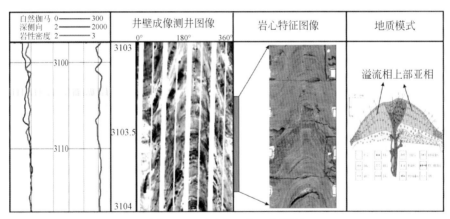

图4-47 溢流相上部亚相图版

图4-47为溢流相上部亚相，成像图像上可见呈暗斑状的气孔、溶孔较富集，呈圆形直立状，显示出气孔向上溢出的形态。

2）中部亚相

处于溢流相的中部，由于在溢流过程中冷凝速度较慢，大部分流体溢出，基本没有气孔，或者只有非常小的孤立气孔沿流纹发育，所以比较致密，孔隙度很低，呈块状特征，在成像测井图像上通常相对呈亮色（图4-48）。

岩性为具有熔岩结构的火山熔岩，发育流纹构造，其FMI图像特征模式为不规则连续线状模式、亮块模式。

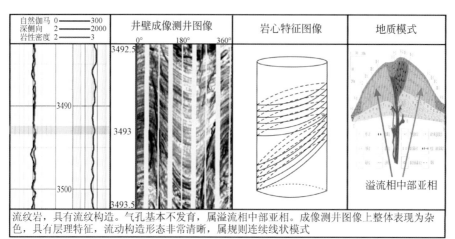

流纹岩，具有流纹构造。气孔基本不发育，属溢流相中部亚相。成像测井图像上整体表现为杂色，具有层理特征，流动构造形态非常清晰，属规则连续线状模式

溢流相中部亚相（规则组合连续线状模式）（徐深17井）

图 4-48　溢流相中部亚相图版

3）下部亚相

位于每个喷发–溢流期次的底部，主要由具有气孔和成岩微裂缝的流纹岩组成。由于在溢流过程中首先接触底部并相对较快的冷凝，所以部分气孔被保留，在底部流动摩擦的影响下，气孔呈拉长状。同时可以混入前一次溢流相流纹岩，脆性强，微裂缝发育，成像测井上通常可观察到呈低阻暗色的微裂缝（图 4-49）。

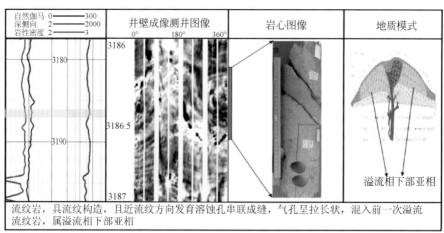

流纹岩，具流纹构造，且近流纹方向发育溶蚀孔串联成缝，气孔呈拉长状，混入前一次溢流流纹岩，属溢流相下部亚相

溢流相下部亚相（不规则组合明暗相间条带状模式）（达深401井）

图 4-49　溢流相下部亚相图版

岩性为具有熔岩结构的火山熔岩，常具气孔构造，底部发育火山角砾熔岩，其 FMI 图像特征模式为规则连续线状模式、不规则组合斑状模式。

4. 侵出相及其亚相的成像测井特征模式

　　侵出相主要形成于火山喷发旋回的晚期。本地区的珍珠岩类都属于侵出相火山岩。侵出相岩体外形以穹隆状为主，可划分为内带亚相、中带亚相和外带亚相。由于资料的限制，目前仅能描述外带亚相的成像测井特征模式。

　　外带亚相：位于侵出相岩穹的外部，其代表岩性为具变形流纹构造的角砾熔岩。它们是（高黏度）熔浆舌在流动过程中，其前缘冷凝、变形并铲刮和包裹新生和先期岩块，在自身重力和后喷熔浆作用下流动，最终固结成岩而成。岩石具熔结角砾结构、熔结凝灰结构，常见变形流纹构造，其鉴定特征是具变形流纹构造的角砾/集块熔岩，角砾多见由暗化边（氧化边）或浅化边（重结晶边）而构成的环带状外貌（图4-50）。

　　岩性为熔岩，具流动特征，成像图像上整体表现为杂色，中低阻橙色基质明暗相间，呈现明显地强烈揉皱状流纹构造，属不规则明暗相间条带状模式，具有明显的变形流纹构造。

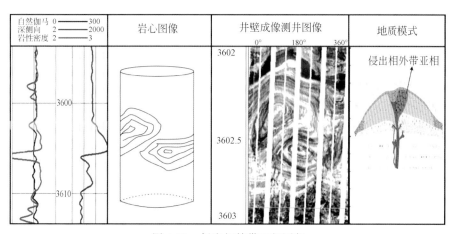

图4-50　侵出相外带亚相图版

5. 火山沉积相及其亚相的成像测井特征模式

　　火山沉积岩相是经常与火山岩共生的一种沉积岩相，可出现在火山活动的各个时期，与其他火山岩相侧向相变或互层，分布范围广、远大于其他火山岩相。大庆地区火山沉积相可细分为3个亚相：含外碎屑火山碎屑沉积岩、再搬运火山碎屑沉积岩和凝灰岩夹煤沉积。

　　含外碎屑火山碎屑沉积岩的代表岩性是具有层理的、以火山碎屑为主（>50%）的沉积岩和（或）火山凝灰岩中包裹有泥质岩等外来岩块。碎屑有磨圆、含非火山碎屑（但<50%）是其鉴定标志（图4-51）；再搬运火山碎屑沉积岩的岩石由火山角砾岩和凝灰岩组成，层理构造发育，岩石序列中有明显地反映再搬运的沉积构造或相关特征；凝灰岩夹煤沉积是松辽盆地最常见的岩相之一，由凝灰岩与煤互层序列组成，形成于间湾沼泽沉积环境（图4-52）。

岩性为砂泥岩互层、沉火山岩、夹煤沉积、钙质胶结等特征，具有明显的层理等特征，在FMI图像上具有亮色条带模式、规则连续明暗相间条带状模式。

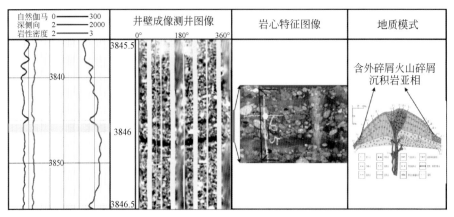

图4-51　含外碎屑火山碎屑沉积岩亚相图版

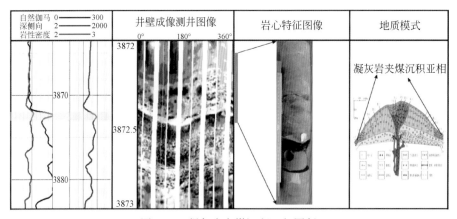

图4-52　凝灰岩夹煤沉积亚相图版

第五节　火山岩岩性岩相测井识别流程及实例

火山岩岩相划分总的思路是：以岩性划分结果为指导，综合各种地质信息，分析火山岩发育的时空关系、产出状态及外貌特征，在划分喷发期次、旋回的前提下，以火山岩岩相识别图版为基础，由大到小逐级划分火山岩岩相。其流程如下：

（1）火山岩与沉积岩大类识别；

（2）开展火山岩发育段火山岩成分的识别；

（3）综合结构、构造、岩性识别图版，进行火山岩岩石类型识别；

（4）划分期次、旋回；

（5）根据测井相识别标志，进行火山岩岩相和亚相划分

一、沉积岩和火山岩识别方法

一般情况下，沉积岩和火山碎屑岩有较大的差异，常规测井上沉积岩一般具有电阻率低、成像资料上沉积岩发育明显的沉积构造（图4-53）。

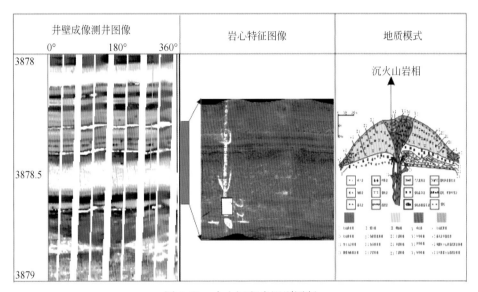

图 4-53   火山沉积岩识别图版

但是有时候沉积岩的母岩就是火山岩，若胶结成分为凝灰质则更难识别。为此，利用 ECS 测井资料建立了火山岩与沉积岩的识别图版。从图4-54 上可以看出，ECS 测井中铁与钍的含量可以有效识别出火山沉积岩与火山岩。

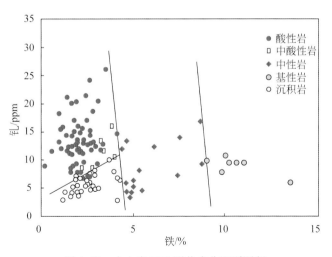

图 4-54   火山岩 ECS 测井成分识别图版

二、火山岩岩性识别流程及方法实例

针对火山岩岩性测井识别的特点，制定岩性识别研究技术路线（图4-55）：综合岩心、薄片、元素分析及常规测井等资料，充分发挥电成像测井、元素俘获测井新技术在岩性识别上的优势，制定组分与结构识别相结合、常规测井和特殊测井相结合的岩性识别思路，在明确火山岩岩石测井分类系统的基础上，应用交会图版法、ECS测井法、成像模式图等多种方法开展火山岩岩性的测井识别研究，建立符合火山岩地层特点的测井识别岩性方法。

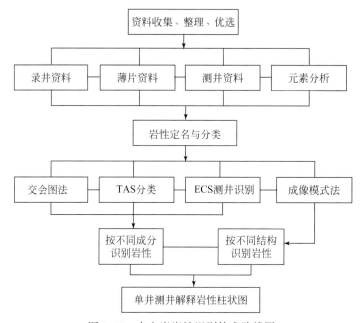

图4-55　火山岩岩性识别技术路线图

常规测井资料可以有效地识别火山岩成分，分别识别出基性岩、中性岩、中酸性岩及酸性岩。常规测井在一定程度上也反映了火山岩的结构特征，但几乎无法反映其构造特征。前面的研究表明，微电阻率扫描成像测井可以很好地响应火山岩的结构构造等特征。因此需要开展利用FMI成像资料识别火山岩结构构造的方法研究。其主要的手段就是建立起FMI识别火山岩结构构造的图版。并在FORWARD平台开发岩性自动识别系统，以处理出火山岩岩性剖面。结合FMI图像处理技术，利用火山岩结构构造识别图版，可以识别出相应层段的结构构造特征。综合以上信息可以有效地识别火山岩岩性（图4-56）。

按照火山岩岩性识别技术路线，采用"成分+结构"的岩性识别方法，首先，利用常规测井、ECS元素测井识别火山岩岩石成分，然后，利用电成像测井识别岩石的结构、构造特征，最后，根据岩石成分、结构、火山碎屑粒级及其比例确定具体岩石的基本类型。下面以ZSXX井为例，说明火山岩岩性识别的方法步骤（图4-57）。

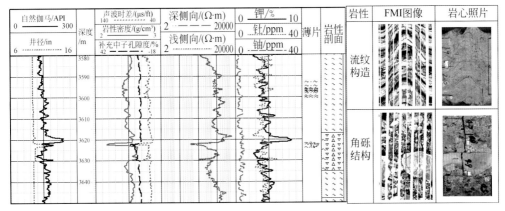

图 4-56　火山岩岩性综合识别图版

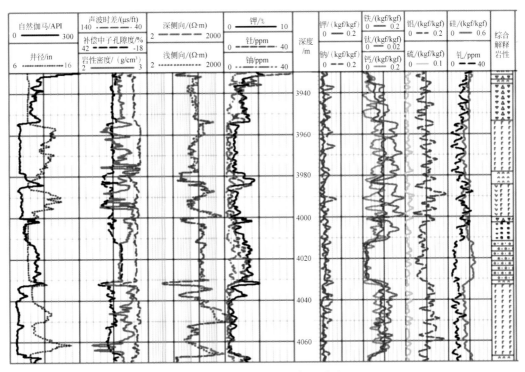

图 4-57　单井岩性综合识别图

（一）不同成分火山岩岩性识别方法

在以上认识的基础上，利用常规测井及自然伽马能谱测井资料，采用测井交会技术研究不同火山岩岩石成分的测井响应特征。研究表明，常规测井（特别是放射性测井）对火山岩成分具有良好的响应，考虑到部分井没有测能谱数据，选取对成分敏感的伽马、中子、密度等曲线，针利建立起识别火山岩成分的识别图版（图4-58）。

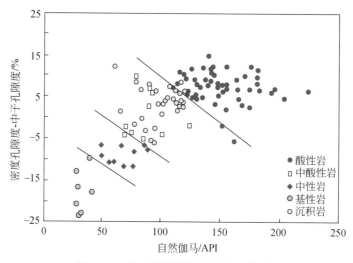

图4-58　火山岩常规测井成分识别图版

　　ZSXX 井在常规测井上整体上呈现自然伽马值、铀、钍、钾含量较低，局部高值的特征；在 ECS 测井上，整体上钙（0.05～0.10）、铁（0.08～0.11）、钛（0.008～0.016）元素干重含量较高、局部低值（0.01、0.02、0.002），而硅元素干重含量整体较低（0.21～0.30）、局部高值（0.35），钆元素干重含量整体中等（7.8～16.6ppm）、局部较低（4.7ppm）（图3-60），因此，该井火山岩段主要是中、基性火山岩。其中，3930～3954m、4000～4003m 段，常规测井、ECS 测井岩性识别图版均解释为安山岩类；3954～3978m、4032～4067m 段，常规测井、ECS 测井岩性识别图版均解释为玄武岩类；3984～4000m、4003～4012m 段，在常规测井、ECS 测井岩性识别图版上，位于玄武岩与安山岩之间的过渡区域，解释为玄武安山岩。

（二）火山岩岩石结构、构造的识别

　　ZSXX 井 3930～3954m、4000～4003m 段电成像测井图像显示高阻亮色斑状、亮斑棱角状明显，分选、磨圆较差，为火山角砾结构；3954～3979m、4032～4067m、3984～4000m 段电成像测井图像上显示块状构造、熔岩结构；4003～4012m 段电成像测井图像显示高阻亮色斑状，亮斑棱角状明显，复原性较好，为明显的火山碎屑熔岩结构；3578～3584m、4067～4070m 段在电成像测井图像上显示层理发育，是典型的沉凝灰岩结构。

（三）火山岩岩石基本类型确定

　　在岩石成分及结构、构造识别的基础上，根据岩石成分、结构、火山碎屑粒级及其比例，确定 ZSXX 井火山岩岩石基本类型为：3930～3954m、4000～4003m 段综合解释为安山质火山角砾结构；3954～3978m、4032～4067m 段综合解释为玄武岩；3984～

4000m 段综合解释为玄武安山岩；4003～4012m 段综合解释为玄武安山质角砾熔岩；3578～3584m、4067～4070m 段综合解释为沉凝灰岩。

三、岩相划分方法及实例

根据松辽盆地火山岩油气勘探的地质要求和测井地质学的特点及评价特点，本次岩相划分采用王璞珺提出的地质相划分方案（图4-59）。

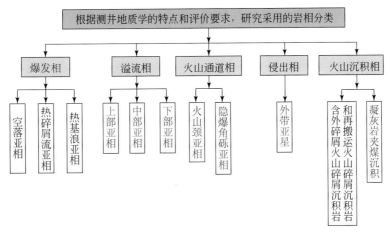

图 4-59 深层火山岩岩相划分方案

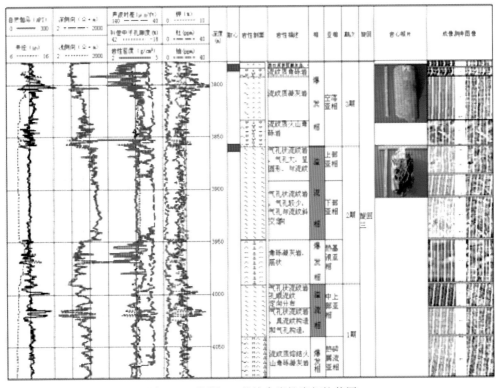

图 4-60 徐深 XX 井综合岩性岩相柱状图

下面以徐深 XX 井为例说明火山岩岩相识别的方法及流程，如图 4-60 所示。该井位于松辽盆地东南断陷区徐家围子断陷丰乐低隆起上，自上而下钻遇泉头组二、一段，登娄库组，营城组（未穿），主要目的层为营城组（未穿），厚度为 380.5m，其中上部 3704.5m～3779.0m 为砂砾岩储层，下部为火山岩储层。

3779.6m～3785.0m，成像资料见凝灰结构，结合常规测井曲线成分为流纹岩，综合判断为流纹质玻屑凝灰岩，中间插入少量熔岩；3785.0m～3793.0m 发育流纹质火山角砾岩；3793.0m～3835.0m 发育流纹质凝灰岩；3835.0m～3860.0m 发育流纹质火山角砾岩；3779.6m～3860m 整段伽马曲线呈锯齿状，综合判断为爆发相空落亚相。

3860.0m～3948.8m，自然伽马等常规曲线整体为平直状；成像测井图像上 3860.0m～3892.8m 为气孔状流纹岩，气孔大，呈圆形，与流纹平行，综合判断为溢流相上部亚相；成像测井图像上 3892.8m～3948.8m 为气孔状流纹岩，气孔较少，气孔与流纹斜交定向，综合判断为溢流相下部亚相。

3948.8m～3991.0m 为层状角砾凝灰岩，综合判断为爆发相热基浪亚相。

3991.0m～4014.0m，成像图像上为气孔状流纹岩，孔顺流纹定向分布；4014.0m～4041.0m 为气孔状流纹岩，具流纹构造和气孔构造，孔顺流纹定向分布，整体定为溢流相中上部亚相。

4041.0m～4088.0m，成像图像上见明显的熔结结构，岩性为流纹质熔结火山角砾凝灰岩，综合判断为爆发相热碎屑流亚相。

第五章　火山岩储层参数解释及流体识别方法

储层参数是定量评价火山岩气藏储渗能力、含气性特征以及储层测井资料处理解释的基础，储层参数包括有效孔隙度、空气渗透率及含气饱和度。准确确定储层参数对定量评价火山岩储层及准确评价储量都极为重要。

第一节　火山岩储层孔隙度解释方法

火山岩地层的矿物成分复杂和多变，导致了火山岩地层的岩石骨架参数难以确定，因此难以利用体积密度、中子和声波时差准确计算孔隙度；当火山岩储层出现天然气时，又使得含气火山岩储层孔隙度的计算复杂化。

火山岩岩石的矿物组成与其原生岩浆的性质和喷出特征有关，原生岩浆决定岩石的成分，而喷发性质决定岩石的结构。由于火山岩地层的喷发类型不同、喷发期次多以及岩石的结晶程度不同，导致火山岩地层岩性成分复杂多样。一般来讲火山岩主要由橄榄石、角闪石、辉石、云母、斜长石、副长石、碱长石和石英等矿物族组成，各矿物族包括不同的矿物类型，还可能含有一些副矿物。通常，由这些矿物组成的火山岩分为超基性、基性、中性与酸性四大类，每个大类下面还分为不同的亚类，有的亚类下面还分不同的种属。这些分类或种属之间矿物成分和类型不同，各种矿物的含量随种属变化。因此给测井评价带来了很大的困难，甚至孔隙度都很难准确计算。

松辽盆地北部徐家围子断陷火山岩气藏包括了熔岩、碎屑岩和碎屑熔岩；酸性岩类是主导，但基性和中性岩类也普遍分布于气藏中；另外，该研究区火山岩岩石结晶程度低，玻璃质的含量很高，而玻璃质成分和含量难以确定。

复杂多变的火山岩矿物成分和含量导致了火山岩岩石物理特性，如骨架密度、骨架中子、骨架声波变化大、难以准确确定。因此给测井解释带来了很大的困难，利用沉积岩地层的常规测井评价方法和思路来评价火山岩受到了挑战。另外，气体在火山岩储层的出现又使得孔隙度测井响应更加复杂。因此，含气火山岩地层孔隙度的计算面临两个主要问题：①火山岩地层岩石骨架参数的准确确定；②孔隙度测井曲线的含气校正。

传统的火山岩孔隙度计算方法有岩石体积模型法和多矿物模型法，针对含气火山岩地层孔隙度计算，无论哪种方法都无法回避测井骨架参数问题。因此，岩石骨架参数的确定是含气火山岩储层孔隙度计算的核心。

一、火山岩岩石骨架参数的确定

岩石骨架参数由两个因素决定：一是岩石的骨架密度；二是岩石的化学成分，也就是各种元素的含量。在碎屑岩地层中，由于岩石矿物成分比较单一，测井计算孔隙度常采用一种或两种测井信息建立孔隙度解释模型，或者通过统计分析的方法，确定岩石的骨架参数，并在单井或者某个地层组中应用不变的骨架参数。但火山岩储层岩性复杂，孔隙类型多样，孔隙度低，非均质性强，岩石骨架参数变化大（图5-1），其中，酸性岩骨架密度变化范围为 $2.6 \sim 2.66g/cm^3$，平均为 $2.62\ g/cm^3$；中性岩骨架密度变化范围为 $2.62 \sim 2.76g/cm^3$，平均为 $2.73g/cm^3$；基性岩骨架密度变化范围为 $2.74 \sim 2.90g/cm^3$，平均为 $2.83g/cm^3$。因此，要建立火山岩储层有效孔隙度解释模型，首先要确定准确的岩石骨架参数。

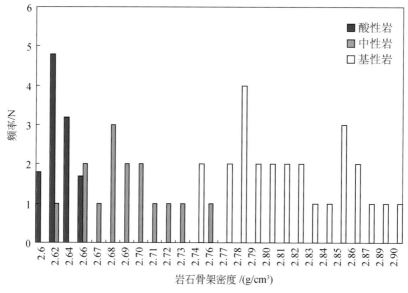

图 5-1　火山岩骨架密度频率图

（一）ECS 测井资料确定岩石骨架方法

斯伦贝谢公司通过实验室全岩氧化物分析，得到了岩石骨架参数和化学成分数据，建立了岩石骨架参数与岩石元素含量之间的关系式，因此利用 ECS 测井提供的地层中各种元素含量，就可以计算得到连续的岩石骨架参数。骨架密度计算公式为

$$\rho_{ma} = 3.1475 - 1.1003 \times W_{Si} - 0.9834 \times W_{Ca} - 2.4385 \times W_{Na}$$
$$- 2.4082 \times W_K + 1.4245 \times W_{Fe} - 11.31 \times W_{Ti} \tag{5-1}$$

骨架中子计算公式为

$$APSC_{ma} = 0.3517 - 0.728 \times W_{Si} - 0.7597 \times W_{Ca} - 1.5533 \times W_{Na} - 1.0979 \times W_K$$

$$\tag{5-2}$$

式中，ρ_{ma} 为骨架密度，g/cm^3；APSC$_{ma}$ 为骨架中子，%；V_{ma} 为骨架体积，m^3；V_f 为孔隙流体体积，m^3；W_{Si} 为 ECS 得到的硅元素的质量分数，%；W_{Ca} 为 ECS 得到的钙元素的质量分数，%；W_{Na} 为 ECS 得到的钠元素的质量分数，%；W_{Fe} 为 ECS 得到的铁元素的质量分数，%；W_{Gd} 为 ECS 得到的钆元素的质量分数，%；W_K 为 ECS 得到的钾元素的质量分数，%；W_{Ti} 为 ECS 得到的钛元素的质量分数，%。

（二）常规测井确定岩石骨架参数方法

1. 基于交会图分析确定岩石骨架参数方法

虽然应用 ECS 测井可以得到地层连续的骨架密度，但由于 ECS 测井成本高，不是每一口井都可以进行 ECS 测井，况且由于 ECS 测井是近年来才应用于火山岩储层中的新技术，在一些老井中并没有 ECS 测井资料，使该方法的应用受到了限制，因此，建立基于常规测井资料的骨架确定方法是十分必要的。

当火山岩岩性相同、流体类型一致时，随着孔隙度减小，密度测井值增大、声波时差和中子孔隙度测井值减小，电阻率增大，因此，可选取密度、声波时差、中子孔隙度分别与电阻率、孔隙度建立交会图，以确定岩石骨架值。由于火山岩岩石骨架不导电，所以当岩石电阻率趋于无穷大、孔隙度趋近于 0 时，对应的密度、声波时差、中子孔隙度值即为岩石骨架值。

1）岩石骨架密度的确定

当孔隙度趋近于 0 时，确定骨架机密。利用 8 口井 88 块流纹岩类火山岩岩心分析样品，建立岩心分析孔隙度和岩石密度交会图（图 5-2）。从图 5-2 可知，岩心分析孔隙度和岩石密度之间具有很好的相关性，当孔隙度为 0 时，对应的纵坐标值为 2.6295g/cm^3，即为流纹岩类火山岩的岩石骨架密度。采用类似的方法，分别建立英安岩、安山岩、玄武岩类岩心分析孔隙度和岩石密度关系图（图 5-3、图 5-4），确定出安山岩、玄武岩类骨架密度分别为 2.6701g/cm^3、2.8536g/cm^3。

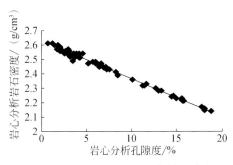

图 5-2 流纹岩类骨架密度参数的确定

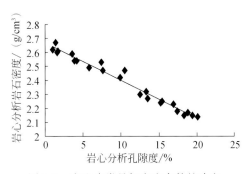

图 5-3 安山岩类骨架密度参数的确定

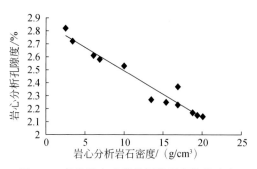

图 5-4　玄武质火成岩骨架密度参数的确定

2）岩石骨架中子的确定

建立流纹岩类火山岩中子–电阻率曲线交会图，如图 5-5、图 5-6 所示，当岩石电阻率趋于无穷大、孔隙度趋于 0 时，流纹岩类火山岩骨架中子值为 0。应用该种方法可以确定出安山岩、玄武岩类骨架中子分别为 0.08、0.10。

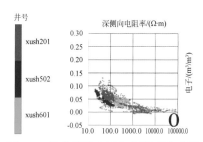

图 5-5　流纹岩类中子与电阻率关系图

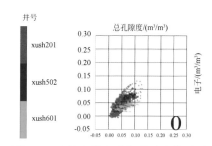

图 5-6　流纹岩类中子与孔隙度关系图

3）岩石骨架声波时差的确定

建立流纹岩类声波时差和岩石电阻率曲线交会图，如图 5-7、图 5-8 所示，当岩石电阻率趋于无穷大、孔隙度趋于 0 时，流纹岩类骨架声波时差接近于 52μs/ft。应用该种方法可以确定出安山岩、玄武岩类骨架声波时差值分别为 53 μs/ft、55 μs/ft。

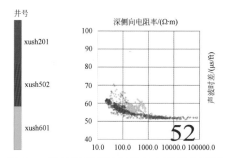

图 5-7　流纹岩类声波时差与电阻率关系图

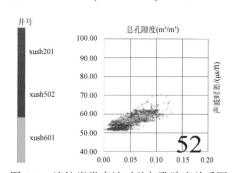

图 5-8　流纹岩类声波时差与孔隙度关系图

2. 基于自然伽马能谱测井确定岩石骨架密度方法

从基性岩到酸性岩，二氧化硅含量增多，主要造岩矿物从辉石、斜长石变化到碱性长石，自然伽马、自然伽马能谱值增大，而岩石密度值减小，因此，火山岩岩石骨架密度与自然伽马、自然伽马能谱值存在内在的联系，而且自然伽马、自然伽马能谱不受储层流体性质的影响，因此可以应用其计算岩石骨架参数。例如基性火山岩，在敏感性分析的基础上，选用自然伽马能谱中的铀（U）、钍测井值（Th），建立了火山岩骨架密度计算模型，即

$$\rho_{ma} = -A \times U - B \times Th + 2.928 \tag{5-3}$$
$$R = 0.83 \qquad N = 30$$

将该方法应用到松辽盆地中，骨架密度误差为 0.03g/cm^3。

二、有效孔隙度解释方法

（一）酸性火山岩储层有效孔隙度解释方法

酸性火山岩骨架值变化范围较小，可以选用声波时差、中子、密度等曲线中的一条或几条曲线组合建立孔隙度模型。一般来说，当储层含有天然气时，密度测井受天然气的影响，其测井值将会减小，密度孔隙度 Φ_D 将会比地层实际孔隙度增大；而对于中子测井，由于天然气的含氢指数与体积密度均比水小得多，再加上天然气挖掘效应的影响，中子孔隙度 Φ_N 将会比地层孔隙度减小。通常，可利用中子孔隙度与密度孔隙度的相互补偿作用计算气层孔隙度。

应用松辽盆地 20 口取心井火山岩岩心分析资料，考虑到测井曲线的分辨率以及岩样是否有代表性等因素，选用岩性密度、补偿中子曲线参数和取样密度大于等于 3 块/m，相邻样品间隔小于等于 0.4m 的 53 个层共 319 块全直径岩心分析样品孔隙度值做统计回归，建立测井解释孔隙度模型，即

$$\Phi_e = 114.214 - 44.1283 \times RHOB + 0.191768 \times NPHI \tag{5-4}$$
$$R = 0.98 \qquad N = 53$$

式中，Φ_e 为有效孔隙度，%；RHOB 为密度，g/cm^3；NPHI 为中子孔隙度，%。

经单井数字处理测井计算孔隙度（图 5-9）与岩心分析孔隙度对比可知，应用式（5-4）计算的火山岩储层有效孔隙度平均绝对误差为 0.55，平均相对误差为 12.54。考虑到火山岩储层孔隙度较低的特殊性，目前采用式（5-4）作为松辽盆地火山岩储层测井计算有效孔隙度的公式是合适的，能够满足储层评价的需求。

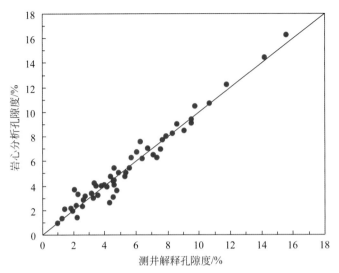

图 5-9　酸性火山岩储层岩心分析孔隙度与测井解释孔隙度关系图

(二) 中基性火山岩储层有效孔隙度解释方法

由于中基性火山岩的非均质性较酸性火山岩更强, 骨架密度变化范围也较大, 因此需要采用变骨架的方法建立孔隙度模型, 考虑到储层含气对三孔隙度曲线的影响, 本书在确定岩石骨架密度的基础上, 采用以下两种方法确定储层孔隙度计算模型。

1. 利用 ECS 测井资料建立孔隙度解释模型

在通过 ECS 测井得到地层连续的密度骨架和骨架中子后, 应用以下模型确定储层的有效孔隙度。体积模型为

$$\rho_b = \rho_{ma} \times V_{ma} + \rho_{mf} \times V_{mf} + \rho_{hc} \times V_{hc} \tag{5-5}$$

$$\varphi_N = \varphi_{Nma} \times V_{ma} + \varphi_{Nmf} \times V_{mf} + \varphi_{Nhc} \times V_{hc} \tag{5-6}$$

$$1 = V_{ma} + V_{mf} + V_{hc} \tag{5-7}$$

式中, V_{ma} 为岩石骨架体积, m^3; V_{mf} 为泥浆滤液体积, m^3; V_{hc} 为冲洗带地层孔隙含油气体积, m^3; φ_{Nma} 为中子骨架,%; φ_{Nmf} 为泥浆滤液中子值,%; φ_{Nhc} 为地下条件下油气中子值,%; ρ_{mf} 为泥浆滤液密度, g/cm^3; ρ_{hc} 为地下条件下油气密度, g/cm^3; ρ_b 为岩心密度, g/cm^3; φ_N 为中子孔隙度,%。

根据式 (5-5)、式 (5-6)、式 (5-7) 可确定三个参数 V_{ma}、V_{mf}、V_{hc}。

由式 (5-5)、式 (5-6)、式 (5-7) 得到地层有效孔隙度模型为

$$\varphi_e = \{\varphi_{rhob} - \varphi_{nphi} \times [1 - (0.62 - \rho_{ma})/(1 - \rho_{ma})]\} / [(0.62 - \rho_{ma}) - (1 - \rho_{ma}) - (2.425 - \varphi_{Nma})/(1 - \varphi_{Nma})] + \varphi_{rhob} + A \tag{5-8}$$

式中, $\varphi_{rhob} = (\rho_b - \rho_{ma})/(1 - \rho_{ma})$; $\varphi_{nphi} = (\varphi_N - \varphi_{Nma})/(1 - \varphi_{Nma})$; A 为校正量。

因为 ECS 测井处理得到的是地层的元素含量，因此，能较准确地逐个采样点确定地层的骨架参数值，进而得到相应的连续的孔隙度曲线。应用上述模型，对徐家围子地区有 ECS 测井资料的 21 口井火山岩储层进行孔隙度计算，其中，酸性火山岩的平均绝对误差及平均相对误差分别为 1.13%、19.0%，中基性火山岩的平均绝对误差和平均相对误差分别为 1.28%、19.5%；图 5-10 和图 5-11 为酸性火山岩和中基性火山岩测井解释有效孔隙度与岩心分析孔隙度关系图。

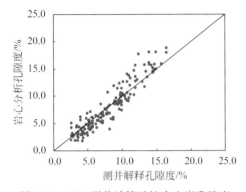
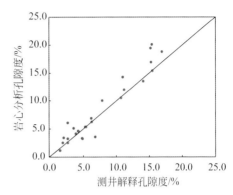

图 5-10　ECS 测井计算酸性火山岩孔隙度
与岩心孔隙度对比图

图 5-11　ECS 测井计算中基性火山岩孔隙度
与岩心孔隙度对比图

将测井计算的孔隙度与岩心孔隙度进行对比后发现，中基性火山岩孔隙度的绝对误差和相对误差比酸性火山岩大。分析原因认为：①目前，斯伦贝谢公司应用 ECS 测井计算骨架的处理解释模型是在酸性火山岩实验基础上建立的，因此计算骨架参数的方程难免有一定的局限性；②中基性火山岩的非均质性较酸性火山岩更强，同一筒岩心，相距很近的两块样品岩心孔隙度常常相差很大，导致该解释模型在中基性火山岩中的应用效果没有酸性火山岩中的效果好，但应用该方法计算的中基性火山岩储层孔隙度计算精度可以满足测井评价需求。

2. 利用常规测井资料建立孔隙度解释模型

前面已经研究了应用常规测井资料确定骨架参数的方法，考虑到含气使密度孔隙度增大、中子孔隙度减小，为了消除含气对储层孔隙度的影响，选用中子、密度相结合的方法，建立基于常规测井资料的孔隙度测井解释模型。又由于中性火山岩和基性火山岩骨架密度相差很大，因此，有效孔隙度测井解释模型也应按不同岩性建立不同的模型。以下是松辽盆地徐家围子地区火山岩孔隙度解释的实例。

1）中性火山岩有效孔隙度解释模型

选取中性火山岩储层 5 口井 20 块全直径分析样品建立有效孔隙度解释模型，即

$$\phi_e = 0.4297\phi_{nphi} + 0.8396\phi_{rhob} - 1.8100 \tag{5-9}$$
$$R = 0.91 \qquad N = 20$$

2）基性火山岩有效孔隙度解释模型

选取基性火山岩储层 7 口井 30 块全直径分析样品建立有效孔隙度解释模型，即

$$\phi_e = 0.2023\phi_{nphi} + 0.5188\phi_{rhob} - 2.0151 \tag{5-10}$$

$$R = 0.82 \qquad N = 30$$

式中，ϕ_e 为有效孔隙度，%；ϕ_{nphi} 为中子孔隙度，%；ϕ_{rhob} 为密度孔隙度，%。

上述两个孔隙度解释模型在一定程度上消除了岩性和含气性的影响。应用上述模型，对徐家围子地区 8 口井火山岩储层进行了孔隙度计算。中性火山岩平均绝对误差和平均相对误差分别为 0.98%、22.30%；基性火山岩的平均绝对误差和平均相对误差分别为 0.94%、24.3%。图 5-12、图 5-13 是中性和基性火山岩的测井解释有效孔隙度与岩心分析孔隙度关系图，从图中可知，测井孔隙度与岩心分析孔隙度具有较好的一致性。

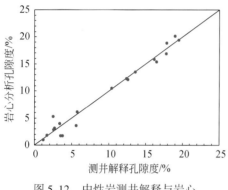

图 5-12　中性岩测井解释与岩心
　　　　　分析孔隙度关系图

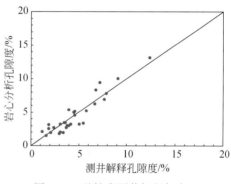

图 5-13　基性岩测井解释与岩心
　　　　　分析孔隙度关系图

第二节　火山岩储层渗透率解释方法

渗透率是反映储集层渗流能力的重要参数，它与岩石的孔隙结构密切相关，通常情况下，相同孔隙结构的岩石，其渗透率与孔隙度具有较好的相关性，利用这种关系可以通过孔隙度来估算储层渗透率。然而在火山岩储层中，孔隙结构的复杂性造成了即使孔隙度相近储层的渗透率也有较大差别，简单地应用孔隙度确定渗透率效果很差，如图 5-14 所示。因此在火山岩储层中，若要确定渗透率，需要在岩石物理研究基础上，充分考虑储层孔隙结构的差异，建立渗透率解释模型。为了充分利用测井资料考虑孔隙结构的差异性，分别应用常规测井和核磁测井建立渗透率解释模型。

一、层流指数分类法计算渗透率

岩石物理流动单元的概念是 Hearn C. L. 等于 1984 年首次提出的，Ebanks 等将这一概念应用到储层的表征和评价、剩余油分布预测等方面的研究，并对流动单元的概念和划分提出补充和完善。综合国内外对流动单元开展的大量研究工作认为：流动单

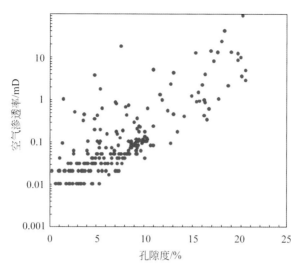

图 5-14　火山岩储层岩心分析孔隙度与渗透率关系图

元是从宏观到微观的不同级次上的、在垂向及侧向上连续的、影响流体流动的岩石特征和流体本身渗流特征相似的储集岩体，即孔渗关系相似的储集岩体。同一单元内储层渗流能力相似，不同单元之间差异明显或有渗流隔挡，实质上是以渗流特征为主导所精细描述的储层非均质单元，是对储层结构模型的进一步细划和定量表征。对流动单元的划分，主要通过对取心井段岩心物性资料的分析，采用基于对科择尼·卡尔曼（Kozeny-Carman）方程稍加修改所建立的层流指数（FZI）划分。

由于酸性、中性、基性火山岩的孔隙结构相差较大，因此，应在岩性识别基础上，对不同火山岩的孔、渗关系进行分类，下面以酸性火山岩为例来阐述分类方法。通过对酸性火山岩储层岩心分析数据进行分析，应用储层品质指数（RQI）和层流指数（FZI）对酸性火山岩储层进行分类，在此基础上分类别建立渗透率解释模型。

储层品质指数（reservoir quality index，RQI）的表达式为

$$RQI（\mu m）= 0.0314 \sqrt{\frac{K}{\phi}} \tag{5-11}$$

孔隙体面比（pore volume-to-grain volume ratio）表达式为

$$\phi_Z = \frac{\phi}{1-\phi} \tag{5-12}$$

层流指数（flow zone indicator，FZI）的表达式为

$$FZI（\mu m）= \frac{RQI}{\phi_Z} \tag{5-13}$$

式中，ϕ 为孔隙度；K 为渗透率，mD。

在徐家围子断陷兴城、丰乐地区，应用 11 口井 205 块样品岩心分析资料，计算每块岩心的层流指数后，采用概率频率图将酸性火山岩储层孔渗关系划分为三类（图 5-15）：Ⅲ类储层（蓝色正方形）为低渗型，层流指数为 0 ~ 0.53；Ⅱ类储层（绿色菱形）孔隙度范围与Ⅲ类相当，但渗透率明显变大，为中渗透型，层流指数为 0.53 ~ 1.7；Ⅰ类

储层孔隙度范围最小，相同孔隙度条件下，渗透率最高，为高渗型储层（黄色三角形），层流指数为 1.7 ~ 10。

在分类的基础上，应用统计回归的方法，分别建立每一类的渗透率解释模型（图5-15）。

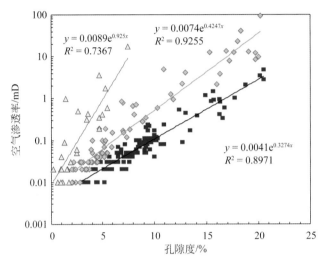

图 5-15　酸性火山岩储层岩心分析孔隙度与渗透率关系图

二、利用测井资料进行层流指数分类

应用层流指数分类建立的渗透率解释模型是以岩心分析资料为基础建立的，当没有岩心资料时，需要应用测井资料对储层进行分类。

1. 应用电成像测井资料进行分类

PoroDist 是利用电成像测井、深浅侧向测井及常规孔隙度资料处理多孔介质储层的软件，应用该软件可以得到储层孔隙及缝洞的发育程度，进而得到反映各类孔渗关系的缝洞指示参数（FI）来识别不同孔渗关系类别的储层。其中，Ⅲ类：FI<0.2；Ⅱ类：0.2<FI<0.4；Ⅰ类：FI>0.4。

2. 应用常规测井资料进行分类

应用岩心刻度测井的方法，根据岩心资料确定的三类储层，优选 M［式（5-14）］、N［式（5-15）］等参数，利用主成分分析方法建立不同火山岩的三类孔渗关系测井解释模型，以实现对单井储层的测井孔渗关系划分。

$$M = (\Delta t_{f} - DT) \times 0.01 / (RHOB - \rho_{f}) \tag{5-14}$$

$$N = (N_{f} - NPHI) / (RHOB - \rho_{f}) \tag{5-15}$$

式中，Δt_{f}、ΔN_{f}、ρ_{f} 分别为流体的声波时差、中子孔隙度和密度值；DT、NPHI、RHOB 分别为地层的声波时差、中子孔隙度和密度值。

通过应用电成像测井和常规测井对储层进行分类，然后在相似孔渗关系分类基础上，应用相对应的渗透率解释模型计算渗透率。例如，中基性火山岩储层，采用常规测井资料进行层流指数分类后，计算储层渗透率，经 8 口井 39 块样品岩心分析渗透率验证，平均绝对误差 0.12mD，相对误差 53%。图 5-16 为达深 C 井测井计算渗透率成果图，从图上可以看到，根据不同孔渗关系类别计算的渗透率精度较高。

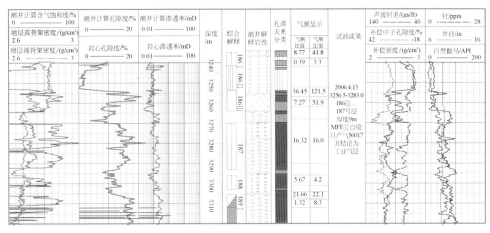

图 5-16　达深 C 井测井解释评价成果图

第三节　火山岩储层含气饱和度解释方法

定量计算储层含气饱和度是测井解释的基本任务，但由于火山岩储层存在各向异性比较严重、孔隙结构及岩性复杂多变、电阻率测井受多种因素影响使得其对流体类型反映的信噪比较低等诸多复杂因素，使得火山岩储层饱和度解释成为测井评价中最为困难的工作之一。

一、火山岩地层电性特点和利用电阻率计算饱和度的难点

火山岩地层的原生气孔和晶间微孔等孔隙基本上处于孤立状态，如果能够形成储层，则必须经历后期的构造或成岩改造作用，形成构造缝和溶蚀孔洞等次生孔隙。因此，火山岩储层的普遍特点是：储层空间类型多，孔隙结构复杂多变；受次生作用影响强烈，从微观到宏观都表现为严重的非均质性；孔、洞、缝交织在一起，储层性能有很大的差异性和突变性。正是由于火山岩岩石这种孔隙结构特点，使之具有复杂的导电机理。

火山岩岩石的电阻率是岩石的矿物成分、热液蚀变、孔缝发育程度和含油气水的综合反映。火山岩地层的电阻率变化非常大，从几个欧姆米变化至几万个欧姆米。一般有这几个规律，一是致密熔岩的电阻率最高，当有裂缝和气孔发育时，电阻率比较低；二是熔结凝灰岩的电阻率普遍低于致密熔岩，凝灰岩的电阻率比熔结凝灰岩的电阻率低；三是熔岩蚀变后也会导致电阻率降低。

火山岩地层电阻率变化复杂导致了地层流体（油、气和水）的响应在电阻率曲线

上变弱或被掩盖，尤其是在低孔隙度的情况下，含油气饱和度计算变得更加困难。在松辽盆地北部徐家围子断陷和松辽盆地南部长岭 1 号哈尔金构造火山岩气藏中，火山岩气层电阻率变化从十几个欧姆米到几百欧姆米变化，而水层的电阻率也在十几个欧姆米至二、三百欧姆米之间，那么在该研究区利用电阻率进行含气饱和度的计算就遇到了挑战。在对这两个研究区气藏 50 多口井的电性资料研究的基础之上，认为导致该区火山岩储层电阻率变化复杂和储层含水饱和度计算困难的原因如下。

（1）风化改造后的火山岩储层次生孔隙发育，结构复杂，与碳酸盐岩地层类似。这些孔隙的发育导致地层导电网络复杂、岩石胶结指数"m"变化大，难以确定。

（2）裂缝发育的储层中，裂缝造成的孔隙通道比基块的孔隙通道简单得多，因此胶结指数"m"大大减小。对于裂缝发育的储层来说，裂缝分布严重影响电阻率测井响应。有时由于裂缝分布状态不同而完全掩盖了气、水层造成的电阻率差异。

（3）凝灰岩颗粒细，微孔隙发育，束缚水含量高，其特点与砂泥岩地层类似；另外，硅质火山碎屑岩、黏土矿物等与孔隙水相互作用产生附加导电作用，压制了含油气层电阻率的增加，这种现象与泥岩地层电阻率响应类似。

（4）火山岩地层中过多或不确定的导电因素存在；如含铁、镁矿物岩石的出现、长石的蚀变，其他不稳定矿物转化为黏土矿物、沸石等，这些因素导致了火山岩地层的附加导电性，压制了测井电阻率对油气的响应。

（5）在储层发育层段，由于储层孔隙以及自然裂缝或诱导缝发育，导致泥浆侵入深，测井电阻率低于地层真实电阻率。

由以上所述可见，在火山岩地层导电机理中，既有类似于黏土矿物与孔隙水相互作用产生的附加导电作用，又有类似于碳酸盐岩地层的孔隙结构和裂缝系统的导电网络，因此，在火山岩地层利用电阻率进行饱和度的计算涉及砂泥岩地层和碳酸盐岩地层双重问题。长期以来，火山岩储层饱和度的计算一直是采用阿尔奇公式，或者在此基础上进一步发展的经验性饱和度公式。但总而言之，目前，还没有通用的、切实可行的针对火山岩储层的饱和度计算公式和方法。

因此，火山岩储层饱和度的确定需要针对火山岩储层的特点，采用多种方法综合确定饱和度参数，几种方法计算值相互印证，以求最大限度减少火山岩储层饱和度参数计算的不确定性。确定含气（油）饱和度的方法一般有：密闭取心法、测井解释、毛管压力计算以及其他间接确定的方法。

二、密闭取心饱和度模型

密闭取心是在水基泥浆钻井时，利用双筒取心加密闭液的方法，以避免岩心在整个取的过程中受到水基泥浆的冲刷，使岩心尽可能地保持地下原始状态。用密闭取心资料测定含水饱和度是当前我国确定原始含气（油）饱和度最准确的方法，它是其他间接方法的基础和对比验证的依据。

松辽盆地徐家围子断陷火山岩储层有两口密闭取心井，分别是徐深 X 井、芳深 Y 井。徐深 X 井在火山岩储层 149 号层（3525.0～3533.5m）共取得密闭样品 24 块，薄片分析岩性为流纹质熔结凝灰岩，全部采用"干馏法"进行饱和度实验分析。该层段有效孔隙度最大为 4.40%，最小为 3.00%，平均为 3.47%；空气渗透率最大为 0.45mD，最小为 0.009mD，平均为 0.06mD；含气饱和度最大为 85.2%，最小为 64.2%，平均为 72.3%。芳深 Y 井在火山岩储层 134 号层（3573.7～3584.2m）共取得密闭样品 39 块，薄片分析岩性为流纹质晶屑凝灰岩，全部采用"干馏法"进行饱和度实验分析。该层段有效孔隙度最大为 8.80%，最小为 0.70%，平均为 5.44%；空气渗透率最大为 0.06mD，最小为 0.001mD，平均为 0.01mD；含气饱和度最大为 80.7%，最小为 1.1%，平均为 64.6%。

利用密闭取心资料分别编制徐深 X、芳深 Y 井有效孔隙度与原始含水饱和度关系图版（5-16），其关系式为

$$S_w（徐深\ X）= -33.506×\ln（\phi）+69.151，\quad R = 0.97 \qquad (5\text{-}16)$$

$$S_w（芳深\ Y）= -25.026×\ln（\phi）+73.709，\quad R = 0.73 \qquad (5\text{-}17)$$

$$S_g = 100 - S_w \qquad (5\text{-}18)$$

式中，S_w 为含水饱和度，%；S_g 为含气饱和度，%；ϕ 为有效孔隙度，%。

从图 5-17 可以看到，徐深 X 井密闭取心样品有效孔隙度为 3.0%～4.4%，分布过于集中，且孔隙度基本都在 4.0% 以下，考虑到火山岩储层的非均质性及储层的物性下限（4.0%），因此不应用该井资料计算含气饱和度。

芳深 Y 井，当有效孔隙度为 4.5%～8.8%，原始含水饱和度变化量仅为 15.0%，而且不同孔隙度下求取的饱和度值普遍偏高，分析原因是因为选取的大直径火山岩样品非均质性强，岩性致密，孔隙度最大为 8.8%，而渗透率最大只有 0.06mD，属特低孔、特低渗，在岩心干馏实验过程中蒸发率低，从而导致测量的含水饱和度比实际的要低，因此对芳深 Y 井进行回收率校正，得到校正后的有效孔隙度与原始含水饱和度关系图版（图 5-17），其关系为

$$S_w（芳深\ Y）= -27.146×\ln（\phi）+81.759 \quad R = 0.99 \qquad (5\text{-}19)$$

$$S_g = 100 - S_w$$

本方法是计算含气（油）饱和度的实用方法，利用上述关系式对各有效层进行含气饱和度计算，作为储量取值参考依据之一。

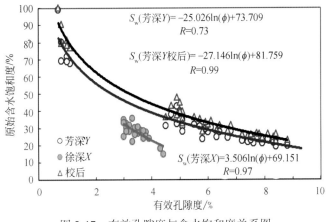

图 5-17　有效孔隙度与含水饱和度关系图

三、应用毛管压力资料计算含气饱和度

用平均毛管压力曲线确定气藏原始含气饱和度的方法有两种：一种是利用平均毛管压力曲线求得气藏储层最小流动孔喉半径，然后求原始含气饱和度，该方法一般只能求取气藏的平均原始含气饱和度；另一种是通过平均毛管压力曲线建立气藏高度与含气饱和度关系，然后根据确定的气藏高度求取原始含气饱和度，该方法一般只适用于构造气藏。这两种方法的共同点是都必须求取气藏的平均毛管压力曲线，J 函数处理是获得平均毛管压力的经典方法。

（一）应用最小流动孔喉半径确定含气饱和度

毛管压力曲线是由岩样在实验室测定得到的，但是每块岩样只能代表气藏中某一点的特征，只有将气藏毛管压力曲线平均为一条代表气藏特征的毛管压力曲线，才有利于确定气藏的原始含气饱和度。而要求得表征整个气藏的毛管压力，必须将所有的毛管压力资料进行综合和评价。考虑到气藏的非均质性，为了表征整个气藏的毛管压力特性，则应当同时考虑其孔隙度、渗透率和流体性质等的变化，只有这样，才能更好地对气藏进行评价。为此引用 "J" 函数的概念，其函数形式为

$$J(S_w) = \frac{P_c}{\sigma \cos\theta}\left(\frac{K}{\phi}\right)^{0.5} \tag{5-20}$$

式中，$J(S_w)$ 为函数，无因次量；P_c 为毛管压力，无因次量。

通过 J 函数曲线可得到反映整个气藏性质的平均毛管压力曲线，应用该平均毛管压力曲线即可得到气藏的平均含气饱和度。

压汞实验为水银-空气系统，当界面张力 $\sigma = 480\text{mN/m}$，接触角 $\theta = 140°$，用 SI 制实用单位表示时为

$$J(S_w) = 0.086 P_c\left(\frac{K}{\varphi}\right)^{0.5} \tag{5-21}$$

例如松辽盆地徐家围子断陷，应用松辽盆地 13 口井 192 块营一段火山岩储层压汞样品资料（其中最大有效孔隙度为 20.5%，最小有效孔隙度为 0.6%，平均有效孔隙度为 8.2%；最大空气渗透率为 91.9mD，最小空气渗透率为 0.01mD，平均空气渗透率为 1.62mD），得出该气藏的平均 "J 函数" 曲线，进而得出该气藏平均毛管压力曲线（图 5-18）。用沃尔法确定最小流动孔喉半径，当累计渗透能力达到 99.9% 时，所对应的孔喉半径即为最小流动孔喉半径，与其在平均毛管压力曲线上所对应的含气饱和度或者在沃尔法中对应的累积进汞量即为气藏的原始含气饱和度。

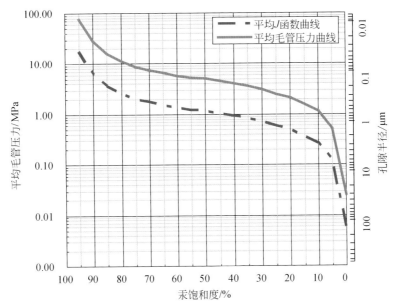

图 5-18 酸性火山岩储层平均毛管压力与饱和度关系图

（二）气藏高度法确定含气饱和度

经过 J 函数处理求得平均毛管压力曲线，并把平均毛管压力曲线转化成气藏条件下的气水毛管压力曲线（图 5-19），再将气水毛管压力曲线转换成气柱高度的方法求取储层原始含气饱和度，毛管压力与气柱高度换算关系为

$$H=\frac{100P_{\mathrm{c}}}{\rho_{\mathrm{w}}-\rho_{\mathrm{g}}} \tag{5-22}$$

式中，H 为气柱高度，m；P_{c} 为气藏毛管压力，MPa；ρ_{w} 为地层水密度，g/cm^{3}；ρ_{g} 为地层气密度，g/cm^{3}。

当储层非均质性比较强时，可以根据有效孔隙度、空气渗透率、岩性、排驱压力及孔喉半径等将毛管压力分类，分别作出各类储层气藏条件下毛管压力曲线（图5-20）。从图中可以看出，图 5-19 中平均毛管压力曲线基本上是图 5-24 中 Ⅰ、Ⅱ 类储层毛管压力曲线的平均值。在该图上，根据气藏的高度，即可确定气藏的含气饱和度。

利用气藏高度法确定储层流体饱和度，自由水界面的位置是关键参数之一。下面介绍应用地层动态测试识别油水界面的方法。

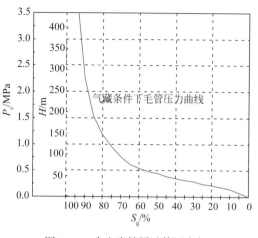

图5-19 火山岩储层毛管压力与
含气饱和度关系图

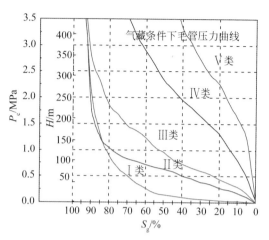

图5-20 火山岩各类储层毛管压力与
含气饱和度关系图

（三）地层动态测试识别油水界面

模块式地层动态测试器MDT可以准确地测量地层压力，单井的MDT压力数据可以用于流体界面的识别，而如果将同一区域的多口井MDT压力数据折算到相同海拔深度后进行多井联合分析，可以用来确定自由水界面并识别井间连通性。

地层测试是油气勘探中验证储层流体性质、求取地层产能最为直接、有效的方法。常用的地层测试方法有完井射孔油管测试、钻杆测试（DST）和电缆式地层测试等。

电缆地层测试技术是从20世纪50年代中期开始发展并逐步完善起来的地层测试技术。到目前为止，电缆地层测试技术的发展大致可划分为三个阶段。第一个阶段以FT电缆地层测试仪为代表，FT电缆地层测试仪由一个单探针和一个取样筒组成测试仪的核心部分，每次只能取一个样或测一个压力数据，这代产品主要应用在1955～1975年。第二个阶段的电缆地层测试仪以RFT（Repeat Formation Tester），即重复地层测试器为代表，从1975年使用到20世纪90年代，它较第一代产品有了很大的改进，增加了预测压室，即可以一次在井下实现无限次的重复测压，取样筒也增加到两个。但由于不具备泵出功能和井下油气检测功能，第二代电缆地层测试仪主要用于地层测压，取样效果不够理想。我国大部分油田都引进了该种类型的仪器，并在现场获得了较为广泛的应用，见到了一定的地质效果。尽管RFT的功能较FT有较大的改进，但人们仍然无法在地面准确判断井下到底获得的是什么样品，并且不能对取样时间和质量进行有效的控制。为了解决上述问题，20世纪90年代，斯仑贝谢公司推出了第三代电缆地层测试仪——模块式动态电缆地层测试仪MDT（The Modular Formation Dynamics Tester Tool）。与其上一代的重复性地层测试仪RFT相比，在探测器、探测方式、模块组合方式、解释方法等方面有了较大的改进，性能显著增强。

MDT于1992年引进我国油田，经过消化、吸收及应用研究，在油气勘探中应用见到了明显的地质效果。值得说明的是，尽管MDT电缆地层测试具有快速、直观的特点，但是，它有一定的适用条件，与常规测井项目一样，其测试结果也需要处理和解释，需要与之相适应的配套评价技术。

如图 5-21 所示，MDT 的基本模块组合包括供电模块、液压动力模块、单探针模块、取样模块和管线系统。供电模块在仪器串的最顶部，通过电缆总线给仪器各模块供电。液压动力模块通常在供电模块之下，该模块为仪器提供最基本液压动力源。单探针模块与液压模块直接相连，可以选择标准探针或大直径探针。插进井壁的探针使测试管线与外界密封，从而完成地层压力测试功能。为了确保在不同储层条件下获得良好的压力测试效果，该模块提供了一个预测试室，其容量可调，最大容积为 20ml。预测试过程中，测试系统可以在地面控制流动压力、流体流动速度和测试室的体积，通过预测试获得主测试最佳的仪器操作参数。标准的可控式推靠器可保证探针模块能在 6～14in 的井眼中正常工作，附加一个配套部件可使其使用范围提高到 19in。

取样模块有三种规格的取样桶可供选择，1、2.75和 6gal①。前两种取样桶具有独立的管线和电路总成，可以组合在仪器的任何位置，且具有防硫化氢功能。理论上软件可以支持 12 个这样的取样桶，但是由于仪器长度和重量的限制，每次下井实际上只能装 5～6 个取样桶。6gal 的取样筒由于不具备独立的管线和电路总成，因而只能放置在仪器的底部。

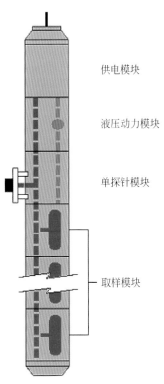

供电模块

液压动力模块

单探针模块

取样模块

图 5-21　MDT 仪器基本模块
组成示意图

MDT 管线系统与其他仪器不同，MDT 测试仪（通用部分）与预测试室相互独立，并由操作工程师控制。当液压压力达到 2800PSI② 时过滤阀开始工作，同时预测试活塞开始运动。由于上述原因，MDT 很少发生密封失败的情况。MDT 在临近测压室的管线中装有温度和电阻率监测装置，可用于实时检测管线中流体的温度和电阻率。电阻率测量值用于实时判别流体的性质，温度测量值用于压力校正。

除此之外，MDT 的测试管线系统具有两个压力计，一个为应变压力计，另一个为带时钟的 CQG 石英压力计，CQG 石英压力计的测压精度比常规石英压力计有较大的提高，从而保证了 MDT 测压的质量。

利用地层动态测试器，可以测量沿井深剖面上的地层压力数据。在压力与深度剖面上，对同一压力系统、不同深度进行测量所得到地层压力数据，理论上呈线性关系，直线的斜率即为该压力系统的压力梯度。压力梯度通过简单的换算即可得到储层流体密度，可以表达为

---

① 1gal = 0.0037854m³；

② 1psi = 6.895Pa

$$\rho_{f} = \frac{\Delta P}{\Delta H \times 1.422} \qquad (5\text{-}23)$$

式中，ρ_{f} 为测压层流体密度，g/cm^3；ΔP 为同一压力系统任意两个有效测压点间的压差，PSI；ΔH 为同一压力系统任意两个有效测压点间的深度差，m；1.422 为压力梯度转换系数。

由于油、气、水的密度不同，在压力剖面上就表现为不同的压力梯度，这是用 MDT 识别流体类型的物理基础（表 5-1）。

表 5-1　天然气、石油和水的密度与压力梯度表

序号	流体类型	密度/（g/cm³）	压力梯度/（kPa/m）	压力梯度/（PSI/m）
1	天然气	0.18	1.76	0.25
		0.25	2.45	0.35
2	石油	0.80	7.8	1.12
		0.85	8.3	1.19
3	淡水	1.00	9.9	1.42
4	盐水	1.07	10.5	1.50

在储层较为均质的情况下，MDT 压力剖面的制作较为简单，可以用单井的资料制作，也可以用同一压力系统的多井测试资料制作，通常都可以获得较好的地质效果。

例如应用松辽盆地徐家围子断陷 4 口井 MDT 压力数据和 MDT 地层流体取样，得出了研究区有效地层流体梯度线，如图 5-22 所示，显示气层流体的地下密度为 0.306 g／cm³，水层流体的地下密度为 1.122 g／cm³，并且这 4 口井具有统一的自由水界面，气藏构造的自由水界面位置为海拔深度−3627.33m。

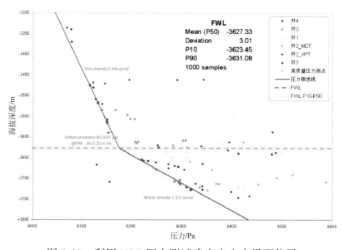

图 5-22　利用 MDT 压力测试确定自由水界面位置

四、基于背景导电的饱和度解释模型

（一）模　型　推　导

理论上，电阻率测井仅反映连通的、且由导电水占据的孔隙空间。但实际中，即使无孔隙的致密层，其测井电阻率并非无穷大。实际测井可以是孔隙流体、含水微孔隙、导电矿物及井筒分流几部分导电共同作用的结果，即

$$R_{LLD} = 连通的孔隙流体 // 导电矿物 // 井筒分流$$

定义除孔隙流体导电之外，所以其他因素引起的电阻率为背景电阻率，用符号 R_{BG} 表示。在这种情况下，有下列电导率边界条件：①若测井电导率等于背景电导率，则连通孔隙度为 0；②若连通的孔隙度为 1，即全为孔洞，则测量的电导率为水的电导率；③电导率具有线性相加的并联叠加性质。

符合这些边界条件的公式为

$$\phi_w = \frac{1/R_{LLD} - 1/R_{BG}}{S_w/R_w - 1/R_{BG}} \tag{5-24}$$

式中，R_w 为地层水电阻率；R_{LLD} 为深侧向电阻率；ϕ_w 为连通的导电孔隙度。

根据岩石孔隙类型，考虑到岩石中的死孔隙、气体及不导电的水，则可得到导电孔隙为

$$\phi_w = \frac{\phi_t}{a} - \frac{\phi_t}{a}S_o - \frac{\phi_t}{a}S_{wr} = \frac{\phi_t}{a}(1 - (1 - S_w) - S_{wr}) = \frac{\phi_t}{a}(S_w - S_{wr}) \tag{5-25}$$

式中，ϕ_t 为总孔隙度；a 为孔隙空间的连通因子，用于区分连通孔隙空间与总孔隙空间；S_{wr} 为不导电的水饱和度，位于连通的孔隙中（图 5-23）。

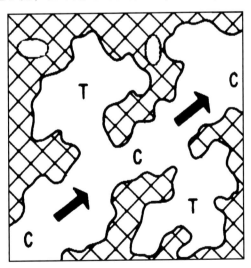

图 5-23　孔隙性岩石电流流动示意图（T 为无电流区，C 为电流区）

将式（5-25）代入（5-24）有

$$\frac{\phi_t}{a}(S_w - S_{wr})(S_w/R_w - 1/R_{BG}) = 1/R_{LLD} - 1/R_{BG} \tag{5-26}$$

或

$$S_w^2/R_w - (S_{wr}/R_w + 1/R_{BG})S_w + S_{wr}/R_{BG} - \frac{a(1/R_{LLD} - 1/R_{BG})}{\phi_t} = 0$$

求得

$$S_w = 0.5(S_{wr} + R_w * R_{BG}) + 0.5 * R_w$$

$$* \sqrt{(S_{wr}/R_w + R_{BG})^2 - 4(S_{wr}/R_{BG} - \frac{a(1/R_{LLD} - 1/R_{BG})}{\phi_t})/R_w} \tag{5-27}$$

（二）参 数 选 取

1. R_{BG} 的取值方法

在式 $S_w^2/R_w - (S_{wr}/R_w + 1/R_{BG})S_w + S_{wr}/R_{BG} - \frac{a(1/R_{LLD} - 1/R_{BG})}{\varphi_t} = 0$ 中，若 $S_w = S_{wr}$，对应的 $R_{BG} = R_{LLD}$，即 R_{BG} 的取值一般对应纯气层或者致密层的最大电阻率值。

在不考虑井筒分流的情况下，如果骨架不导电，那么理论上，任何深度的电阻率值应大于对应的 100% 含水地层的电阻率 R_0，R_0 表达式为

$$R_0 = \frac{aR_w}{\varphi^m} \tag{5-28}$$

但在有些井中并非如此，这说明在井筒中背景电阻率不可忽视。

选取骨架不导电时的 R_0 与整个背景电阻率 R_{BG} 并联叠加的结果为

$$\frac{1}{R_{LLD}} = \frac{1}{R_0} + \frac{1}{R_{BG}}$$

则

$$R_{BG} = 1/(\frac{1}{R_{LLD}} - \frac{1}{R_0}) \tag{5-29}$$

如果没有存气层或致密层，R_{BG} 为式（5-29）计算的最大值。

2. a 的取值方法

在 $S_w^2/R_w - (S_{wr}/R_w + 1/R_{BG})S_w + S_{wr}/R_{BG} - \frac{a(1/R_{LLD} - 1/R_{BG})}{\varphi_t} = 0$ 中，若 $S_w = 1$，对应的 $R_{LLD} = R_{LLD100}$，则：

$$a = \frac{(1/R_w - 1/R_{BG})(1 - S_{wr})}{(1/R_{LLD100} - 1/R_{BG})}\varphi_t \tag{5-30}$$

假定 $R_{LLD100} = R_{LLD}$，计算一条 a 曲线，此式是假定在水层推出的，曲线上对应有孔隙度的低值段。

3. S_{wr} 取值方法

根据 Maxwell 导电模型，不导电孔隙度与有效孔隙度的关系为

$$\phi = \phi_s + G \frac{(1-\phi)}{F-1} \tag{5-31}$$

应用本区实验数据作 ϕ-$\frac{(1-\phi)}{F-1}$ 图（图5-24），ϕ 为有效孔隙度，F 为地层因素。直线的斜率为 G（几何参数），y 的截距为 ϕ_s，从中求得 $\phi_s = 1.25\%$，$G = 24.7$。ϕ_s 即为不导电孔隙度。

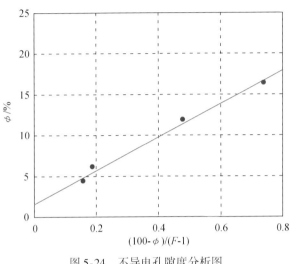

图5-24　不导电孔隙度分析图

将其换算成不导电饱和度，其值为 $S_{wr} = \phi_s / \phi$，一般为 $7\% \sim 20\%$。

第四节　火山岩储层气水层测井识别方法

火山岩储层流体性质识别是目前测井评价人员遇到的难点之一。造成难点的主要原因是流体识别的基础电阻率在火山岩储层中的影响因素和不确定性的增加，主要有以下几点。

（1）岩性复杂多变，不同岩性的电阻率差异较大。火山喷发的特点决定了火山岩岩性的复杂性、多变性，不同期次喷发的火山岩岩性多有变化，同一期次喷发的火山岩的成分也有不同，火山岩不同岩性的结构、构造相差较大，岩性变化引起的电阻率变化可达到几个数量级，导致电阻率测井识别储层流体性质的适用性变差，电阻率法识别储层流体性质的不确定性增加。

（2）储层的孔隙类型多样、孔隙结构复杂。在岩性相近的情况下，孔隙结构的变化也可以导致电阻率有很大的变化。

（3）火山岩孔隙度一般情况下相对较低，流体在岩石中所占比例较小，电阻率测井对流体性质的敏感性相对砂岩储层变弱。

尽管电阻率法在火山岩储层流体性质识别中遇到了很大的挑战，但以电阻率为基础的流体识别方法仍是最重要的方法，研究人员需要做的就是最大限度地减小不确定性。分岩性和储层类型评价可最大限度地减小岩性和孔隙结构的影响。此外，"非电阻率法"在火山岩储层流体性质识别中也应重视。在沉积岩和碳酸盐岩中常用的一些非电阻率识别流体性质的方法在火山岩储层中仍有一定的适用性。

火山岩流体性质的识别通常是在岩性识别的基础上进行的。不同流体性质的岩石物理特征不同，这些物理特征的变化在测井资料上或多或少地有所反映，造成了不同流体性质在测井资料上的差异显示，是测井识别流体性质的基础。在碎屑岩的生产实践中，形成了一系列适用的流体性质识别方法，其中一些方法在一定程度上仍适用于火山岩储层中。

中子–密度曲线重叠法是碎屑岩中常用的气层识别方法。补偿中子测井测量的是岩石的含氢指数，当储层中含有天然气时，由于天然气中氢的浓度太低，甚至低于岩石骨架的含氢指数，产生通常所说的"挖掘效应"，导致中子测井值明显降低。密度测井测量的是岩石的体积密度，由于气体的密度明显小于油和水的密度，当储层中含有天然气时，密度测井值明显降低。当在仪器探测范围内的储层中有天然气的存在时，密度测井值降低，则密度孔隙度增大。在某一特定刻度下，将密度和中子曲线重叠时，会形成"镜像"现象，可应用这种特征定性识别天然气。

图 5-25 是松辽盆地 S-X 井的常规测井气层识别图。图中显示段为砂岩地层，岩石成分单一，储层的孔隙度较高，690~699m 井段补偿中子和密度测井曲线成明显的"特征"，"挖掘效应"明显，为典型的气层。

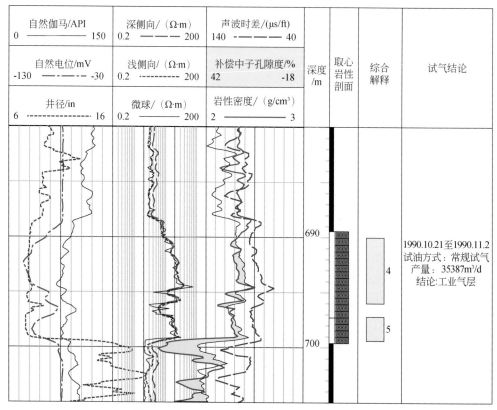

图 5-25　松辽盆地 S-X 井常规测井气层识别图

图 5-26 是松辽盆地 XS-X 井的常规测井综合图。图中显示段为酸性火山岩储层，经试气证实，3622～3642m 井段为气层，4060～4100m 井段为气水同层，4260～4270m 处为水层，4340～4350m 处为干层，但是这四段的中子–密度均有明显的"镜像"现象，表明由于火山岩岩性复杂等原因，导致中子–密度定性识别气层的方法在火山岩储层中的适用性变差。

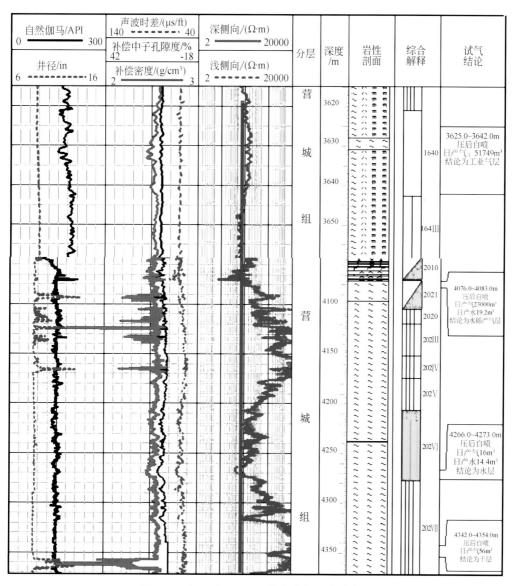

图 5-26　松辽盆地 XS-X 井的常规测井综合图

研究表明，对于常规的砂岩储层，中子–密度曲线重叠法可有效地识别气层，但对于岩性复杂的火山岩储层，酸性岩由于造岩矿物含氢量较低，导致无论气层还是干层，中子–密度曲线重叠均有交会；中基性火山岩储层，由于岩石易发生蚀变等因素，导致中子孔隙度值升高，无论气层还是干层，中子–密度曲线重叠均不交会。因此，直接应用中子–密度曲线重叠法识别火山岩储层中的气层效果较差。

一、三孔隙度组合法

补偿中子、岩性密度和补偿声波测井不仅是评价储层物性的有效工具，同时也是储层流体性质识别（尤其是气层识别）的重要手段。

中子测井反映的主要是物体的含氢指数，与油和水相比，天然气的含氢指数较低，同时天然气的密度和声波传播速度又远小于油和水，所以当储层含气时，与地层有效孔隙度相比，补偿中子孔隙度（ϕ_{Na}）减小，密度孔隙度（ϕ_{Da}）、声波孔隙度（ϕ_{Sa}）增大。应用上述岩石物理特征，对三孔隙度曲线进行适当的组合，可以有效地识别含气储层。常用的识别方法有差值法和比值法。

（一）差 值 法

差值法的计算公式为

$$G_c = \phi_{Sa} + \phi_{Da} - 2\phi_{Na} \qquad (5\text{-}32)$$

$$\phi_{Ba} = \frac{\phi_{Na} + \phi_{Da}}{4} + \sqrt{\frac{\phi_{Na}^2 + \phi_{Da}^2}{8}} \qquad (5\text{-}33)$$

式中，G_c 为差值法天然气指示参数，无量纲；ϕ_{Ba} 为测井孔隙度背景值，是指岩石孔隙空间完全含水时的视孔隙度，%。

采用岩心刻度测井的方法，统计非气层段岩心分析孔隙度与其对应的密度、声波时差、补偿中子值，进行统计回归，分别得到声波孔隙度、视密度孔隙度及视补偿中子孔隙度关系式。当储层含气时 ϕ_{Da}、ϕ_{Sa} 增大，ϕ_{Na} 减小，因此 $G_c > 0$，$\phi_{Ba} > \phi_{Na}$，否则 $G_c < 0$，$\phi_{Ba} < \phi_{Na}$。

（二）比 值 法

比值法的计算公式为

$$G_b = \phi_{Sa} \cdot \phi_{Da} / \phi_{Na}^2 \qquad (5\text{-}34)$$

式中，G_b 为比值法天然气指示参数，无量纲。

在应用该方法时，也需先根据岩心资料，得到声波孔隙度、视密度孔隙度及视补偿中子孔隙度关系式，当储层含气时，$G_b > 1$，否则小于 1。

图 5-27 是松辽盆地的徐深 A 井的 3650.0～3810.0m 井段的流体性质识别处理成果图，图中三孔隙度差值 G_c、三孔隙度比值 G_b、测井孔隙度背景值 ϕ_{Ba} 是本书所述指示气层的 3 个参数。从图中可见这 3 个参数均指示为气层，试气结论为工业气层与解释结论相符。

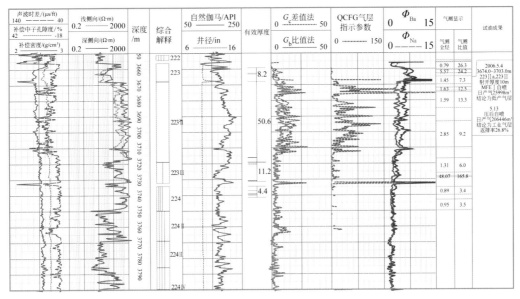

图 5-27　徐深 A 井流体性质识别处理成

二、双密度重叠识别法

双密度是地层骨架密度与地层视骨架密度的简称。地层骨架密度是指单位体积岩石的质量，单位是 g/cm³。孔隙性地层相当于致密地层中岩石骨架的一部分被密度小的水、原油或天然气所代替，地层视骨架密度就是根据这个特点推导定义的。

在气藏中，地层骨架密度不受天然气的影响，可用它作为指示天然气的背景值，而地层视骨架密度受天然气的影响，岩石孔隙中的天然气引起地层视骨架密度减小。当地层视骨架密度小于地层骨架密度时，指示储层含天然气，从而能够准确地评价气层。

（一）地层骨架密度

设火山岩中各种造岩矿物含量和黏土矿物含量之和等于地层骨架含量。于是地层骨架密度应该是各种造岩矿物密度与黏土矿物密度的算术加权平均值，即

$$\rho_{G} = \frac{\rho_{cm} V_{cm} + \rho_{ms} V_{ms}}{V_{cm} + V_{ms}} \tag{5-35}$$

$$\rho_{G} = \frac{\rho_{cm} V_{cm} + \rho_{ms} (V_{G} - V_{cm})}{V_{G}} \tag{5-36}$$

式中，ρ_{G} 为地层骨架密度，g/cm³；V_{G} 为地层骨架含量；ρ_{ms} 为地层造岩矿物密度，g/cm³；V_{ms} 为地层造岩矿物含量；ρ_{cm} 为地层黏土矿物密度，g/cm³；V_{cm} 为地层黏土矿物含量。

黏土矿物含量与地层骨架含量的比值近似地等于黏土水孔隙度与岩石总孔隙度之比，即

$$\frac{V_{cm}}{V_G} = \frac{\phi_B}{\phi_T} \tag{5-37}$$

式中，ϕ_B 为黏土水孔隙度；ϕ_T 为岩石总孔隙度。

按照定义，岩石黏土水孔隙度与总孔隙度之比等于黏土水饱和度 S_{wB}，因此，式（5-36）可以写成

$$\rho_G = \rho_{cm} S_{WB} + (1-S_{WB}) \rho_{ms} \tag{5-38}$$

式中，地层骨架密度值取决于火山岩各种造岩矿物的密度、黏土矿物密度及黏土水饱和度，而与岩石孔隙中的天然气无关。

（二）地层视骨架密度

因为测量的体积密度不仅取决于岩石矿物本身，还与岩石孔隙度及流体饱和度有关，因此，确定体积密度的响应公式为

$$\rho_b = \phi \times \rho_w - \phi \times S_g \times (\rho_w - \rho_g) + (1-\phi) \times \rho_{ma} \tag{5-39}$$

式中，ρ_b 为地层密度，g/cm^3；ϕ 为孔隙度；ρ_w 为地层水密度，g/cm^3；S_g 为地层含气饱和度；ρ_g 为天然气密度，g/cm^3；ρ_{ma} 为地层骨架密度，g/cm^3。

式（5-39）说明，岩石孔隙中的天然气引起地层体积密度减小，地层体积密度减小的程度除了取决于岩石总孔隙度及其含气饱和度外，还取决于天然气密度。

如果把天然气影响归并到地层骨架密度中去，即地层视骨架密度，则式（5-39）有

$$\rho_b = \phi \times \rho_w + (1-\phi) \times \rho_{ma1} \tag{5-40}$$

式中，ρ_{ma1} 为地层视骨架密度，g/cm^3。

解出地层视骨架密度为

$$\rho_{ma1} = \frac{\rho_b - \phi \times \rho_w}{1-\phi} \tag{5-41}$$

从式（5-41）可以看出，地层视骨架密度相当于纯水层中计算的地层骨架密度，水层时 ρ_{ma1} 等于 ρ_{ma}；当储层含气时，由于气体密度 ρ_g 小于地层水 ρ_w，且受含气影响 ρ_b 也减小，因此利用式（5-41）计算得到的地层视骨架密度 ρ_{ma1} 减小，利用这一特性可开展双密度法识别储层流体研究。

由于地层骨架密度是不受储层含气影响的，因此可将其作为直观指示气层的背景值。应用第五章第二节介绍的地层骨架密度曲线 ρ_{ma} 计算公式 [式（5-42）]，计算地层骨架密度。

$$\rho_{ma} = A \times U - B \times Th + C \tag{5-42}$$

地层视骨架密度 ρ_{ma1} 与地层骨架密度 ρ_{ma} 的主要区别是：前者受侵入带天然气影响，后者不受侵入带天然气的影响。岩石孔隙中的天然气会引起地层视骨架密度降低。当侵入带含气饱和度越大，地层骨架密度直观指示气层的分辨率越高。

将由（5-41）和式（5-42）计算出的两条地层骨架密度曲线进行重叠，如果地层视骨架密度 ρ_{ma1} 小于地层骨架密度 ρ_{ma}，直观指示的是含气层。

图 5-28 是松辽盆地应用双密度重叠识别流体的测井解释成果图，由图中看出，186 Ⅰ（玄武岩）、186 Ⅲ（玄武岩）、187（安山质火山角砾岩）号层双密度重叠幅度较大，显示含气性较好，186 Ⅲ、187 号层合试 MFE Ⅲ 自喷，日产气 56017m³，为工业气层。

双密度重叠流体识别方法指示天然气不仅可靠性较高，而且直观性好，是一种有效的气层评价方法。

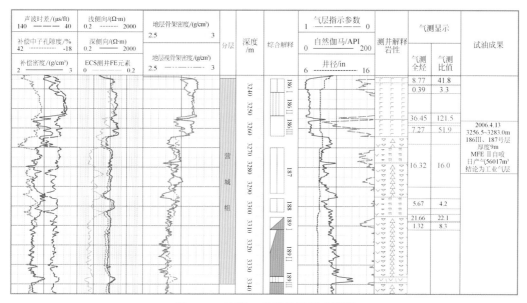

图 5-28　达深 X 井测井解释成果图

三、阵列偶极声波测井识别流体性质

（一）阵列声波测井原理

交叉式多极阵列声波测井仪（XMAC）是用阵列声波数据求取地下的地质信息，内容新颖，具有较高的实用价值。

普通声波测井使用单极声波发射器，可向井周围发射声波，使井壁周围产生轻微的膨胀作用，因此在地层中产生了纵波和横波，由此得出纵波和横波时差，但是在疏软地层中，由于地层横波首波与井中泥浆波一起传播，因此单极声波测井无法获取横波首波，为了解决这个问题，研制了偶极横波成像测井仪。阿特拉斯公司的偶极横波成像仪为多极阵列声波测井仪（MAC）。它是把新一代的偶极技术与最新发展的单极技术结合在一起，从而提供了当今测量地层纵波、横波和斯通利波的最好方法。但它不能记录地层各向异性信息。XMAC 兼容了 MAC 所有优点，且能记录地层各向异性信息（类似于斯伦贝谢的 DSI）。这是 XMAC 仪器的一大特色，它是用正交发射正交接收的方式记录地层各向异性信息的，因而命名为交叉式多极阵列声波（XMAC）。

XMAC 仪器有三种测量模式，即单极声波时差测量模式、单极全波和偶极线性全波测量模式和交叉偶极测量模式。下面分别作以介绍。

1. 单极时差测量模式

该模式是由 T2 发射，R1、R2、R3、R4 接收。采用"深度导出"式补偿方法计算 ΔT。下面举例说明"深度导出"式补偿方法计算 ΔT 的原理，在这个例子中我们来计算两个深度位置 7 和 8 之间的时差 ΔT（图 5-29）。

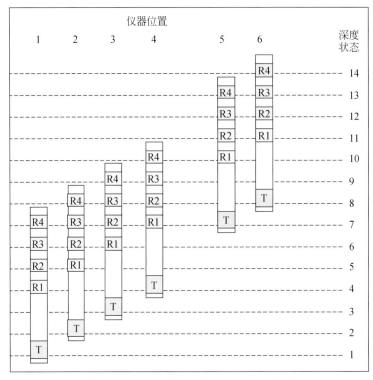

图 5-29　XMAC 单极时差测量模式示意图

在测量过程中，当仪器处于位置 2 时，接收器 R4 和 R3 计算的时差是深度点 7 和 8 之间的时差。

当仪器在位置 3 时，接收器 R3 和 R2 计算的也是深度点 7 和 8 之间的时差。

当仪器在位置 4 时，接收器 R2 和 R1 计算的仍是深度点 7 和 8 之间的时差。

在这些对接收器之间计算的时差是上行波通过同一深度间隔 7 和 8 间的时差，其平均值记作 dtr。那么怎样进行补偿呢？这就涉及发射器和接收器的互换原理，即从发射器到接收器的旅行时与把发射器和接收器互换位置后得到的旅行时相等。具体过程如下：在仪器位置 5 的 R2 和在仪器位置 6 的 R1 都在深度点 11 处，而发射器在深度点 7 和 8 处。这样得到的旅行时与发射器在接收器之上得到的旅行时相同。也就是说，相当于发射器 T 在深度点 11 处，R1、R2 分别在深度点 8 和 7 处。这样两个旅行时之差得到 ΔT 与下行波得到的时差相同。

同样在仪器位置 5 的 R3 和在位置 6 的 R2 旅行时之差得到的 ΔT，这个 ΔT 也相当于发射器在深度点 12 处而接收器在深度点 7 和 8 处得到的旅行时之差。

2. 单极全波测量模式

单极仪器和普通型的仪器基本相同，即发射器也是采用的陶瓷换能器，可向井周围发射声波，使周围井壁产生轻微的膨胀作用，因此在地层中产生了纵波和横波，由此得出纵波和横波时差。其工作方式如下：

T1 发射（单极），R5、R6、R7、R8 接收。

T2 发射（单极），R1、R2、R3、R4 接收。

3. 偶极线性全波测量模式

在疏软地层中，由于地层横波首波与井中泥浆波一起传播，因此单极声波测井无法获取横波首波，为了解决这个问题，研制了偶极横波成像测井。它采用了偶极声波源，偶极声波源很像一个活塞，它能使井壁的一侧压力增加，而另一侧压力减小，故使井壁产生扰动，形成轻微的挠曲，在地层中直接激发纵波与横波，这种挠曲波的振动方向与井轴垂直，但传播方向与井轴平行（图 5-30）。通常这种声波发射器的工作频率一般低于 4kHz。另外这种发射器有低频发射功能，其工作频率可低于 1kHz，在大井眼和速度很慢的地层中可得出很好的测量结果，同时也增大了探测深度。

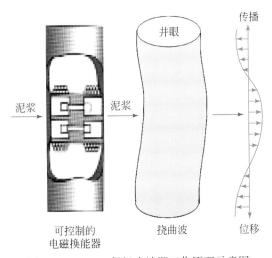

图 5-30 XMAC 偶极声波源工作原理示意图

除沿地层传播的纵波与横波外，沿井眼向上还存在有剪切挠曲波的传播，这种由井眼挠曲运动形成的剪切挠曲波具有频散特性。不同频率其波的传播速度不同，在高频时其传播速度低于横波的速度，低频时其传播速度与横波相同，图 5-31 是慢速地层中偶极声波源的纵波、横波和挠曲波的传播示意图。图的下部是记录的慢速地层中偶极声波的波列图，由此可见，用偶极声波测井可以由剪切挠曲波提取软地层的横波时差。

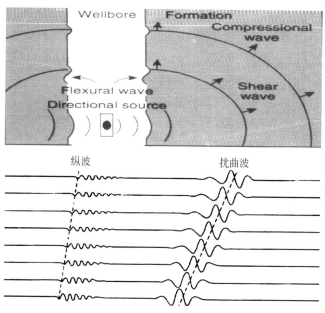

图 5-31　纵波、横波和挠曲波的传播示意图

T3 发射（偶极），R31、R32、R33、R34 接收。

T3 发射（偶极），R35、R36、R37、R38 接收。

（注：两次 T3 发射间隔 50μs）

4. 交叉偶极测量模式

这种测量模式才是 XMAC 的精华所在。信号产生的机理与第二种工作模式相同，只是发射接收的方式不同。如图 5-32 所示，两个偶极发射器是正交的，其中上偶极 T4 定义为 Y 发射器，下偶极 T3 定义为 X 发射器。与此相对应两组正交的接收器分别定义为 Y 接收器和 X 接收器。X 发射器到 X 接收器、Y 发射器到 Y 接收器所产生的信号为线性的，X 发射器到 Y 接收器、Y 发射器到 X 接收器所产生的信号为交叉信号。这种测量方式有六种工作循环，每个工作循环间隔为 50μs。

T4（y 轴发射），Ry1、Rx1、Ry2、Rx2 接收。

T3（x 轴发射），Rx3、Ry3、Rx4、Ry4 接收。

T4（y 轴发射），Rx3、Ry3、Rx4、Ry4 接收。

T3（x 轴发射），Ry5、Rx5、Ry6、Rx6 接收。

T4（y 轴发射），Ry5、Rx5、Ry6、Rx6 接收。

T3（x 轴发射），Rx7、Ry7、Rx8、Ry8 接收。

这样得到

Tx inline，Rx3、Rx4、Rx5、Rx6、Rx7、Rx8。

12 个线性偶极波形

Ty inline，Ry1、Ry2、Ry3、Ry4、Ry5、Ry6。

Txcrossline，Ry3、Ry4、Ry5、Ry6、Ry7、Ry8。

12 个交叉偶极波形

Ty crossline，Rx1，Rx2，Rx3，Rx4，Rx5，Rx6。

由以上几种工作模式可以看出 XMAC 接收器具有如下性能：

（1）间距为 6in 的 8 个声波接收器组成的阵列在所有地层中都能产生线性时差。

（2）在同一深度处线性和交叉接收是交叉偶极采集的最佳组合。

（3）在同一位置可以记录单极和偶极波形。

（4）在慢速非固结地层中可以有效地记录横波慢度。

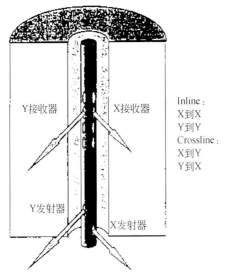

图 5-32　XMAC 交叉偶极工作模式图

5. 阵列声波测井提供的基本信息

（1）通过测量单极时差模式可得到地层的纵波时差。

（2）通过测量单极全波模式可得到 8 个单极全波信号，从中可以提取出纵波时差、横波时差（在硬地层处）、斯通利波时差。利用各种时差的到时，可计算出纵波、横波、斯通利波在 8 个接收器上的声波幅度。利用波分离，可将全波信号分离为上行斯通利波、下行斯通利波、直达斯通利波，计算出地层的反射系数。

（3）通过测量偶极线性全波模式，可利用剪切挠曲波模拟地层横波，从而得到地层的横波时差。

（4）通过测量交叉偶极模式，可得到 12 个线性偶极波形，12 个交叉偶极波形，从而可得到快、慢横波时差，快、慢横波波形及地层的各向异性情况。

（二）横纵波时差比值法识别气层

纵波是压缩波，可在气体、液体及固体中传播，不同流体的纵波传播速度相差较大，孔隙内流体的类型对纵波的传播速度有较大影响，一般油气的纵波速度小于地层水的速度，而气体的纵波速度更小，因此当储层含有天然气时，纵波的能量将出现较大的衰减，纵波速度明显降低，纵波时差显著增大。横波是剪切波，只能在固体中传播，不能在流体中传播，地层中横波的传播路径主要为骨架，所以横波对地层孔隙中流体类型不敏感，即无论地层孔隙中含有何种流体，其速度基本不变，横波时差也基本不变。如果孔隙内的介质为气体时，纵波的能量将出现较大的衰减，纵波时差有明显的增大，即所谓的"周波跳跃"现象。

Picket 等人的研究和实验结果表明，灰岩的纵横波速度比值 V_p/V_s 为 1.90，白云岩为 1.80，砂岩一般在 1.72 左右，而含气砂岩的 V_p/V_s 在 1.60 左右。对于含水砂岩，其 V_p/V_s 随孔隙度的增加而增加。黄凯、杨晓梅、赖仲康等人总结了准噶尔盆地 4 个地区 25 口井 600 块砂砾岩样品的高温、高压实验资料得到了如下结论，饱和水样品的 V_p/V_s 在 1.70~1.97 变化，泊松比在 0.25~0.32 变化；饱和油样品的 V_p/V_s 在 1.60~1.78 变化，泊松比在 0.21~0.27 之间变化。饱和水样品的 V_p/V_s 大于饱和油样品 0.1~019，泊松比大于饱和油样品 0.03~0.06。也就是说，对于气层，纵波时差明显增大，横波时差与水层相差不大，V_p/V_s 明显减小，泊松比也有一定程度的降低。因此可应用上述岩石物理特征识别含气储层。

横纵波时差比：$BZ = DTs/DTc$ （5-43）

当储层含气时：$BZ < BZj$

其中，DTs 为地层横波时差，$\mu s/ft$；DTc 为地层纵波时差，$\mu s/ft$；BZj 为储层完全含水时的横纵波时差比。

应用松辽盆地 8 口井的资料，以测井计算孔隙度为横坐标，纵横波时差比为纵坐标编制了中基性火山岩储层气水层识别图版（图 5-33）。从图上可以看出，含气区与非含气区分界比较明显，为了能在测井解释成果图上直观地显示储层是否含气，根据图中含气区与非含气区的分界线构建一个横纵波时差比背景值（相同孔隙条件下水层的横纵波时差比）方程，即

$$BZj = 1.8268 - 0.0045 \times \phi \qquad (5-44)$$

式中，ϕ 为地层孔隙度，%。

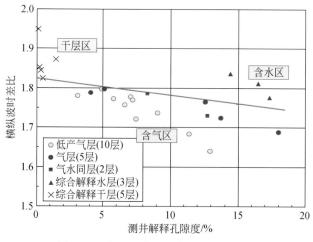

图 5-33 中基性火山岩气水层识别图版

当横纵波时差比值小于背景值时，储层含气；反之为非气层。如图5-34是松辽盆地达深 Z 井流体识别处理成果图，图中横纵波时差比背景值、横纵波时差比即是上文所述指示气层的两个参数。从图中可以看出该井上气下水现象较为明显，横纵波时差比与横纵波时差比背景值的差异也较直观准确地反映了该井含气情况。

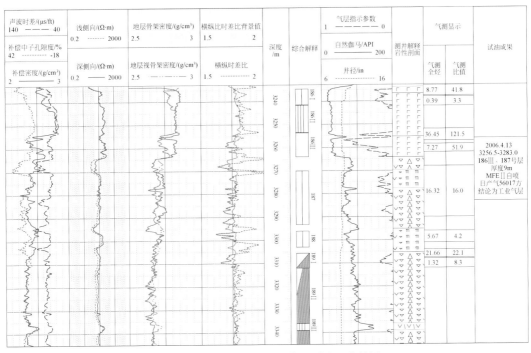

图 5-34 达深 Z 井测井流体识别处理成果图

四、核磁共振–密度孔隙度组合法

核磁共振测井是评价储层的有效手段。核磁共振 T_2 谱不仅能反映地层孔隙结构信息，而且还与孔隙中所含流体相关，不同流体的核磁共振信号在 T_2 谱上分布的位置不同，应用这一特性可以进行流体性质识别。

核磁共振测井具有一个明确的探测区域，可以通过改变仪器的工作频率来调节，从而避免诸如泥饼、井眼粗糙等不利因素的影响。更主要的是核磁共振测井仪采集的原始数据只包含地层中氢核的信息，又由于骨架与流体中的氢核的核磁共振特性存在明显的差别，或者说由于骨架中的氢核的弛豫太快，处于仪器探测的"盲区"内，仪器探测不到，因此核磁共振测井记录的信号只来自地层孔隙流体，使其测量结果不受岩石骨架成分的影响，摆脱了资料评价过程中地层矿物模型的困扰。这是以往任何测井方法都无法比拟的，具有独特的优势。

当储层中含气时，气体的含氢指数较低，且测量时间较短，导致气体未完全极化（为了使储层气体充分极化，要求 CPMG 脉冲序列的等待时间为 10s 左右），使核磁测井低估了火山岩地层总孔隙度。

体积密度测井和核磁共振测井都会受到其探测范围内的孔隙流体的影响，当体积密度和核磁测量范围内地层孔隙含气时，体积密度测量值偏低，计算的密度孔隙度偏大；而核磁共振孔隙度受气的影响，其孔隙度降低。另外，体积密度测和核磁共振测井的测量范围接近，因此可以利用体积密度测井孔隙度和核磁共振测井孔隙度进行气、水层的识别。这是利用核磁共振测井和密度测井识别火山岩气层的物理基础。

由此可见，在火山岩气层中，核磁共振测井解释的孔隙度值低于密度孔隙度值，两者之间的差异正比于含气饱和度，在气层中，其效应类似于中子–密度"挖掘"效应。将计算的密度孔隙度与核磁共振孔隙度两条曲线重叠，其间较大的幅度差为气层的标志。

如图 5-35 所示是徐松辽盆地徐深 C 井的流体性质识别处理成果图，该井段有两个气层，上部气层井段为 3635.2～3703.0m，电阻率较高，约为 380Ω·m，气测比值为 28～42，是该气田的较典型的高气测、高电阻率气层，下部气层井段为 3703.0～3763.0m，电阻率明显降低，平均约为 32Ω·m，在密度与深侧向视电阻率的交会图版上落于水层区，在电阻率与气测比值图版上，该层也远离气层区。但核磁计算孔隙度与密度孔隙度在低电阻率段有明显幅度差，且录井气测比值较大，综合分析判别该层为气层。实际试气结果表明，3723.0～3735.0m 井段自然产能日产气 226 234m³，与测井识别结果一致。

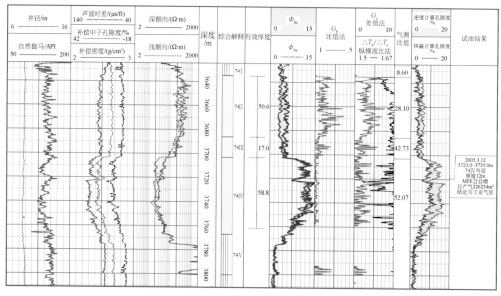

图 5-35　徐深 C 井气水层识别处理成果图

五、综合指数法

火山岩岩性、孔隙结构及气水关系都极为复杂，导致气水层识别难度较大。为了有效解决火山岩气水层识别难题，采用多种测井信息相互补偿，达到准确识别流体性质的目的。为此，将几种方法进行综合，制定了一个综合参数，即首先得到每种识别方法的交会值，再分别对所得到的数据进行归一化，然后根据每种方法的适用性，分配各自的权重，最终计算得到一个综合值——含气指数 ZHFG，即

$$ZHFG = A_1 \times V_{HZB} + A_2 \times V_{KXD} + A_3 \times V_{HC} + A_4 \times V_{SMD} \tag{5-45}$$

式中，V_{HZB} 为横纵波时差比值识别法归一化后交会值；V_{KXD} 为三孔隙度法归一化后交会值；V_{HC} 为核磁共振法归一化后交会值；V_{SMD} 为双密度法归一化后交会值；A_1、A_2、A_3、A_4 为系数。

含气指数值越大，表示储层含气性越好。

电阻率–孔隙度交会图版是碎屑岩储层中常用的一种识别油气层的手段，是对计算含水饱和度基本公式的简单图解，这种交会图版可较明显地指示气水层的分区规律，广泛地应用于碎屑岩储层的流体识别。对于火山岩储层，由于岩性、孔隙类型及孔隙结构的变化对电阻率影响较大，电阻率–孔隙度交会图的适用性变差。因此在火山岩储层要有效地应用该方法，在分岩性的同时，还需选取比孔隙度对流体性质更加敏感的参数。

以松辽盆地为例，松辽盆地火山岩从酸性到基性均有发育，在分酸性、中性及基性火山岩的同时，采用电阻率–综合指数建立了交会图版识别储层的流体性质。图 5-36 所示是松辽盆徐家围子地区白垩系营城组的酸性火山岩储层的流体识别交会图版，横坐标综合应用密度测井、中子测井、核磁测井及横纵波时差测井的气层响应特征，纵坐标是电阻率。图 5-36 中气层、气水同层和水层分区明确，应用这些交会图版可以较好地识别储层流体性质。

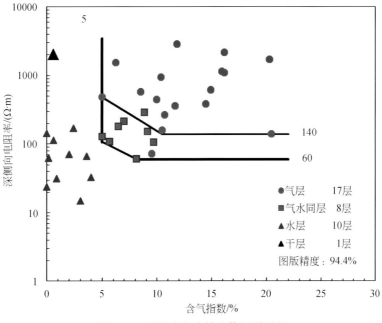

图 5-36　酸性火山岩储流体识别图版

第五节　核磁共振测井在储层参数计算中的应用

核磁共振测井（Nuclear Magnetic Resonance Logging – NMR Logging）是一种裸眼井测井方法。利用氢原子核与磁场相互作用发生的共振现象来实现井下油气储层信息的观测。它是于 20 世纪 50 年代诞生、90 年代得到迅猛发展的一种新的测井方法。核磁共振测井和放射性物质无关，一般核磁共振测井也叫做磁共振成像测井。

核磁共振测井能够提供的信息包括：①与岩性无关的孔隙度；②毛管束缚水、泥质束缚水、可动流体；③渗透率；④可动流体中的油、气含量；⑤地层条件下流体的核磁共振特性等。这些信息的获取和应用，显著地改善了对地层油气评价的准确性、对储量计算的合理性、对产能预测的可靠性。

一、核磁共振测井基本原理与测量方式

（一）基 本 原 理

众所周知，核磁共振（NMR）是在具有磁矩和自旋角动量原子核的系统中所发生的一种现象。所有含奇数个核子以及含偶数个核子但原子序数为奇数的原子核，都具有自旋角动量，这样的核自身不停地旋转。原子核带有电荷，自旋将产生磁场，像一根磁棒，该磁场的强度和方向可以用核磁矩矢量来表示，即

$$\mu = \gamma p \qquad (5-46)$$

式中，μ 为磁矩；p 为自旋角动量；γ 为旋磁比。

当没有外加磁场时，单个核磁矩随机取向，因此，包含大量磁性核的系统在宏观上没有磁性。当核磁矩处于外加静磁场中时，它将受到一个力矩的作用，从而会像倾倒的陀螺绕重力场进动一样，绕外加磁场的方向进动。进动频率 ω_0 称为 Lamor 频率，是磁场强度 B_0 与核旋磁比 γ 的乘积，即

$$\omega_0 = \gamma B_0 \qquad (5-47)$$

不同的核具有不同的 γ 值，因此，在相同的外加磁场中，不同原子核的进动频率是不同的。

对于被磁化的自旋系统，再施加一个与静磁场垂直、以进动频率 ω_0 振荡的交变磁场 B_1。若此交变场的能量等于质子两个能级的能量差，则会发生共振吸收现象，处于低能态的核磁矩吸收交变电磁场提供的能量，跃迁到高能级，磁化强度相对于外磁场发生偏转，这种现象称为核磁共振。

交变电磁场可连续施加，也可以以短脉冲的形式施加，现代核磁共振测井仪器多采用脉冲方式，这种脉冲电磁波称为射频脉冲。

加上 B_1 后，与 B_0 平行的磁化矢量 M 将被"扳倒"，磁化矢量被扳倒的角度 θ 与加给自旋的能量成正比，取决于射频场的强度和施加时间的长短。900 脉冲是指把磁化矢

量旋转 900 的脉冲，从纵轴（B_0）方向旋转到水平面，并与 B_0 及 B_1 都垂直。1800 脉冲则引起磁化矢量的反转，见图 5-37。

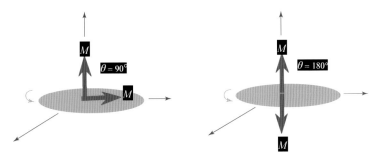

图 5-37　磁化矢量被射频场扳倒示意图

在射频脉冲施加前，自旋系统处于平衡状态，磁化矢量与静磁场方向相同；射频脉冲作用期间，磁化矢量偏离静磁场方向；射频脉冲作用完后，磁化矢量又将通过自由进动朝 B_0 方向恢复，使核自旋从非平衡态分布恢复到平衡态分布，恢复到平衡态的过程叫弛豫。非平衡态磁化矢量的水平分量 $M_{x,y}$ 衰减至零的过程称为横向弛豫过程。弛豫速率用 $1/T_2$ 表示，T_2 称为横向弛豫时间常数，简称横向弛豫时间。磁化矢量的纵向分量 M_2 恢复到初始磁化强度 M_0 的过程，称为纵向弛豫过程，弛豫速率用 $1/T_1$ 表示，T_1 称为纵向弛豫时间常数，简称纵向弛豫时间。弛豫过程如图 5-38 所示。

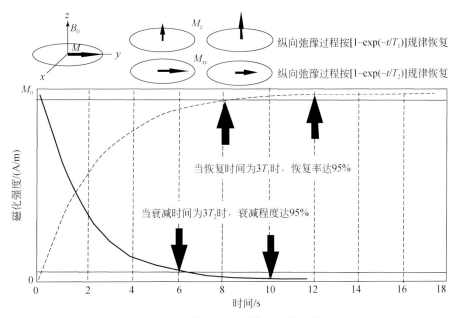

图 5-38　纵向弛豫和横向弛豫过程

在岩石孔隙空间中，影响弛豫过程的机制有三种：表面弛豫、体弛豫和扩散弛豫。表面弛豫是岩石孔隙中流体分子与颗粒表面不断碰撞而造成能量衰减的过程，如图 5-39 所示。体弛豫是指当流体在不受限空间（如在较大的孔隙空间）中流体内部发生的自由衰减过程，它反映了流体本身的核磁共振性质。扩散弛豫是在梯度磁场中由于分子运动产生相移而导致 T_2 弛豫速率大大提高的过程。T_1 弛豫不受扩散弛豫的影响。

在地层中，这三种弛豫机制同时存在，其影响具有可加性。然而在不同条件下，这三种机制所起的作用不同。当外场不很强，回波间隔足够短时，T_2 的扩散弛豫影响可忽略不计。在单相流体地层中，表面弛豫占主要地位，而在水润湿的油气层中，体弛豫与表面弛豫一样起到重要作用，如图 5-40 所示。表面弛豫受地层孔隙大小的影响，如小孔隙使弛豫时间缩短，大孔隙产生较长的弛豫时间。因此，当表面弛豫机制为主时，据弛豫时间的分布能够确定孔隙大小的分布，并由此确定其他一些相关的岩石物理参数，如渗透率、自由流体孔隙度、束缚水孔隙度等。体弛豫受到孔隙流体性质（如流体类型、黏度等）的影响，因而在油气层中弛豫时间的分布可以反映出孔隙流体的性质与含量。因此，由核磁共振测井可以区分油气水，估算油气饱和度，定量评价油气层。

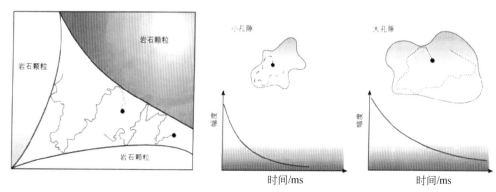

图 5-39　表面弛豫衰减过程图

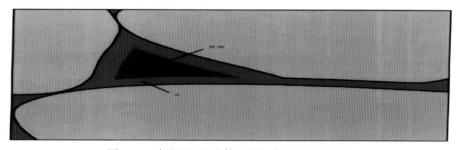

图 5-40　水润湿地层中体弛豫与表面弛豫示意图

核磁共振测井对处于束缚状态的氢核不敏感，它主要反映岩石孔隙中含氢流体的情况。T_2 受流体黏度、矿化度、温度的影响，另外还与测量的磁场条件有关。由于孔隙介质对流体的影响，核磁共振测井响应还与骨架的孔隙结构有关。核磁共振测井可用于确定地层孔隙度。将核磁测井与其他孔隙度测井相结合，可求出黏土束缚水孔隙度及毛管束缚水孔隙度。核磁共振测井能直接给出流体的含量和孔隙分布情况，因此可以更准确地估算渗透率。此外，利用测量的 T_2 还可估计原油的黏度，而利用扩散系数 D 可指示含气层段。核磁共振测井还可检测储层裂缝，预测油气层产能等。

（二）核磁共振仪的测量方式

1. 标准 T_2 测井

标准 T_2 测井利用适当的恢复时间 T_R（一般要求 $T_R > (3 \sim 5) T_1$）和标准回波间隔 T_E，测量自旋回波串。通过对回波串的多指数拟合常规处理，得到 T_2 分布和孔隙度成分；结合岩心分析确定的束缚水 T_2 截止值，可以计算束缚水孔隙体积和自由流体孔隙体积；再根据核磁共振渗透率模型，进一步估算地层渗透率；通过与常规电阻率及孔隙度测井资料的综合解释，确定自由流体中烃的孔隙体积。

2. 双 T_E 测井

双 T_E 测井设置足够长的等待时间，使 $T_R > 3 \sim 5 T_{1h}$（T_{1h} 为轻烃的纵向弛豫时间），每次测量时使纵向弛豫达到完全恢复，利用两个不同的回波间隔 T_{EL} 和 T_{ES}，测量两个回波串。根据水与气或水与中等黏度的油扩散系数不一样，使得各自在 T_2 分布上的位置发生变化，由此，对油、气、水进行识别。

3. 双 T_W 测井

由于水与烃的纵向弛豫时间 T_1 相差很大，水的纵向恢复远比烃快。如果选择不同的等待时间，观测到的回波串中将包含不一样的信号分布。用特定的回波间隔采集回波数据，等待一个比较长的时间 T_{WL}，使水与烃的纵向磁化矢量全部恢复；再采集第二个回波串，等待一个比较短的时间 T_{WS}，使水的纵向磁化矢量完全恢复，而烃的信号只部分恢复。T_{RL} 回波串得到的 T_2 分布中，油、气、水各相都包含在其中，而且完全恢复；T_{RS} 回波串得到的 T_2 分布中，水的信号完全恢复，油、气信号只有很少一部分；两者相减，水的信号被消除，剩下油与气的信号。由此对油气进行识别和解释。

双 T_W 测井利用的回波间隔和长、短两个不同的等待时间 T_{WL} 和 T_{WS} 的关系为：$T_{RL} > (3 \sim 5) T_{1h}$，其中，$T_{RL} = T_{WL} + Ne \times T_E$，$T_{1h}$ 为轻烃的纵向弛豫时间，及 $T_{RS} > (3 \sim 5) T_{1W}$，其中，$T_{RS} = T_{WS} + Ne \times T_E$，$T_{1W}$ 为水的纵向弛豫时间。

双 T_W 测井也可以利用液体与气体之间扩散系数 D 的差异来区分烃的类型。

二、核磁共振测井解释模型

核磁测井与其他测井方法在孔隙度解释中的不同之处就是核磁测井能解释束缚水和可动流体孔隙度，其解释模型如图 5-41 所示。

核磁共振测井的原始数据是幅度随时间衰减的回波信号，如图 5-42 所示。它是求取各种参数以及进行各种应用的基础，早期的数据处理确定核磁共振孔隙度 ϕ_e、自由流体孔隙度 ϕ_f 和束缚流体孔隙度 ϕ_b 的方法是：①对回波串的包络线做两指数、三指数或者单指数扩展拟合后外推至零时间得到地层核磁共振自旋回波总信号 A_{0NMR}，经刻度

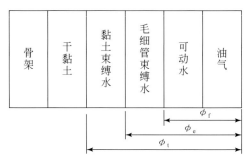

图 5-41　核磁共振测井孔隙度解释模型

后成为核磁共振孔隙度 ϕ_e。对于 MRIL-C 型和 CMR 型仪器，由于仪器性能所限不能反映黏土束缚水的信号（弛豫速率太快），所以测到的 ϕ_e 为毛细管束缚水和自由流体所占的孔隙度。新型核磁共振测井仪器如 CMR-PLUS 和 MRIL-Prime 型仪器的最小回波间隔分别达到 0.2ms 和 0.6ms，实现了对黏土水信号的观测，因此可获得地层的总孔隙度 ϕ_t 和黏土束缚水孔隙度。②对大于一定门槛时间（通常 6～30ms 范围）的所有回波包络线做单指数拟合后外推至零时间得到自由流体指数——可动流体孔隙度 ϕ_f。

　　早期的这种数据处理方法简单，适用于孔径单一或孔径分布集中于 2～3 个孔径点的地层，对于孔径分布范围较宽的地层存在着由拟合方法不合适带来的孔隙度误差。

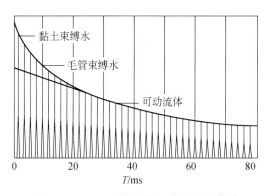

图 5-42　MRIL-C 测得的一个理想回波列

　　现在所用的数据处理方法是从原始回波串中提取 T_2 分布谱。其方法如下。

　　对于岩石这样复杂的多孔系统，由于组成的孔隙大小的不同，存在着多个弛豫组分 T_{2i}，每个回波都是多种弛豫组分的总体效应，即

$$A(t) = \sum_{i=1}^{n} P_i \cdot e^{-t/T_{2i}} \tag{5-48}$$

式中，T_{2i} 是在 T_2 最小值 $T_{2\min}$ 和 T_2 最大值 $T_{2\max}$ 之间按对数均匀分布的第 i 个 T_2 值，n 是布点个数；P_i 是横向弛豫时间 T_{2i} 的弛豫组分所占的比例。

　　如果是连续分布，上式可表示为

$$A(t) = \int_{T_{2\min}}^{T_{2\max}} S(T_2) e^{-t/T_2} dT_2 \tag{5-49}$$

式中，$S(T_2)$ 为未知的 T_2 分布函数，通过反演得到。

按式（5-49）进行的拟合称为回波串的多指数拟合，由多指数拟合可得到 T_2 谱，因此这一过程也叫解 T_2 谱或 T_2 谱反演。上述处理过程如图 5-43 所示。

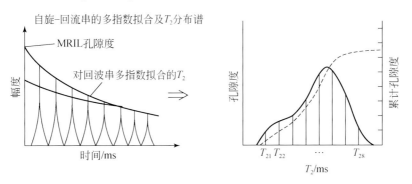

图 5-43 自旋–回波串的多指数拟合及 T_2 分布谱

按照需要，T_2 谱可以用波形、变密度和区间孔隙度分布三种方式显示。在图 5-44 中，第 5 道为波形方式显示，T_2 的范围从 $0.3 \sim 3000\text{ms}$，这种方式可以直接看出各个深度点 T_2 分布幅度的相对变化。第 4 道为变密度方式，T_2 分布上各个点的幅度用不同的颜色表示，有利于追踪 T_2 分布峰值随深度的变化趋势。第 1 道为区间孔隙度累加的方式，从右到左，T_2 值从小到大，按 0.5、1.0、2.0、4.0、8.0、16.0、32.0、64.0、128.0、256.0、512.0、1024.0、2048.0ms 等排序，把各区间的孔隙度用不同符号或颜色逐项累加显示，可以直观地看出各个区间的孔隙度随深度的变化。如果把不同采集参数，如不同的等待时间或回波间隔得到的 T_2 分布用区间孔隙度累加方式显示在同一图上进行对比，还可以方便地观察各个区间的孔隙度大小随采集参数的变化，从而帮助识别油气。

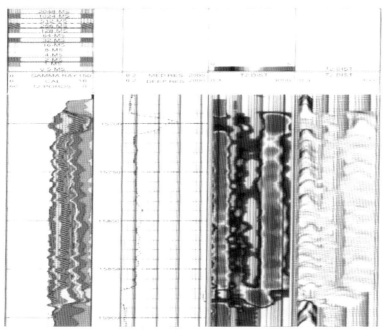

图 5-44 T_2 分布谱的三种不同显示方式

利用 T_2 分布谱可以定性地认识储层的好坏。大的峰面积向右移表示岩石分选性好，连通孔隙发育，可动流体多，储层好。

孔隙度可以由 T_2 分布谱来评价。对于饱和水的岩石，短 T_2 部分对应着岩石的小孔隙或微孔隙，而长 T_2 部分是岩石较大孔隙的反映，这是因为小孔隙或微孔隙中的自由流动的液体甚少，绝大部分是束缚水或滞水，孔隙壁对流体强烈的相互作用，使其中流体的 T_2 大为降低，而大孔隙中流体却保持了与自由状态流体相近的性质，对应着长的 T_2 值。当空气取代孔隙中的水时，T_2 分布曲线的变化情况与毛细管压力曲线的改变方式极其相似，随着大孔隙中的水被排出，T_2 分布中的长 T_2 组分首先消失。

基于此，全部 T_2 分布的积分面积可以视为核磁共振孔隙度 ϕ_{NMR} ，即

$$\phi_{NMR} = \int_{T_{2min}}^{T_{2max}} S(T_2)\,dT_2 \tag{5-50}$$

通过选择一个合适的截止值 $T_{2cutoff}$ ，可以区分反映小孔隙或微孔隙水的快弛豫组分与反映可动孔隙中油水的慢弛豫组分，使得大于 $T_{2cutoff}$ 的组分下面包围的面积与可产出的油水相当。对于砂岩，这一截止值大约为 33ms。当岩性变化时或表面弛豫改变时，这一截止值要相应地改变。因此自由流体指数可以表示为

$$FEI = \frac{\phi_N}{1 + S_{hr}(\phi_{Nhr} - 1)} \tag{5-51}$$

束缚水孔隙度 ϕ_b 可以通过上面求得的 ϕ_{NMR} 和 FEI 相减来求得，或者直接对 T_2 分布中小于 $T_{2cutoff}$ 的组分进行积分得到

$$\phi_b = \int_{T_{2min}}^{T_{2cutoff}} S(T_2)\,dT_2 \tag{5-52}$$

如果能找到黏土束缚水和毛管束缚水的 T_2 截止值，就能确定黏土束缚水和毛管束缚水孔隙度。因此，核磁共振测井可以求出可动流体孔隙度 ϕ_f、黏土束缚水孔隙度和毛管束缚水孔隙度。

三、核磁共振测井渗透率解释方法

渗透率主要受岩石孔喉半径控制，而核磁共振测井测得的横向弛豫时间（T_2）分布反应的是岩石的孔隙直径，岩石的孔喉半径与孔隙直径之间有密切的关系，因此可以用核磁共振测井测得的 T_2 分布来估算渗透率。

（一）核磁共振测井渗透率解释模型

利用常规测井方法确定地层渗透率误差较大，而用核磁共振测井求地层渗透率与它相比误差小一个数量级，提高了用测井资料解释渗透率的精度。目前由核磁共振参数或由核磁共振参数与其他参数结合，建立的求取渗透率的关系式多达几十种。下面给出两个典型的关系式。

1. SDR 渗透率模型

$$K = C \cdot (\phi_{\text{NMR}})^{a_1} (T_{2g})^{a_2} \qquad (5\text{-}53)$$

其中，T_{2g} 为 T_2 分布的几何平均值。对于砂岩地层，通常取 $a_1 = 4$，$a_2 = 2$。

2. Coates 渗透率模型

$$K = C \cdot (\phi_{\text{NMR}})^{b_1} \left[\frac{\text{FEI}}{\text{BVI}} \right] \qquad (5\text{-}54)$$

其中，BVI 为束缚水孔隙度（ϕ_b）。对于砂岩地层，通常取 $b_1 = 4$，$b_2 = 2$。

上述两式中的系数 C 受岩石表面弛豫能力等因素的影响，因此，不同地区或不同层段，系数 C 不同，需做岩心实验分析以确定 C。式（5-53）和式（5-54）的区别在于式（5-53）对烃影响敏感，而式（5-54）受烃影响小。

（二）T_2 截止值的确定

T_2 分布在油层物理上的含义为岩石中不同大小的孔隙占总孔隙的比例，从 T_2 分布中可以得到孔隙分布和渗透率的信息。在 T_2 谱上，与岩石中润湿相流体的毛细管性质有关的时间经验值，通常表示可动流体与束缚流体之间的分界时间点即为 T_2 截止值。由核磁共振测井解释原理可知，给定 T_2 截止值，可以准确计算束缚水和可动流体孔隙度，进而准确地计算渗透率等储层参数。通常 T_2 截止值是通过岩石样品的实验分析确定。

火山岩的岩性复杂，不同类型的岩性具有不同的孔隙结构，也具有不同的 T_2 截止值。选取 118 个火山岩岩石样品做核磁共振实验，根据实验分析结果，确定了不同岩性的 T_2 截止值。

实验采用 Magnet2000 型全直径岩心核磁共振分析仪，等待时间取 8000ms，回波时间取 0.9ms，回波个数取 2048 个，合理的时间设定能够有利于实验的准确性。实验采用饱和水多次离心法获得 T_2 截止值，首先在岩样进行水饱和后进行核磁共振实验从而获得该岩样饱和水情况下的 T_2 图谱，然后将岩样在离心机上进行不同转速下的离心甩干，不同的转速对应不同的排驱压力，每次离心后剩下的水相当于在该离心力等同的排驱压力驱替后剩下的水，可看成束缚水，每次离心后进行核磁共振实验获得在离心后样品中留下的水的 T_2 图谱，即得出火山岩同一岩样在不同离心力下的 T_2 截止值。经过大量的火山岩岩样核磁共振实验后，结果为：随着离心力的增大，含水饱和度不断降低并趋近某一固定值（图 5-45），岩样的 T_2 谱积分计算流体体积与之同步并变化幅度逐渐减小。离心机转速为 400psi 时相当于 2.76MPa 的排驱压力，对应的喉道半径为 0.05μm，即喉道半径小于 0.05μm 的孔隙中的水无法在此情况下被驱替。此规律从各岩样结果看是基本一致的（表 5-2）。

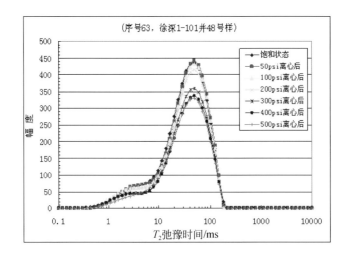

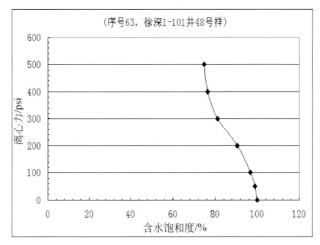

图 5-45　某号样品离心处理后 T_2 弛豫时间谱和含水饱和度变化图

表5-2　离心后3块火山岩岩样的含水饱和度变化

离心力/psi	喉道半径/μm	2号样	6号样	10号样
0	/	100	100	100
50	0.422	94.37	70.65	82.78
100	0.211	86.92	59.14	74.34
200	0.105	71.99	48.47	61.82
300	0.07	61.64	43.17	54.91
400	0.053	55.66	40.06	51.83
500	0.042	54.5	38.67	51.1

经过大量不同岩性的岩心核磁共振实验对各岩性的 T_2 截止值进行标定，获得了各岩性的 T_2 截止值平均值，见表5-3。

表5-3　火山岩各岩性的 T_2 截止值平均值

岩性	块数	分布范围/ms	T_2 截止值/ms
流纹岩	58	24.2 ~ 179.0	70
角砾岩	14	11.57 ~ 86.4	31
凝灰岩	25	3.22 ~ 86.4	43
熔岩	7	24.04 ~ 103.7	56
粗面岩	8	24.04 ~ 49.94	38
安山岩	2	24.04 ~ 28.86	26
玄武岩	4	1.86 ~ 3.22	2.6

（三）渗透率解释模型的建立

渗透率反映了储层岩石允许流体通过的能力，具有连通的孔隙是岩石渗透性的必要条件。渗透率与岩石的孔隙度以及孔隙的表面积与体积的比值有关，而岩石的核磁共振横向弛豫时间 T_2 与孔隙的表面积与体积的比值相关，因此可以建立利用核磁共振估算岩石渗透率的方法。确定核磁渗透率的方法是以 T_2 分布为基础，通过 T_2 截止值的选取计算可动流体以及束缚流体的体积，然后利用渗透率模型计算储层渗透率。

绝对渗透率是指当只有单一流体（气体或液体）在岩石孔隙中流动而与岩石没有物理化学作用时所求得的渗透率。通常则以气体渗透率为代表，又简称渗透率。它反映的是孔隙介质（岩石）允许流体通过能力的参数。渗透率与孔隙度及岩石比表面积有关，可用 Kozeny 方程来描述，即

$$K = \frac{0.101\phi^3}{\Gamma(1-\phi)^2}\left(\frac{S}{V}\right)^2 \tag{5-55}$$

式中，K 是渗透率，mD；ϕ 为孔隙度，%；S/V 为岩石的比表面积，cm^{-1}；Γ 为结构因子或弯曲因子，无量纲，其量值与孔隙的形状以及单位长度内的固体中流体流过的路径有关。

核磁共振测井是通过渗透率与核磁共振弛豫特性之间的相关性，来建立相应的渗透模型。利用 Kozeny 方程，通过岩石核磁共振弛豫特性与岩石的比表面积的相关性，可以建立估算岩石渗透率方法。

SDR 模型

$$K = A\phi^B T_{2g}^C \tag{5-56}$$

式中，K 是渗透率，mD；A、B、C 为系数；ϕ 孔隙度；T_{2g} 为 T_2 谱的几何平均值。

在核磁实验分析的基础上，应用统计回归的方法，利用饱和样品的核磁孔隙度、T_2几何平均值，确定了不同岩性应用 SDR 模型计算渗透率的模型参数，图 5-46 是 XX 井应用核磁测井解释渗透率成果图，最后一道中，蓝色的线代表的应用 SDR 模型计算的渗透率，红色的杆状的线代表的是岩心分析渗透率，从图中可看出，二者符合较好，表明应用核磁测井计算的渗透率精度较高。

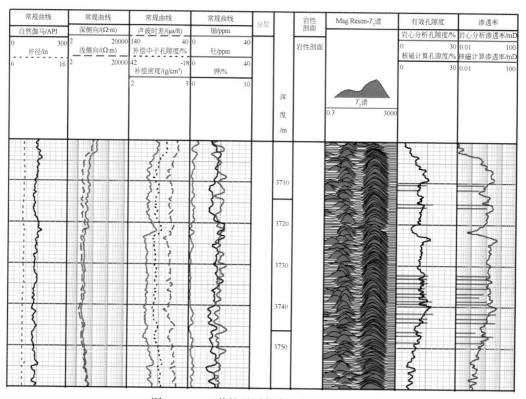

图 5-46　XX 井核磁测井渗透率解释成果图

四、核磁共振测井饱和度计算

（一）饱和度模型

自旋回波串的初始幅度以及 T_2 分布的面积与孔隙中流体的量成正比。当然，它们还受到其他因素的影响。在弛豫分布中，T_2 的幅度与该组分的体积有关。

对于饱和水的岩石，利用上面求得的各种孔隙度，可以进一步求得束缚水饱和度和自由水饱和度。

$$S_{wirr} = \frac{\int_{T_{2min}}^{T_{2cutoff}} S(T_2)\,dT_2}{\int_{T_{2min}}^{T_{2max}} S(T_2)\,dT_2} \tag{5-57}$$

$$S_{wf} = \frac{\int_{T_{2cutoff}}^{T_{2max}} S(T_2)\,dT_2}{\int_{T_{2min}}^{T_{2max}} S(T_2)\,dT_2} \tag{5-58}$$

与其他孔隙度测井结合，可以得到黏土束缚水饱和度 S_{wb} 及毛管束缚水饱和度 S_{cap}。

当油和水两相流体共存于孔隙中时，T_2 会表现出与单相流体不同的特征。假若孔隙壁是水润湿的，油的弛豫与其自由体积的弛豫值相同，而水则表现出表面弛豫值。一般情况下，自由体积水与轻质油的 T_2 值相当，所以当地层中含有水和非润湿相的轻质油时，测量的 T_2 分布将表现出双峰模式，低 T_2 峰对应着水，高 T_2 峰对应着轻质油。在较理想情况下，通过选择一个合适的门槛值 T_2，可以将油水信号区分开。T_2 可以通过实验室 NMR 岩心分析来确定，不同地区有不同的门槛值。油水峰下包围的面积分别为含油体积 V 和含水的体积 V_w，总面积反映孔隙中总流体的量。含水饱和度和含油饱和度表达式为

$$S_w = \frac{\int_{T_{2min}}^{T_{2o}} S(T_2)\,dT_2}{\int_{T_{2min}}^{T_{2max}} S(T_2)\,dT_2} \tag{5-59}$$

$$S_o = 1 - S_w = \frac{\int_{T_{2o}}^{T_{2max}} S(T_2)\,dT_2}{\int_{T_{2min}}^{T_{2max}} S(T_2)\,dT_2} \tag{5-60}$$

实际上，油峰对应的长 T_2 组分不一定完全是由非润湿性的油造成的，也可能含有部分水的贡献，所以根据上述公式求出的含油饱和度和含水饱和度有时并不完全符合实际，这时要通过实验室 NMR 分析，确定出油峰下面含水的可能比例及水峰下面油的贡献，建立起含油体积与其他量之间的相关公式，在此基础上评价含油饱和度。

在油润湿的岩石中，当岩石孔隙中部分含水时，轻质油的 T_2 将表现出表面弛豫值，而水则表现出固有弛豫值。

当油的黏度较高时，由于重油的 T_1 和 T_2 都较小，所以在水润湿的岩石中，油水峰的距离将变小，给区分油水信号及估计含水饱和度和残余油饱和度带来困难。为此提出了一种解决的办法（Horkowetz，1995），即在钻开目的层以前往井眼泥浆中掺杂含有 Mn^{2+} 的顺磁离子溶液，由于 Mn^{2+} 的扩散作用，它进入到冲洗带泥浆滤液中。由于顺磁离子的存在，水的弛豫会大大缩短，而顺磁离子不能扩散到油中，所以它仍然保持其固有的弛豫值，油水信号会产生分离。由于信号只是位置的改变，所以 T_2 分布的面积仍然是孔隙中总的流体饱和度的反映。

需要指出的是，当岩石中含有较大的晶洞孔隙，而连通孔隙与晶洞孔隙尺寸差别较大时，孔隙系统变得较为复杂，T_2 分布也可能呈双峰或多峰分布，要区分是由于不同性质的流体还是由于不同的孔隙系统引起的这种变化，需要借助于实验室的岩心分析加以鉴别。

（二）束缚水饱和度模型

设想有一个确切的 T_2 截止值 $T_{2cutoff}$，小于该值的所有孔隙中的流体均是束缚状态的，在储层压力条件下是不能流动的；而大于这个值对应的所有孔隙中的流体则是可动的，即：

$$BVI = \sum_{T_2 \leqslant T_{2cutoff}} P_i \tag{5-61}$$

$$FEI = \sum_{T_2 > T_{2cutoff}} P_i \tag{5-62}$$

式中，BVI 为毛管束缚水孔隙体积；FFI 为自由流体孔隙体积（自由流体指数）。

$T_{2cutoff}$ 作为表征储集层特性的参数，由实验室确定或者用 T_2 谱系数法确定。

（三）地层流体含水饱和度的计算

毛管压力或自由水界面以上的高度是流体饱和度的函数，如果知道储层某一深度点的毛管压力或离自由水界面的高度，就可以利用毛管压力曲线确定饱和度。在已知自由水界面的情况下，可以利用下式把自由水界面以上的高度转换成毛管压力，即

$$P_c = 1.422 \times h(w - g)\cos(\theta) \tag{5-63}$$

式中，P_c 为毛管压力，psi；h 为自由水界面以上的高度，m；w 为地层水的密度，g/cm^3；g 为气的密度，g/cm^3；θ 为气的润湿角。

在利用 MDT 计算自由水界高度的技术上，如图 5-47 所示为研究区某口井利用核磁共振计算饱和度的成果图。该图左起第三道为电阻率曲线，上部层段 xx80 m 至 xx45 m 电阻率为 200 ~ 500 Ω·m，下部层段 xx45 m 至 xx20 m 电阻率 20 ~ 30 Ω·m，两层段电阻率差异非常大，尽管下部层段孔隙度高，基于电阻率的测井解释认为：低电阻率层段 xx45 m 至 xx20 m 为气水层或水层，上部高电阻率层段为气层。图中第五道为基于核磁毛管压力曲线计算的含气饱和度（黄色充填区），第四道为基于核磁毛管压力曲线得到的流体孔隙度，核磁饱和度计算结果表明下部层段为气层，含气饱和度高于上部层段，尽管上部层段电阻率远远高于下部层段。对下部层段 xx63 ~ xx75 m，厚度 12 m 地层进行测试，测试结果为：自喷，日产气量：22.6 万 m^3，无水；该测试结果验证了利用核磁共振资料计算的饱和度的可靠性。

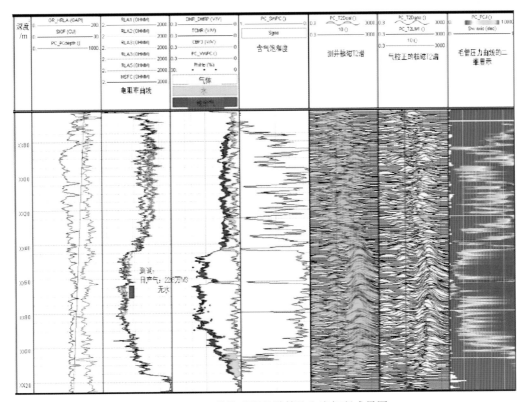

图 5-47　XXX 井核磁测井计算饱和度解释成果图

第六章 火山岩储层有效性评价及发育规律

第一节 火山岩储层测井分类方法

储层测井分类评价是储层孔隙结构研究成果的最终体现。火山岩储层分类的主要目的是实现工业性产层与大量低产、低效层的界定，其标准的建立对勘探和开发具有十分重要的意义。火山岩储层非均质性强，影响产能的因素很多，不同类型储层产能变化较大，存在测井解释为工业油气层、试油为低产储层的现象。对于火山岩储层测井评价来说，通过储层的"四性"关系研究与孔隙结构评价，建立科学、合理的储层分类标准是十分必要的。

火山岩储层分类主要考虑储集空间的有效性、渗流通道的有效性、流体的可动用程度与渗流特征，以储层孔隙结构评价为重心，优选能反映储层品质的参数建立分类评价标准，测井储层分类需结合具体区块具体层位，深入分析各类储层的微观特征与测井响应的关系，建立相应的适合地区地质特征和油气藏特点的测井储层综合分类评价标准。储层分类的原则和思路如下。

（1）着眼于考察储层对油气的有效储集和渗透能力。常规的孔隙度、渗流分析参数是在岩样烘干后用单相的流体介质测定的，可称为绝对孔隙度和渗透率。而石油地质最关心的是在地层状况下，储层对烃类的储集和渗流能力。地层条件下烃类和地层水一起，以双相或多相形式赋存于地层孔隙中。由于岩石骨架对烃类和水有选择性润湿，烃类和水在岩石孔隙中的分布状态不同，地层对烃类的储渗能力强烈受这种分布状态的影响。从储集能力方面考察，并不是所有的孔隙系统对油气都有效；从渗流能力方面考察，岩石对油气的渗滤要同时受到岩石本身的渗透性和地层水的双重影响。储层质量的优劣，更重要地强调在油（气）水两相共存的条件下岩石对油气的储集和渗滤能力，是油气有效孔隙度和有效渗透率的概念，这样建立的储层分类评价方法应更符合地层的实际情况。

（2）具有简单、特征突出和易于操作的特点。合理的储层分类方案应该使组内个体样本直接的特征趋于一致，组间的差异比较明显，可操作性比较强。在没有取心和化验分析资料的情况下，能利用测井资料对储层进行分类。

（3）有利于经济评价和有利区的优选。储层分类的界限在平均有效厚度下应该与油气的经济或商业产能界限有较好的对应关系，有利于储量计算和经济评价。

一、应用常规测井资料进行储层分类

（一）储层分类参数优选

根据储层特征研究，优选有效孔隙度、渗透率、喉道半径、可动流体饱和度作为储层分类参数，根据分类标准给出每类储层对应的典型特征、宏观的物性参数。这些参数主要从以下几个方面表现火山岩储层特征：①有效孔隙度表征火山岩储层储集空间的有效性及储集空间的大小，扣除了不被油气占据的那部分孔隙空间，注重储层的有效性和储集性评价。②喉道半径均值表征了储层有效渗流通道的特性，通过恒速压汞资料计算的喉道半径，体现了对油气渗流起到主要贡献喉道的大小。③可动流体饱和度强调孔隙空间中流体的可动用程度。利用核磁共振资料可以准确确定储层的可动流体饱和度。

以松辽盆地火山岩储层为例，结合该区储层压后产能，确定分类原则为：Ⅰ类储层压裂前试气达到工业气层，Ⅱ类储层压后达到工作气层，Ⅲ类储层压后低产气层。应用营城组 68 口井资料，选取有效孔隙度、渗透率、含气饱和度、喉道半径均值，建立火山岩储层分类标准，如图 6-1、图 6-2、图 6-3 所示。

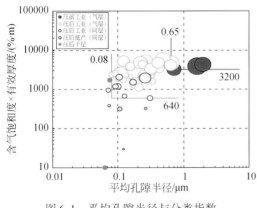

图 6-1　平均孔隙半径与分类指数

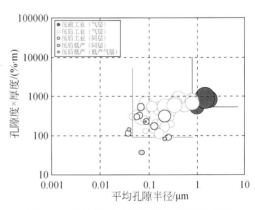

图 6-2　平均孔隙半径与储能系数关系图

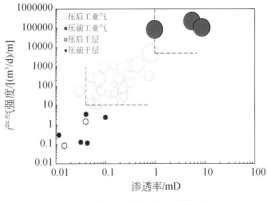

图 6-3　采气强度与渗透率关系图

综合以上分析结论，确定出兴城地区火山岩储层分类标准（表6-1）。

表6-1　松辽盆地酸性火山岩储层分类标准

储层分类	平均孔隙半径/μm	平均加权孔喉半径比	孔隙度/%	渗透率/mD
Ⅰ类	>0.65	<530	>11	>0.81
Ⅱ类	0.65~0.08	530~790	6~10	0.04~0.81
Ⅲ类	<0.09	>790	<6	<0.04

当没有岩心分析资料时，平均孔隙半径和平均孔喉半径比可以采用岩心刻度测井的方法，应用压汞资料建立以上两个参数的统计模型。

平均孔隙半径：$R_c = a\sqrt{K/\phi} - b$

$N = 201$，$R = 0.95$

式中，R_c 为平均孔隙半径，μm；K 为空气渗透率，$10^{-3}\mu m^2$；ϕ 为孔隙度，%；a，b 为系数。

平均孔喉半径比：$KHB = a_1 \ln(K) - b_1$

$N = 16$，$R = 0.87$

式中，KHB 为孔喉半径比；K 为空气渗透率，$10^{-3}\mu m^2$；a_1，b_1 为系数。

1. Ⅰ类：不用压裂即可获得工业产能的储层

代表井为达深A井的玄武岩（186 Ⅲ号层）、安山质火山角砾岩（187号层）储层（图6-4），试气井段3256.5~3283.0m，密度为2.32~2.59g/cm³，平均为2.39g/cm³；该段测井计算孔隙度平均为15.1%；测井计算渗透率平均为0.162mD；测井计算含气饱和度平均为68%，属Ⅰ类储层。该井于2006年4月进行试气，MFE（Ⅱ）+自喷，日产气56 017 m³，在中基性火山岩测试层中为自然产能最高的层段。

2. Ⅱ类：在压裂改造后（合理措施）能获得工业产能的储层

代表井为达深B、达深C等井的玄武岩、玄武质角砾岩储层。如图6-5所示为达深B井3255.0~3310.0m井段，岩心观察结果为：岩石表面气孔较发育，局部不规则裂缝也比较发育；试气井段3268.0~3291.0m，密度为2.44~2.67g/cm³，平均为2.52g/cm³；该段取心6.0m，全直径岩心分析孔隙度最大为17.9%，最小为1.2.%，平均为11.2%；空气渗透率最大为15.801mD，最小为0.03 mD，平均为4.498 mD。试气层位测井计算平均孔隙度为10.8%，测井计算平均渗透率为0.51mD，平均含气饱和度为51%，储层有效厚度为24.9m，属Ⅱ类储层。该井于2005年8月进行试气，压后自喷，日产气41 044 m³，日产水28.8 m³，在中基性火山岩测试段中为压后产能较高的层段。

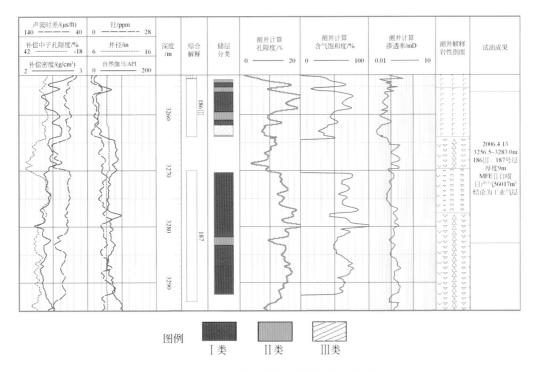

图 6-4　达深 A 井储层分类测井解释成果图

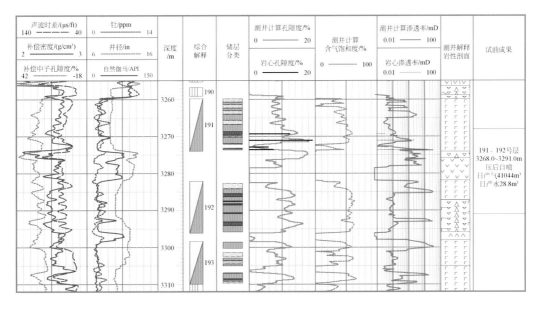

图 6-5　达深 B 井储层分类测井解释成果图

3. Ⅲ类：压裂改造后有一定产能，但达不到工业产能的储层

代表井为达深 D 井的玄武岩储层。如图 6-6 所示达深 D 井 3850.0～3940.0m 井段，密度为 2.42～2.86g/cm³，平均为 2.66g/cm³；该段测井计算有效孔隙度平均为 8.8%；空气渗透率平均为 0.172 mD，平均含气饱和度为 41.9%，储层有效厚度 19m，属Ⅱ类储层。该井 102Ⅳ号层于 2007 年 6 月进行试气，压后自喷，日产气 25 606 m³，103、104 号层合试压后求产日产气 18 851 m³，均为压后低产气层。

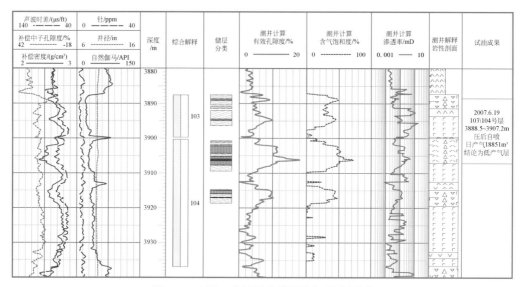

图 6-6　达深 D 井储层分类测井解释成果图

二、应用毛管压力及核磁进行储层分类

孔隙结构是指岩石孔隙与喉道的大小、分布和连通的关系等，孔隙反映岩石的储集能力，而喉道的形状、大小则主要控制着岩石的渗透能力。大量的研究表明，孔隙结构比宏观物性更能反映储层的本质特性，孔隙结构是控制岩性油气藏流体分布和有效渗流能力的重要因素，它对储层的测井响应特征、产液性质和产能大小都有很大影响。搞清储层孔隙结构的差异与物性的关系，以及对测井响应的影响作用，对应用测井资料评价储层孔隙结构特征，提高孔隙度、含油饱和度等参数解释精度是非常必要的。

孔渗关系是岩石微观结构特征的宏观表现，孔渗关系越复杂，说明岩石的微观非均质性越强，孔渗关系的复杂性受控于储层的岩性和孔隙的组合。以松辽盆地深层营城组火山岩为例，根据岩心分析结果（图 6-7），在相近孔隙度下，渗透率分布范围很宽，表明火山岩储层的孔隙结构十分复杂。

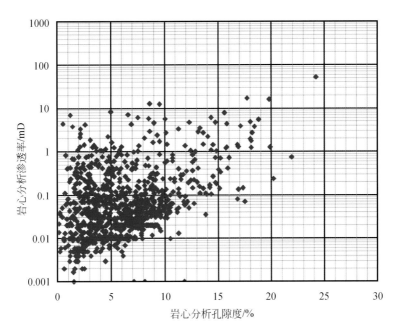

图 6-7　火山岩储层岩心分析孔隙度与渗透率关系图

（一）应用毛管压力资料进行储层分类

　　毛管压力曲线是毛管压力和饱和度的关系曲线。由于一定的毛管压力对应一定的孔隙厚度半径，因此，毛管压力曲线实际上包含了岩样孔隙喉道的分布规律，可以确定储层的主要喉道分布范围。同时毛管压力曲线形态主要受孔隙厚度的分选性和喉道的大小控制。分选性是指喉道大小的分散（或集中）程度。厚度大小的分别越集中，则分选性越好，即毛管压力曲线的中间平缓段越长，且越接近于横坐标平行。孔隙喉道大小及集中程度主要影响曲线的歪度（偏斜度），是毛管压力曲线形态偏于粗喉道或细喉道的量度。喉道越大，大喉道越多，则曲线越靠近坐标的左下方，称为粗歪度，反之称为细歪度。

　　当储层吼道越大，大吼道越多，且吼道越集中，启动压力越低，说明储层越好，因此可以用毛管压力曲线直观的反应储层的好坏，即可用其对储层进行分类。

　　例如松辽盆地徐家围子断陷营城组火山岩储层，应用 14 口井 223 块样品压汞资料得到的毛管压力曲线，可将储层毛管压力曲线分为以下三种类型（图 6-8）。

　　（1）Ⅰ型：粗歪度，表明储层大喉道居多，且分选性最好，是最好的储层；

　　（2）Ⅱ型：略粗歪度，表明储层喉道，且分选性较好，是较好的储层；

　　（3）Ⅲ型：细歪度，表明储层小喉道居多，且分选性一般，是一般的储层。

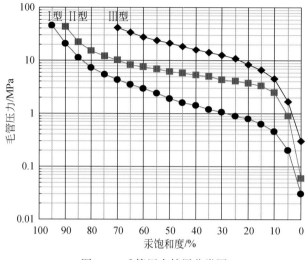

图 6-8　毛管压力储层分类图

（二）应用核磁伪毛管压力曲线进行储层分类

毛管压力曲线可以较好地评价储层微观孔隙结构特征。但由于实际生产过程中取心井数量少，做毛管压力曲线实验的样品更少，在一定程度上限制了应用范围。而利用核磁共振测井资料通过合理刻度可以得到毛管压力曲线（称为伪毛管压力曲线），因此，应用核磁共振测井资料可以进行储层孔隙结构特征评价，填补了岩心数量少的缺陷。

核磁共振测井可以连续测量得到储层孔隙大小分布，从理论上说，毛管压力曲线和核磁 T_2 分布谱都与孔隙结构相关，因此只要寻找出核磁 T_2 分布谱与毛管压力曲线的关系，就可以利用核磁 T_2 分布谱连续计算地层的毛管压力曲线。

1. T_2 谱计算毛管压力曲线的原理与方法

核磁 T_2 分布谱反映了孔隙大小分布特征，较大的 T_2 值对应中到大孔隙，较小的 T_2 值对应微小孔隙。显然，核磁 T_2 分布与孔隙结构有直接关系。据此开展了室内实验研究，图 6-9 是 4 块岩样的 T_2 分布与压汞得到的孔喉半径分布直方图重叠对比图，纵坐标为频数，横坐标有 2 个，上面为 T_2 值，下面为孔喉半径值。可以看出，二者在形态和幅值上都非常相似，说明二者密切相关。这说明应用 T_2 谱计算毛管压力曲线是可行的。

下面从物理学原理和数学角度探讨二者的关系，并推导出二者相互转化的公式。

理论上，当储层孔隙内完全含水时，核磁 T_2 分布谱与孔隙体积和孔隙表面积的比率成正比，也就是与孔隙尺寸大小或孔隙半径成正比，即

$$1/T_2 = \rho \ (S/V) \tag{6-1}$$

式中，S 为孔隙表面积，cm^2；V 为孔隙体积，cm^3；ρ 为岩石横向表面弛豫率。

对于式（6-1），我们用理想的假想岩石模型分析它与孔隙半径的关系。假设孔隙

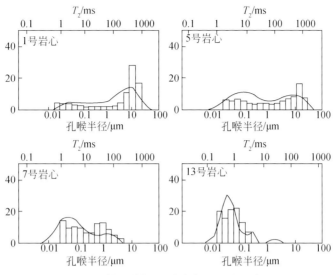

图 6-9 核磁共振 T_2 分布与压汞孔喉半径

岩石是由岩石骨架和半径相同的毛细管组成的，其半径为 r_1，长度为 L，单位截面内的毛细管数为 n，则

$$\frac{1}{T_2} = \rho\left(\frac{S}{V}\right) = \rho\left(\frac{n_2\pi r_1 L}{n\pi r_1^2 L}\right) = \rho\frac{2}{r_1} \tag{6-2}$$

由式（6-2）可见，孔隙内流体的弛豫时间和孔隙空间大小及形状有关，孔隙越小，比表面积越大，表面相互作用的影响越强烈，T_2 时间也越短。而弛豫时间 T_2 和平均孔径 r_1 是一一对应的，因此，可利用 T_2 分布来评价孔隙大小及其孔径分布。

毛管压力曲线描述了非润湿相流体在不同的压力下穿过不同孔隙喉道进入孔隙空间的情况。在每一压力点下进入的非润湿相流体的体积代表了某一孔隙喉道下的孔隙体积，因此毛管压力曲线不仅描述了孔隙喉道的分布规律，也描述了孔隙体积的分布。式（6-3）为毛管压力曲线的理论公式，即

$$P_c = 2\sigma\cos\theta/r_1 \tag{6-3}$$

式中，P_c 为毛管压力，MPa；γ 为流体界面张力，N/cm；r_1 为毛管半径，μm；θ 为流体的润湿角，(°)。

从理论上说，核磁 T_2 分布谱和毛管压力曲线都表示了与孔隙尺寸和孔隙喉道相关的孔隙体积的分布。因此把式（6-2）和式（6-3）相比，就可得到毛管压力和核磁 T_2 分布谱之间的关系式，即

$$P_c T_2 = \left[2\sigma\cos\theta/(r_1\rho)\right](V/S) \tag{6-4}$$

进一步简化得

$$P_c = K_{pc}/T_2 \tag{6-5}$$

其中系数

$$K_{pc} = \left[2\sigma\cos\theta/(r_1\rho)\right](V/S) \tag{6-6}$$

由此可见，只要利用岩心分析的毛管压力曲线刻度核磁 T_2 分布谱确定出系数 K_{pc}，

就可以利用核磁 T_2 分布谱计算毛管压力。单系数的毛管压力与 T_2 关系式适合物性好、孔隙度度较大的砂岩储层。而该项目两研究区储层物性较差，优选了 Volokitin 提出的适合中低孔隙度地层 T_2 与 P_c 的经验公式，即

$$P_C = \frac{1}{T_2}\left[1 + \left(\frac{A}{B \times T_2 + 1}\right)^c\right]\frac{D}{K} \tag{6-7}$$

式中，K 为渗透率，mD；A、B、C 为与孔隙结构、储层类型相关的经验系数，可由岩心分析确定；D 为经验系数，取值范围 1000 ~ 2000。

2. 系数确定及效果分析

1）系数的确定

通过对火山岩储层 60 多条毛管压力曲线研究分析，应用正、反演技术，确定出 T_2 谱转换毛管压力曲线的系数：A 取值范围为 5 ~ 9；B 取值范围为 0.01 ~ 3；C 取值范围为 1 ~ 6；D 取值为 2000。

2）效果分析

图 6-10 为应用该方法得到伪毛管压力曲线的实例。从实验分析毛管压力曲线与核磁 T_2 谱计算的毛管压力曲线对比图可知，曲线形态和变化趋势都有较好的一致性。这表明由 T_2 谱计算毛管压力曲线是可靠的。

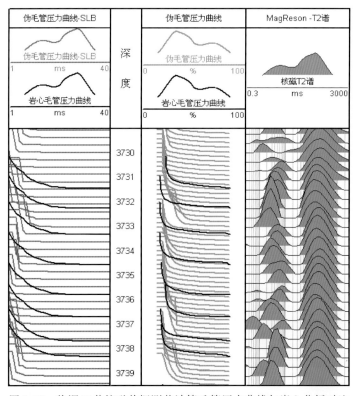

图 6-10　徐深 H 井核磁共振测井计算毛管压力曲线与岩心分析对比

众所周知，不同毛管压力曲线形态反映了储层渗透能力差异，可直观分析储层微观孔隙结构的变化，它能较深入而细致地揭示岩石的储、渗特性。通过岩心资料刻度，应用核磁资料可以得到伪毛管压力曲线，实现了无岩心条件下的毛管压力曲线储层分类。同时也为地质家精细描述储层微观孔隙结构和储层特性提供了新的技术手段，拓宽了测井资料的应用范围。

第二节　有效储层的测井显示及识别标志

一、有效储层的测井显示

在松辽盆地深层火山岩勘探取得重大进展的过程中，测井综合反映岩性、岩相、孔渗和储层含油气饱和度等，是油气开发和勘探的重要手段，因此研究有效储层测井曲线可以在油气勘探开发过程中起直接的指示作用，对不同火山岩储层测井曲线的对比以及每种类型的有效储层测井曲线的研究也是本次研究的内容，本章节中主要利用自然伽马测井曲线和深浅侧向测井曲线来进行有效储层的讨论。

所谓自然伽马测井是根据地层岩石中的放射性元素的含量进行测量的，其大小与岩性有关，而与其中的流体介质无关，一般来说，酸性火山岩的自然伽马值相对比较高，而中基性的火山岩伽马值比较低，因此利用该测井方法研究有效火山岩储层在一定程度上反映了有效火山岩储层的岩性特征。而双侧向测井利用电阻率的大小来反映岩层孔隙中的流体。气层使电阻率明显增大，水层使电阻率明显变小，而气水层和含气水层则介于两者之间。在本次研究所统计数据中，按照亚相对有效储层和干层共计880多个井段进行了自然伽马测井值和深浅侧相电阻率值的统计。

（一）有效储层的自然伽马测井特征

表6-2　有效储层自然伽马测井统计结果

储层类型	GR/API			统计样本数
	最大	最小	平均	
气层	172.85	113.72	141.32	112
水层	192.45	105.10	143.83	126
含气水层	178.04	116.12	145.06	108
气水层	198.32	125.57	151.25	114
裂缝含油气层	169.75	121.70	141.82	20
差气层和可疑气层	167.13	117.33	139.38	29
干层	167.23	113.19	137.38	312
有效储层	184.04	115.42	144.90	515

如表6-2所示，在统计的515个有效储层中和312个干层中，有效火山岩储层自然伽马测井值分布的范围为115.42~184.04API，平均值为144.90API，而干层的分布范围为113.19~167.23API，平均值为137.38API，由此可以看出，在自然伽马测井中，有效储层的值与干层很接近，由于自然伽马值和岩石中的放射性元素有关，即与火山岩的岩性有关，干层和有效储层之间的这种相似性，说明干层和有效储层间在岩性上有很大的相同点，由于岩相和岩性之间的对应关系，在测井上的相似性说明岩相的分布在有效储层和干层之间的分布有很大的相似性，再一次说明了火山岩储层能否成为有效储层，火山岩的岩相和岩性并不是主控因素，而受成藏条件等其他条件的限制。

（二）有效储层深浅侧向测井特征研究

表6-3 有效火山岩储层深浅侧向测井统计结果

储层类型	LLD				LLS			
	最大/Ω·m	最小/Ω·m	平均/Ω·m	样本数/个	最大/Ω·m	最小/Ω·m	平均/Ω·m	样本数/个
气层	4110.94	192.40	1026.04	111	1236.02	159.17	478.98	111
水层	310.99	43.85	119.48	126	274.48	40.25	108.71	126
含气水层	1393.05	85.15	334.00	104	549.67	65.48	173.03	104
气水层	2082.90	177.90	545.41	114	975.98	135.55	395.97	114
裂缝含油气层	11305.15	589.69	2614.22	17	16516.32	627.46	3254.25	17
差气层和可疑气层	3511.75	420.38	1253.92	23	2256.46	352.68	892.27	23
干层	11622.18	477.30	3998.94	313	4063.10	324.98	1329.29	313
有效储层	2315.94	154.58	605.48	501	1365.35	128.74	415.38	501

如表6-3统计显示，无论深侧向测井还是浅侧向测井，干层的电阻率要远远高于有效储层的电阻率，干层在深侧向测井中的电阻率分布范围为477.3~11 622.18Ω·m，平均值为3998.94Ω·m；浅侧向中分布范围为324.98~4063.10Ω·m。而有效储层在深侧向测井中的电阻率的分布范围仅为154.58~2315.94Ω·m平均值为605.48Ω·m；浅侧向中的分布范围仅为128.74~1365.35Ω·m，平均值为415.38Ω·m，其值远远小于干层的电阻率。

在有效火山岩储层对比中，深侧向测井和浅侧向测井的电阻率从大到小排列顺序依次为裂缝含（油）气层>差气层和可疑气层>气层>气水层>含气水层>水层。水层的电阻率小于其他有效储层，在深浅侧向测井中，其平均值仅分别为119.48Ω·m和

108.71Ω·m，而裂缝含（油）气层的电阻率最高，在深浅侧向测井中平均值分别为
2614.22Ω·m 和 3254.25Ω·m。气层在深侧向的电阻率为 1026.04Ω·m，浅侧向中为
478.98Ω·m，含气水层和气水层的电阻率无论在深侧向还是浅侧向中均介于气层和水
层之间，在深侧向中分别为 334Ω·m 和 545.41Ω·m，在浅侧向测井中分别为
173.03Ω·m 和 395.97Ω·m，主要原因是水为可导体，气为不导体，储层中水的存在
使岩石的电阻率降低，而气的存在则使岩石的电阻率升高，因此在火山岩储层中随着
水的含量的增加，储层的电阻率逐渐降低。

二、有效火山岩储层的识别

　　近年来，松辽盆地火山岩储层的研究已经成为油气勘探的新领域，尤其对松辽盆
地北部徐家围子断陷及周围地区深层火山岩的勘探，但是并不是所有的火山岩储层中
都存储了油气而成为有效储层，因此如何寻找这些存储了工业性油流的有效储层成为
当今油气勘探的热点，本次研究对松辽盆地北部徐家围子断陷及周围地区 41 口（升平
地区 21 口，兴城地区 20 口）井的岩相、岩性、物性和测井资料综合统计，以及其对
有效储层、干层和不同有效储层类型间进行岩性、岩相、物性及自然伽马测井值和深
浅侧向测井值的对比分析，总结了有效储层的一般特征。

　　岩性和岩相的统计分析结果表明，火山岩的有效储层和干层在岩性和岩相方面存
在很大的相似性，即爆发相的热碎屑流亚相和溢流相的中上部亚相无论在厚度统计还
是在频率统计中都占有很大的优势，而在岩性上，有效储层和干层均以酸性的火山熔
岩和火山碎屑熔岩为主，只是在有效储层的比例略高于干层，因此在亚相和岩性上很
难区别有效储层和干层。

　　有效火山岩储层和干层在物性上存在很大的差异性，有效储层的孔隙度和渗透
率要高于干层，在本次统计的 880 多个井段中，有效储层的测井孔隙度分布范围为
4.15% ~ 10.7%，平均值为 7.3%，而干层为 2.12% ~ 7.97%，平均值为 4.32%；
实测孔隙度和渗透率也有类似的结论，而统计结果也揭示了有效储层的物性要远远
好于干层的物性，因此可以根据火山岩储层的物性来判断有效储层和干层。

　　在深浅侧向测井曲线上也可以区别有效储层和干层，以及不同有效储层类型。根
据对松辽盆地北部 41 口井测井统计，有效储层无论深侧向还是浅侧向的电阻率的值均
小于干层的电阻率，有效储层的深侧向电阻率范围为 154.58 ~ 2315.94Ω·m，平均值
605.48Ω·m，浅侧向测井中电阻率分布范围为 128.74 ~ 1365.35Ω·m，平均值为
415.38Ω·m。有效储层的范围在电阻率上远远小于干层。在有效火山岩储层中，水层
的电阻率最低，裂缝含油气层的电阻率最高，且储层中随着含水量的增加，电阻率呈
下降趋势。其各类有效储层测井资料的识别可参考表 6-3，因此可以用电阻率来区分有
效储层和干层以及不同的有效储层类型。

第三节　松辽盆地有效火山岩储层物性发育规律

凡是能够储存和渗滤流体的岩层,统称为储集层,简称储层。储层之所以能够储集流体,是由于具备了两个基本特性——孔隙度和渗透性。

物性的研究是储层研究的重要内容,也是评价储层好坏的重要参数,主要包括孔隙度和渗透率。在储层火山岩的岩体中,原生气孔并不是相互连通的,而是相互孤立存在,后期的构造运动和溶蚀淋滤作用形成构造裂缝和溶蚀裂缝等,一方面成为良好的储集空间;另一方面也提供了良好的运移通道。物性参数是决定火山岩成为有效储层与否的重要因素,因此对有效火山岩储层物性的研究也是该次研究的主要内容。

一、松辽盆地火山岩储层的储集空间总体特征

在松辽盆地中,发育各种类型的火山岩,并在这些火山岩中发现了具有商业价值的油气藏,该类油气藏已经成为我国中新生代盆地勘探的新领域。而松辽盆地中生代火山岩主要发育于火石岭组、营城组。各种分析数据表明火山岩储层物性不随深度的增加而变坏,而与岩相有密切关系,火山储层在孔隙空间等方面也具有自己独特的特征。

(一) 火山岩储层的储集空间类型和组合特征

火山岩储层储集空间一般可分为三类:第一类为原生孔隙,包括原生气孔和杏仁体内孔;第二类为次生孔隙,包括斑晶溶蚀孔、基质内溶蚀孔和溶蚀裂缝;第三类为裂缝,包括构造裂缝和收缩裂缝,它们具有孔缝双孔储集介质形成的复杂结构,这种孔缝双孔介质火山岩储层的储集性能是原始喷发相带、岩性、构造运动和后期改造等多种因素相互作用的综合结果。

火山岩储集空间组合类型总体上看主要为孔隙与裂缝型组合或纯裂缝型组合,孔缝组合形式主要为基质溶孔与裂缝组合和斑晶溶孔与裂缝组合,流纹岩储层储集空间是由原生气孔或杏仁体内孔与裂缝组合而成的孔隙结构,裂缝主要作为孔隙与孔隙之间的连通喉道,火山岩岩体内存在的大小不等的气孔通常是互不连通独立存在的,构造运动使岩体产生了裂缝,这些裂缝将相互独立的原生气孔互相连通。流纹岩储层还有一种孔隙结构组合,即由基质溶孔与裂缝组合而成的孔隙结构,这种孔隙结构组合与前者不同的是裂缝形成在先,而后流体从裂缝通道进入岩层造成岩石内基质长石微晶溶蚀而构成的。

（二）火山岩储层的储集空间的影响因素

1. 火山岩相

火山岩储集能力与岩石类型的关系并不十分明显，基性的玄武岩、中性的安山岩和酸性的流纹岩及火山碎屑岩均可作为储集岩。而火山岩相却是直接影响或控制火山岩储集能力的重要原因，研究结果表明喷溢相中的上部亚相顶底部的气孔带和爆发相中的热碎屑流亚相气孔和裂缝比较发育，为油气聚集的有利相带，岩相带和储集空间类型组合是储层优劣的先决条件。

2. 构造作用

构造运动使得非常致密的火山岩产生了许多裂缝，这些裂缝不但使孤立的原生气孔得以连通，而且还增大了火山岩的储集空间，多次的构造运动导致了裂缝的多期性，常常可以见到早期裂缝被晚期裂缝所切割，火山岩的裂缝多期性为油气的运移及储集提供了良好的条件，构造活动还可能破坏原有油气藏，但是构造活动总的来说是有利于本区火山岩储层和火山岩油气藏形成的。

3. 风化淋滤（溶蚀）作用

火山岩从形成于地表至差异性升降到地下的过程中，经历了不同程度的风化淋滤的作用，火山岩时代越老，经受的后生作用和构造破坏作用次数就越多，一方面使岩石破碎；另一方面发生矿物的溶解氧化，使岩石的化学成分发生变化，该过程使岩石的孔隙度增大、渗透性增强，因此溶蚀淋滤作用是影响储集空间的重要因素。

4. 充填胶结作用

由于流体作用，发生在火山岩中的充填作用对火山岩的储集性具有很大的破坏性，自生矿物充填在孔隙和裂缝中，不但占据了储集空间，使孔隙度变小，而且大大降低了储层的储集渗透性。总体来说，充填胶结作用对储集空间有破坏作用。

二、有效火山岩储层和干层的物性对比

火山岩物性参数是决定火山岩储层成为有效储层和干层的重要因素。在研究该方面的过程中，我们收集并利用了大量的关于火山岩储层的物性资料，其中孔隙度测试数据主要来源有三种：一种为实际测试所得实测数据，包括全直径和常规数据；一种为测井曲线资料换算所得的测井孔隙度；最后一种为面孔测试所得的面孔率，即利用 CoreDBMS 软件测试岩心表面的孔和缝所占岩心外表面的面积百分数，一定程度上在二维空间表示了孔隙度的大小，但是在该统计过程中，由于该资料的限制，

我们并没有对其进行深入研究，只是作为一项重要的参考数据。而渗透性的统计主要为实测渗透率、水平渗透率和垂直渗透率，值得强调的是，在该次绘制图表及分析的过程中，对不同来源的数据分别进行整理绘制成表6-4和表6-5，并分别计算了其标准偏差。

表6-4　有效储层和干层的孔隙度统计结果

储层类型	测井孔隙度							实测孔隙度				
	最大值/%	偏差/%	最小值/%	偏差/%	平均/%	偏差/%	样本数/%	最大值/%	最小值/%	平均/%	偏差/%	样本数/个
干层	7.97	5.00	2.12	2.26	4.32	2.95	291	11.7	0.02	3.50	3.17	34
有效储层	10.70	4.85	4.15	2.79	7.30	3.30	578	20.50	0.9	8.52	4.95	250

表6-5　有效储层和干层渗透率统计结果

储层类型	实测渗透率					实测渗透率（水平）					实测渗透率（垂直）				
	最大/×10^{-3}um	最小/×10^{-3}um	平均/×10^{-3}um	偏差/×10^{-3}um	样本数/个	最大/×10^{-3}um	最小/×10^{-3}um	平均/×10^{-3}um	偏差/×10^{-3}um	样本数/个	最大/×10^{-3}um	最小/×10^{-3}um	平均/×10^{-3}um	偏差/×10^{-3}um	样本数/个
干层	2.01	0.01	0.24	0.54	23	7.042	0.010	0.73	1.85	19	4.426	0.002	0.94	1.82	9
有效储层	224.00	0.01	3.56	18.68	176	26.470	0.003	1.67	9.71	76	7.770	0.002	0.57	1.62	28

根据统计结果，有效火山岩储层的实测孔隙度分布在 0.9% ~ 20.5%，平均值为 8.52%；测井孔隙度分布在 4.15% ~ 10.7%，平均值为 7.3%；有效储层的压汞实测渗透率分布范围在（0.01 ~ 224）×10^{-3} μm，平均值为 3.56×10^{-3} μm；水平渗透率的分布范围在（0.003 ~ 26.4）×10^{-3} μm，平均值为 1.67×10^{-3} μm；垂直渗透率的分布范围为（0.002 ~ 7.77）×10^{-3} μm，平均值为 0.57×10^{-3} μm。与之相对的干层的实测孔隙度分布范围为 0.02% ~ 11.7%，平均值为 3.5%；测井孔隙度分布范围为 2.12% ~ 7.97%，平均值为 4.32%；压汞渗透率的分布范围为（0.01 ~ 2.01）×10^{-3} μm，平均值为 0.24×10^{-3} μm；实测的水平渗透率分布范围为（0.01 ~ 7.042）×10^{-3} μm，平均值为 0.73×10^{-3} μm，垂直渗透率的分布范围为（0.002 ~ 4.426）×10^{-3} μm，平均值为 0.94×10^{-3} μm。

由以上数据发现，有效火山岩储层的物性无论在测井解释，还是在实测数据上都远远好于干层，因此从该方面上说，火山岩储层能否成为有效火山岩储层，物性参数是重要因素。在气源供应充足、储盖条件具备、圈闭条件良好的情况下，油气首先富集在孔隙度和渗透率比较大的储集空间内，成为有效的储集层。而孔隙度和渗透率比较小的火山岩储集体中，储集流体聚集所满足的条件要求比较多，更容易成为干层。但是若在油气成藏条件均满足，且油气来源供应充足的情况下，这些储集空间中也有可能储集油气。

三、不同类型的有效火山岩储层物性对比

（一）不同类型的有效储层孔隙度的研究

火山岩孔隙度的大小受火山岩岩相所控制，一般爆发相中的热碎屑流亚相和喷溢相的上部亚相，原生气孔和裂缝比较发育，孔隙度相对较大，为良好的火山岩储集体。但是形成的原始气孔是相互孤立互不连通的，在后期的构造运动和溶蚀淋滤作用中才成为能够储存和连通的有效孔隙。图 6-11 和图 6-12 为由不同有效储层的测井孔隙度和实测孔隙度绘制成的直方图。

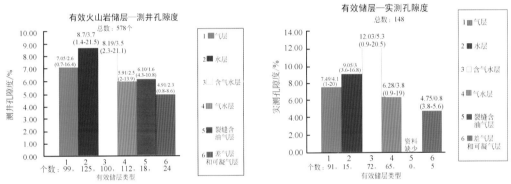

图 6-11　有效储层测井孔隙度　　　　图 6-12　有效储层的实测孔隙度
图中 7.05/2.6（0.7–16.4）即 A/B（C–D），A 为平均值；B 为标准偏差；C 为最小值；D 为最大值

测井资料解释中，水层的孔隙度平均值最大为 8.7%，分布范围为 1.4%～21.5%，其次为含气水层（平均值为 8.19%，分布范围为 2.3%～21.1%），差气层和可疑气层的测井孔隙度相对较小，仅为 4.91%，分布范围为 0.8%～8.6%。在实测孔隙度直方图中，含气水层的孔隙度最大，平均值为 12.03%，其分布范围为 0.9%～20.5%，其次为水层，平均值为 9.05%，分布范围为 3.6%～16.8%，而差气层和可疑气层仍为最小（平均值仅为 4.75%）。

（二）不同有效储层渗透率的研究

统计不同有效储层渗透率（表 6-6），可以发现含气水层的实测渗透率在有效储层中最大，其平均值为 $9.84\times10^{-3}\mu m$，其中最大值为 $224\times10^{-3}\mu m$，最小值为 $0.01\times10^{-3}\mu m$；气层的实测渗透率平均值为 $0.93\times10^{-3}\mu m$，分布范围为 $(0.01\sim17.1)\times10^{-3}\mu m$；而气水层的实测值为 $0.5\times10^{-3}\mu m$，分布范围为 $(0.01\sim12.3)\times10^{-3}\mu m$。火山岩储层渗透率的大小和孔隙、孔喉半径等因素有关，其中储层中含油含气还是含水是由多种

因素造成的，如流体的性质，在圈闭中的运移条件，以及岩石骨架性质、孔隙结构、岩石的润湿性等。当然储层中所富集流体的类型还与流体的来源、丰富程度以及储层储集空间大小及连通性有关。

表6-6 不同有效火山岩储层的渗透率

储层类型	实测渗透率					实测渗透率（水平）					实测渗透率（垂直）				
	最大/×10⁻³μm	最小/×10⁻³μm	平均/×10⁻³μm	偏差/×10⁻³μm	个数	最大/×10⁻³μm	最小/×10⁻³μm	平均/×10⁻³μm	偏差/×10⁻³μm	个数	最大/×10⁻³μm	最小/×10⁻³μm	平均/×10⁻³μm	偏差/×10⁻³μm	个数
气层	17.10	0.01	0.93	3.06	68	22.661	0.003	1.600	5.090	22	0.303	0.003	0.070	0.100	11
水层	0.24	0.05	0.096	0.08	5	11.47	0.02	1.36	3.79	9	资料不足				
含气水层	224.00	0.01	9.84	33.50	55	17.400	0.017	1.79	4.22	19	7.77	0.03	1.30	2.87	7
气水层	12.30	0.01	0.50	1.89	48	26	0.010	2.41	6.44	18	4.060	0.002	0.66	1.33	9
裂缝含油气层	资料不足					资料不足					资料不足				
差气层（可疑气层）	资料不足					0.51	0.013	0.22	0.26	3	资料不足				

通过本节对火山岩储层物性的研究，可以发现有效火山岩储层的孔隙度和渗透率要好于干层的孔隙度和渗透率。岩性和岩相统计研究结果表明，火山岩亚相和岩性对火山岩储层成为有效储层的控制作用不大，岩相仅为火山岩储层提供原始的储集空间，为火山岩储层成为有效储层提供了前提条件，后来的构造运动和溶蚀淋滤作用改造着火山岩的储集空间，形成次生孔隙和溶蚀裂缝等，使原生的孤立的气孔相互连通。由于不同岩相及相同岩相下的不同亚相的岩性具有独特的特征，因此岩相和岩性的分布在有效储层和干层中具有对应关系。但是在相同岩相和岩性条件下，火山岩储层的物性参数就成为控制有效储层和干层的关键因素，在油气藏形成其他条件具备的情况下，火山岩孔隙度大，渗透性好的储层优先聚集流体，成为有效火山岩储层。而火山岩储层中具体聚集流体的类型，应该与多种因素相关。

第四节　松辽盆地有效火山岩储层岩性发育规律

一、松辽盆地有效火山岩储层和干层的岩性对比

（一）松辽盆地储层火山岩的分布及一般岩性特征

松辽盆地火山岩主要以中酸性为主，且具有其独特的储层特征和成藏规律。中国东北地区中生代岩浆侵入和喷出活动频繁而强烈，是中国东部环太平洋火山岩带的主要组成部分。中生代火山岩在东北地区不仅广泛分布在 NN 山岭地区，也广泛分布在中生代断陷盆地的沉积地层中，火山岩分布主要沿 NW 向和 NE 向基底断裂带分布，交汇点更为发育，发育层位主要是晚侏罗-早白垩世的火石岭组、沙河子组和营城组，以营城组最为发育。就目前钻遇的火山岩气藏而言，岩性以酸性火山岩为主，分布受深大断裂控制，沿断裂带成带状分布，中酸性喷溢相和爆发相火山岩是主要含气储层。

本区火山岩的分布特征反映了火山喷发具有多期次和多旋回的特点。该次统计的 880 多个井段主要是徐家围子断陷及其周围地区的营城组一段（主要是兴城地区）和营城组三段（主要是升平地区）的地层。其中营一段以酸性火山岩的存在为特征，分布广泛，为最重要的储层；营三段主要为一套层状中性火山岩，岩性有暗紫色、深灰色的安山岩，紫红色、灰绿色的安山质和蚀变闪长玢岩。该层位储层岩石类型多样，从中性的安山岩到酸性的流纹岩均见产气层，既有熔岩类，也有火山碎屑岩储层，储集空间主要为各种类型的孔隙与各种成因的裂缝，组合类型千变万化。正是由于营城组火山岩分布的广泛性，在岩性、物性和岩相方面具有很大的代表性，所以本次研究以松辽盆地北部徐家围子断陷及周围地区营城组的火山岩为主要研究内容，统计包括兴城地区和升平地区的共计 41 口井，由于营城组二段主要是砾岩和砂岩、泥岩的不等厚互层，因此在统计有效火山岩储层的过程中并没有把营城组二段的地层包括在统计内，只是在统计干层的过程中在升深 6 井统计了火石岭组的部分火山岩层段（3790.6~4107.6m）。

（二）松辽盆地有效储层和干层的岩性分布特征

松辽盆地北部徐家围子断陷及周围的火山岩分布范围广，厚度大，储层火山岩类型可以划分为三类：火山熔岩（熔岩基质中分布的火山碎屑小于 10%，冷凝固结），火山碎屑岩（火山碎屑大于 90%，压实固结）和火山碎屑熔岩（熔岩基质中分布的火山碎屑占 10%~90%，冷凝固结）。火山熔岩从基性、中性、酸性均有分布，其中以中—酸性岩为主，主要为玄武岩、安山岩、英安岩和流纹岩，火山碎屑岩按照粒度可以分为为火山集块岩（火山碎屑粒径>64 mm，且多呈圆形）、火山角

砾岩（火山碎屑平均粒径>64 mm，且多呈棱角状）、角砾凝灰岩（火山碎屑平均粒径 2～64mm）、凝灰岩（火山碎屑平均粒径<2 mm）及沉凝灰岩（既含有火山碎屑，又含有正常沉积碎屑的岩石）。此外，由于火山碎屑成分的不同，同一类岩石又包括多种类型，如按照火山碎屑成分不同有晶屑凝灰岩、玻屑凝灰岩、岩屑凝灰岩、晶屑玻屑凝灰岩。火山碎屑熔岩主要为上面两者的过渡类型，主要包括（熔结）凝灰/角砾/集块熔岩等。

在该次统计的 41 口井的 880 多个井段中，岩性共统计 832 个，其中有效储层 507 个，干层 325 个，将干层和有效储层的不同岩性进行统计，见表6-7。

表 6-7 有效储层和干层的岩性统计结果

成分结构大类		岩性基本类型	干层		有效储层	
			频数/N	频率/%	频数/N	频率/%
玻璃质结构		珍珠岩	6	1.85	20	3.94
熔岩结构	基性	玄武岩	21	6.46	6	1.18
	中性	安山岩	8	2.46	13	2.56
		粗面岩	1	0.31	1	0.20
	中酸性	英安岩	18	5.54	21	4.14
	酸性	流纹岩	82	25.23	162	31.95
		球粒流纹岩、气孔流纹岩	29	8.92	60	11.83
熔结结构或碎屑熔岩结构	基性	玄武质（熔结）凝灰/角砾/集块熔岩	3	0.92	0	0.00
	中性	安山质（熔结）凝灰熔岩	1	0.31	1	0.20
		安山质（熔结）角砾/集块熔岩	3	0.92	3	0.59
	中酸性	英安质（熔结）凝灰/角砾/集块熔岩	21	6.46	13	2.56
	酸性	流纹质（熔结）凝灰熔岩	33	10.15	100	19.72
		流纹质（熔结）角砾/集块熔岩	36	11.08	41	8.09
隐爆角砾结构		隐爆角砾岩	1	0.31	10	1.97
火山碎屑结构	中性	安山质凝灰/角砾/集块岩	9	2.77	2	0.39
	中酸性	英安质凝灰/角砾/集块岩	2	0.62	3	0.59
	酸性	流纹质（晶屑玻屑）凝灰岩	20	6.15	35	6.90
		流纹质（岩屑浆屑）角砾/集块岩	8	2.46	7	1.38
碎屑结构		（流纹质/凝灰质）砂岩	23	7.08	9	1.78
统计样本数			325		507	

统计结果表明，有效火山岩储层和干层在岩性的分布上具有相似的特征，即流纹岩、气孔流纹岩、流纹质（熔结）凝灰熔岩和流纹质（熔结）角砾/集块熔岩在两类火山岩储层中所占的比例均较大，流纹岩在有效储层和干层中分别占 31.95%、25.23%。气孔流纹岩也都在 8% 以上，而流纹质（熔结）凝灰熔岩两者中分别占

19.72%、10.15%。流纹质（熔结）角砾/集块熔岩在有效储层和干层中分别占8.09%和11.08%。

　　从表6-7中发现，有效火山岩储层和干层在部分岩性上也存在一定的差异性，有效储层中珍珠岩和隐爆角砾岩所占的比例要高于干层中的比例，珍珠岩在有效火山岩储层中占3.94%，而在干层中仅占1.85%，造成该现象的原因主要是由珍珠岩主要分布在侵出相的中带和内带亚相中，在该亚相中往往存在岩穹内松散体，往往形成在火山旋回的晚期，高黏度的岩浆涌出地表遇水淬火形成岩枕和岩球构造，较细的玻璃质物质充填在球状堆积物之间，使球状珍珠岩体松散地堆积在一起，该松散体的物性比较好，因此在源岩、盖层、圈闭等条件具备的情况下会成为良好的储集层段。该现象在岩相方面的研究中也有相应的显示（见岩相讨论章节）；而隐爆角砾岩主要分布在隐爆角砾岩亚相，其分布在火山口附近或次火山岩体顶部，可以穿入其他岩相，原生显微裂缝比较发育，为有效储层提供了良好的储集空间，因此在有效储层中占的比例高于干层中的比例。图6-13为由有效储层和干层的各种岩性出现的频率绘制成的曲线。

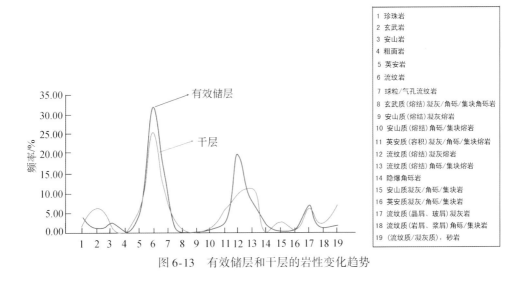

图6-13　有效储层和干层的岩性变化趋势

　　由图6-13可以看出，有效储层和干层在岩性变化趋势上有很大的相似性，都有几个相似的峰值，只是在局部的岩性上两者有较大的差别，但是这些有差别的岩性在有效储层和干层中所占的比例都比较小，而取的峰值的岩性大部分为酸性岩石，与上面分析的内容相吻合。

　　通过分析有效储层和干层在岩性方面的异同，可以发现通过对880多个井段的统计可以发现隐爆角砾岩、珍珠岩、流纹质凝灰熔岩、球粒气孔流纹岩、流纹岩、流纹质（晶屑玻屑）凝灰岩、英安质凝灰/角砾/集块岩成为有效储层的比例均超过60%，英安岩、流纹质（熔结）角砾/集块熔岩、安山质（熔结）角砾/集块熔岩、安山质（熔结）凝灰熔岩、粗面岩、流纹质（岩屑浆屑）角砾/集块岩、英安质（熔结）凝灰/角砾/集块熔岩成为有效储层的比例为40%～60%，而凝灰质砂岩、玄武岩、安山质凝灰/角砾/集块岩、玄武质（熔结）凝灰/角砾/集块熔岩成为有效储层的比例只有不到30%。由于岩穹松散体的存在，部分亚相中物性好的火山岩（珍珠岩等）在有效储层和干层中虽然所占的比例均比较小，但是有效储层中的比例相对于干层更大些，说明物性好的火山岩储层更易于成为有效储层。

二、不同有效火山岩储层类型的岩性特征

本书所提到的有效火山岩储层是指含可运移性流体的火山岩储层，包括气层、含气水层、气水同层和水层，另外还有裂缝含（油）气层、差气层和可疑气层，与火山岩储层中的干层相对应。按照火山岩结构分类，各类火山岩在41口井的528个有效储层井段出现的频数和频率统计见表6-8和表6-9。

表6-8　不同类型的有效火山岩储层的岩性统计结果

成分结构大类		岩性基本类型	气层		水层		含气水层	
			频数/N	频率/%	频数/N	频率/%	频数/N	频率/%
玻璃质结构		珍珠岩	7	6.31	3	2.42	3	2.80
熔岩结构	基性	玄武岩	0	0.00	0	0.00	1	0.93
	中性	安山岩	3	2.70	5	4.03	0	0.00
		粗面岩	0	0.00	1	0.81	0	0.00
	中酸性	英安岩	0	0.00	14	11.29	5	4.67
	酸性	流纹岩	36	32.43	30	24.19	35	32.71
		球粒流纹岩、气孔流纹岩	11	9.91	6	4.84	12	11.21
熔结结构或碎屑熔岩结构	基性	玄武质（熔结）凝灰/角砾/集块熔岩	0	0.00	0	0.00	0	0.00
	中性	安山质（熔结）凝灰熔岩	0	0.00	0	0.00	1	0.93
		安山质（熔结）角砾/集块熔岩	0	0.00	2	1.61	1	0.93
	中酸性	英安质（熔结）凝灰/角砾、集块熔岩	0	0.00	3	2.42	7	6.54
	酸性	流纹质（熔结）凝灰熔岩	29	26.13	27	21.77	22	20.56
		流纹质（熔结）角砾/集块熔岩	13	11.71	12	9.68	9	8.41
隐爆角砾结构		隐爆角砾岩	3	2.70	4	3.23	2	1.87
火山碎屑结构	中性	安山质凝灰/角砾/集块岩	0	0.00	1	0.81	0	0.00
	中酸性	英安质凝灰/角砾/集块岩	0	0.00	3	2.42	0	0.00
	酸性	流纹质（晶屑玻屑）凝灰岩	7	6.31	7	5.65	7	6.54
		流纹质（岩屑浆屑）角砾/集块岩	1	0.90	5	4.03	0	0.00
碎屑结构		（流纹质、凝灰质）砂岩	1	0.90	1	0.81	2	1.87
统计样本数			111		124		107	

表 6-9　不同类型的有效火山岩储层的岩性统计结果

成分结构大类		岩性基本类型	气水同层		裂缝含（油）气层		差气层和可疑气层	
			频数/N	频率/%	频数/N	频率/%	频数/N	频率/%
玻璃质结构		珍珠岩	5	4.50	1	4.76	1	3.03
熔岩结构	基性	玄武岩	1	0.90	0	0.00	4	12.12
	中性	安山岩	3	2.70	2	9.52	0	0.00
		粗面岩	0	0.00	0	0.00	0	0.00
	中酸性	英安岩	2	1.80	0	0.00	0	0.00
	酸性	流纹岩	42	37.84	9	42.86	10	30.30
		球粒流纹岩、气孔流纹岩	19	17.12	5	23.81	7	21.21
熔结结构或碎屑熔岩结构	基性	玄武质（熔结）凝灰/角砾/集块熔岩	0	0.00	0	0.00	0	0.00
	中性	安山质（熔结）凝灰熔岩	0	0.00	0	0.00	0	0.00
		安山质（熔结）角砾/集块熔岩	0	0.00	0	0.00	0	0.00
	中酸性	英安质（熔结）凝灰/角砾/集块熔岩	2	1.80	0	0.00	1	3.03
	酸性	流纹质（熔结）凝灰熔岩	15	13.51	1	4.76	6	18.18
		流纹质（熔结）角砾/集块熔岩	4	3.60	2	9.52	1	3.03
隐爆角砾结构		隐爆角砾岩	1	0.90	0	0.00	0	0.00
火山碎屑结构	中性	安山质凝灰/角砾/集块岩	0	0.00	1	4.76	0	0.00
	中酸性	英安质凝灰/角砾/集块岩	0	0.00	0	0.00	0	0.00
	酸性	流纹质（晶屑玻屑）凝灰岩	14	12.61	0	0.00	0	0.00
		流纹质（岩屑浆屑）角砾/集块岩	1	0.90	0	0.00	0	0.00
碎屑结构		（流纹质、凝灰质）砂岩	2	1.80	0	0.00	3	9.09
统计样本数			111		21		33	

在 6 种有效火山岩储层类型的研究中，发现相同的地方是流纹岩和流纹质（熔结）凝灰熔岩在各种有效储层中均占的比例较高，流纹岩在裂缝含（油）气层中达到最大值 42.8%，同样在含气水层和气水同层中，火山碎屑熔岩和熔岩均占较大的比例。而球粒气孔流纹岩在裂缝含油气层中所占的比例大大增加到 23.8%，主要是由于球粒流纹岩和气孔流纹岩主要分布在喷溢相的中上部亚相，原生气孔比较发育，后来发生的构造运动和溶蚀等作用形成各种裂缝，使相互孤立的气孔相互连通，既提高了储层的孔隙度，又提高了储层的连通性，增加了火山岩的物性，为有效火山岩储层的形成提供了前提条件。另外，珍珠岩在气层中所占比例最大（6.3%），主要是由于内带和中带亚相存在物性比较好的岩穹状松散层，在其他条件具备的情况下就成为有效的火山岩储层。

对火山岩储层进行大量的研究，发现基于结构分类的火山岩的岩性分布受火山岩相的控制，火山岩相也同样一定程度上控制着火山岩的物性，不同岩相及同一岩相下的不同亚相火山岩的结构和储集空间具有很大的差异性。由岩相统计结果也发现岩相和岩性之间存在着对应的关系，火山岩储层能否成为有效火山岩储层与各种因素相联系，即必须具备油气成藏的生、储、盖、圈、运、保等基本条件才能形成油气藏，火山岩储层才能够成为有效火山岩储层。火山岩油气藏与常规油气藏对比，最大的特征是火山岩不能自身构成油源岩，因此火山岩必须紧临生油凹陷，有持续活动的断裂系统沟通源岩，并与源岩主生烃期和排烃期相匹配。只有成藏条件具备了，火山岩中聚集了油气，此时火山岩储层才成为有效火山岩储层。

第五节　松辽盆地有效火山岩储层的岩相发育规律

一、有效火山岩储层和干层的岩相对比研究

（一）岩相概述

"相"是地质体中能够反映成因的地质特征的总和。火山岩相是指火山活动环境，包括喷出时的地貌特征、堆积时有无水体、距火山口远近、岩浆性质等，以及与该环境下所形成的特定火山岩岩石类型。结合松辽盆地火山岩特点和油气勘探需要，本次工作采用五相十五亚相分类方案，该方案主要基于岩性和岩石结构、构造等，可用岩心或岩屑进行岩相划分，强调盆地火山岩相研究中的可操作性，注重岩相与储层物性的关系。根据该分类，在发育完整且未受到后期剥蚀的火山岩序列中，火山岩岩相分为五相十五亚相，自下而上可以分为Ⅰ、火山通道相、Ⅱ爆发相、Ⅲ溢流相、Ⅳ侵出相、Ⅴ火山沉积相，其每相又可以细分为三个亚相。各种研究成果表明，火山岩岩相控制着火山岩的分布特征，不同亚相下及相同岩相下的不同亚相之间岩性和物性存在着差异性。

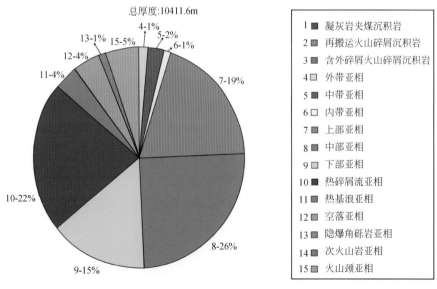

图6-14　有效储层亚相–厚度百分数分布图

（二）松辽盆地有效火山岩储层和干层岩相分布特征

在所研究的区域范围内的火山岩储层爆发相和溢流相交替的序列最为常见，火山通道–爆发相组合也比较多见，另外还可见火山通道–侵出–溢流相组合、火山通道相–溢流相组合等。本次研究对有效火山岩储层 528 个井段及干层的 352 个井段进行了出现频率和厚度的统计研究，其中有效火山岩储层各个亚相出现的频数共计 613 次，厚度达 10 411.6 m，干层各个亚相出现的频数共计 425 次，厚度共计 6286.3 m。图 6-14、图 6-15 及表 6-10 至表 6-13 为干层和有效火山岩储层各亚相依出现的厚度和频率绘制成的图表。

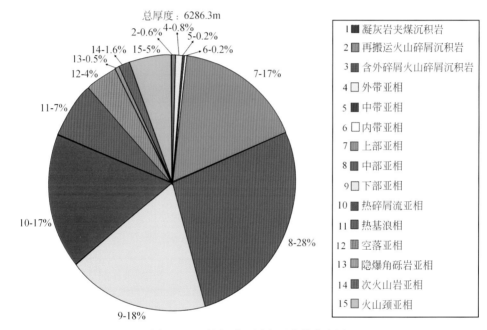

图 6-15　干层亚相–厚度百分数分布图

表 6-10　亚相统计结果（频率）

相	亚相	气层		水层		含气水层		气水同层	
		频数/N	频率/%	频数/N	频率/%	频数/N	频率/%	频数/N	频率/%
火山沉积相	凝灰岩夹煤沉积岩	0	0.00	0	0.00	0	0.00	0	0.00
	再搬运火山碎屑沉积岩	0	0.00	1	0.61	0	0.00	1	0.74
	含外碎屑火山碎屑沉积岩	0	0.00	0	0.00	0	0.00	0	0.00
侵出相	外带亚相	6	4.65	1	0.61	2	1.68	1	0.74
	中带亚相	8	6.20	5	3.07	3	2.52	7	5.15
	内带亚相	0	0.00	3	1.84	1	0.84	5	3.68

相	亚相	气层		水层		含气水层		气水同层	
		频数/N	频率/%	频数/N	频率/%	频数/N	频率/%	频数/N	频率/%
溢流相	上部亚相	21	16.28	22	13.50	26	21.85	29	21.32
	中部亚相	27	20.93	28	17.18	25	21.01	31	22.79
	下部亚相	11	8.53	24	14.72	17	14.29	19	13.97
爆发相	热碎屑流亚相	35	27.13	42	25.77	26	21.85	21	15.44
	热基浪亚相	4	3.10	11	6.75	9	7.56	6	4.41
	空落亚相	9	6.98	10	6.13	4	3.36	10	7.35
火山通道相	隐爆角砾岩亚相	2	1.55	5	3.07	2	1.68	1	0.74
	次火山岩亚相	0	0.00	0	0.00	0	0.00	0	0.00
	火山颈亚相	6	4.65	11	6.75	6	5.04	5	3.68
	样本总数	129		163		119		136	

表6-11 亚相统计结果（频率）

相	亚相	裂缝含（油）气层		差气层和可疑气层		干层		有效储层	
		频数/N	频率/%	频数/N	频率/%	频数/N	频率/%	频数/N	频率/%
火山沉积相	凝灰岩夹煤沉积岩	0	0.00	0	0.00	0	0.00	0	0.00
	再搬运火山碎屑沉积岩	0	0.00	0	0.00	7	1.65	2	0.33
	含外碎屑火山碎屑沉积岩	0	0.00	0	0.00	0	0.00	0	0.00
侵出相	外带亚相	0	0.00	2	5.56	3	0.71	12	1.96
	中带亚相	2	7.14	0	0.00	6	1.41	25	4.08
	内带亚相	2	7.14	1	2.78	5	1.18	12	1.96
溢流相	上部亚相	10	35.71	11	30.56	51	12.00	119	19.41
	中部亚相	7	25.00	5	13.89	88	20.71	123	20.07
	下部亚相	3	10.71	7	19.44	76	17.88	81	13.21
爆发相	热碎屑流亚相	2	7.14	7	19.44	91	21.41	133	21.70
	热基浪亚相	0	0.00	1	2.78	38	8.94	31	5.06
	空落亚相	0	0.00	1	2.78	37	8.71	34	5.55
火山通道相	隐爆角砾岩亚相	0	0.00	0	0.00	3	0.71	10	1.63
	次火山岩亚相	0	0.00	0	0.00	2	0.47	0	0.00
	火山颈亚相	2	7.14	1	2.78	23	5.41	31	5.06
	样本总数	28		36		425		613	

表6-12 亚相统计结果（厚度）

储层类型		气层		水层		含气水层		气水同层	
相	亚相	厚度/m	比例/%	厚度/m	比例/%	厚度/m	比例/%	厚度/m	比例/%
火山沉积相	凝灰岩夹煤沉积岩	0.00	0.00	0.00	0.00	0.00	0.00	0.00	0.00
	再搬运火山碎屑沉积岩	0.00	0.00	17.80	0.56	0.00	0.00	9.00	0.42
	含外碎屑火山碎屑沉积岩	0.00	0.00	0.00	0.00	0.00	0.00	0.00	0.00
侵出相	外带亚相	88.80	4.40	14.40	0.45	14.00	0.64	2.00	0.09
	中带亚相	43.20	2.14	62.00	1.95	47.20	2.17	60.20	2.80
	内带亚相	0.00	0.00	13.70	0.43	10.50	0.48	54.20	2.52
溢流相	上部亚相	398.10	19.71	453.00	14.26	422.60	19.47	446.00	20.77
	中部亚相	464.60	23.00	796.20	25.07	516.20	23.78	616.80	28.73
	下部亚相	137.20	6.79	707.50	22.28	296.90	13.68	258.30	12.03
爆发相	热碎屑流亚相	667.10	33.03	646.00	20.34	437.80	20.17	442.30	20.60
	热基浪亚相	37.00	1.83	142.20	4.48	132.60	6.11	39.20	1.83
	空落亚相	103.90	5.14	159.40	5.02	57.20	2.63	98.90	4.61
火山通道相	隐爆角砾岩亚相	15.00	0.74	36.80	1.16	40.00	1.84	25.00	1.16
	次火山岩亚相	0.00	0.00	0.00	0.00	0.00	0.00	0.00	0.00
	火山颈亚相	64.80	3.21	127.00	4.00	195.80	9.02	95.10	4.43
	总厚度	2019.7		3176		2170.8		2147	

表6-13 亚相统计结果（厚度）

储层类型		裂缝含（油）气层		差气层和可疑气层		干层		有效储层	
相	亚相	厚度/m	比例/%	厚度/m	比例/%	厚度/m	比例/%	厚度/m	比例/%
火山沉积相	凝灰岩夹煤沉积岩	0.00	0.00	0.00	0.00	0.00	0.00	0.00	0.00
	再搬运火山碎屑沉积岩	0.00	0.00	0.00	0.00	39.80	0.63	26.80	0.26
	含外碎屑火山碎屑沉积岩	0.00	0.00	0.00	0.00	0.00	0.00	0.00	0.00
侵出相	外带亚相	0.00	0.00	12.60	2.11	51.80	0.82	131.80	1.27
	中带亚相	32.00	10.59	0.00	0.00	14.40	0.23	244.60	2.35
	内带亚相	30.00	9.93	20.00	3.36	12.60	0.20	128.40	1.23
溢流相	上部亚相	100.40	33.22	188.70	31.67	1056.90	16.81	2008.80	19.29
	中部亚相	96.80	32.03	86.60	14.53	1695.10	26.96	2577.20	24.75
	下部亚相	6.80	2.25	130.80	21.95	1150.30	18.30	1537.50	14.77

储层类型		裂缝含（油）气层		差气层和可疑气层		干层		有效储层	
相	亚相	厚度/m	比例/%	厚度/m	比例/%	厚度/m	比例/%	厚度/m	比例/%
爆发相	热碎屑流亚相	9.80	3.24	104.40	17.52	1084.20	17.25	2307.40	22.16
	热基浪亚相	0.00	0.00	16.40	2.75	439.40	6.99	367.40	3.53
	空落亚相	0.00	0.00	16.40	2.75	270.60	4.30	435.80	4.19
火山通道相	隐爆角砾岩亚相	0.00	0.00	0.00	0.00	28.80	0.46	116.80	1.12
	次火山岩亚相	0.00	0.00	0.00	0.00	99.60	1.58	0.00	0.00
	火山颈亚相	26.40	8.74	20.00	3.36	342.80	5.45	529.10	5.08
	总厚度	302.2		595.9		6286.3		10411.6	

1. 有效储层和干层各亚相的厚度统计研究

由图6-14、图6-15可以得出，热碎屑流亚相和中部及上部亚相在干层和有效火山岩储层中占很大的比例，热碎屑流亚相在有效储层和干层中厚度分别占22.16%和17.25%，中部亚相则分别占24.75%和26.96%，上部亚相在两者中也占很大的比例，与岩性分布具有相同点。这是因为在热碎屑流亚相中主要为含晶屑、玻屑、浆屑、岩屑的熔结凝灰岩，具有熔结结构或熔结碎屑结构；在中上部亚相中，流纹岩、气孔流纹岩发育，储集空间主要为气、石泡空腔、杏仁体内孔和流纹理、层间裂缝，储集空间好，为良好的储集层。因此在这三个亚相中，火山岩的物性具有很大的优势，而至于火山岩储层能否成为有效储层，还与许多因素有关，而要满足成藏条件，储集性能好的火山岩储层才会成为有效火山岩储层。

由图6-14，图6-15也可以得出，在部分亚相中，有效火山岩储层和干层也存在一定的差异性，在有效火山岩中侵出相中的内带和中带亚相所占的比例要高于干层中的比例，有效储层的内带亚相占1.23%，而在干层中仅占0.2%；中带亚相在有效储层中占2.35%，而在干层中的比例仅有0.23%。这主要是由于在中带亚相和内带亚相中存在岩穹内松散体，其往往形成在火山旋回的晚期，高黏度的岩浆涌出地表遇水淬火形成岩枕和岩球构造，较细的玻璃质物质充填在球状堆积物之间，使球状珍珠岩体松散地堆积在一起，该松散体的物性比较好，因此在源岩、盖层、圈闭等条件具备的情况下会成为良好的储集层段。该现象在岩性方面已经讨论。另外，隐爆角砾岩亚相在有效储层的比例为1.12%，高于干层中的0.46%，主要是由于隐爆角砾岩亚相在火山口附近或次火山岩体顶部，可以穿入其他岩相，原生显微裂缝比较发育，为有效储层提供了良好的储集空间，因此成藏条件满足时会成为良好的有效储集层。另外，次火山岩亚相在干层中所占的比例要高于有效储层，该亚相代表岩性特征为次火山岩（玢岩和斑岩等），岩石结晶程度高于所有其他火山岩亚相下的岩石，不利于储存流体，因此在干层中的比例要高于有效储层。有效储层和干层的不同点说明，火山岩能否成为有效火山岩储层，储层的物性参数很重要。

2. 储层和干层各亚相出现频率的统计研究

由图6-16、图6-17可以发现，各亚相出现频率在有效储层和干层的分布与厚度分布基本相同，即热碎屑流亚相与中上部亚相所占的比例在有效火山岩储层与干层中都很大，热碎屑流亚相在有效储层和干层中所出现频率分别为21.7%和21.41%，中部亚相在两者中的频率分别为20.07%和20.71%，上部亚相则分别为19.41%和12%，主要是由于该几种岩相控制的火山岩物性较好，为火山岩成为储层提供了良好的储集空间，而能否成为有效储层还与其他因素有关，只有具备了油气成藏条件，火山岩储层才能成为有效储层，否则为干层。有效储层和干层在侵出相的各个亚相间存在较大的差异性，有效储层中侵出相各个亚相出现的频率略高于干层，是由于侵出相存在着珍珠岩形成的岩穹松散层，因此在有效火山岩储层侵出相的频率比例高于干层所占的比例，该现象也说明火山岩储层的物性参数在控制火山岩储层成为有效储层中起着重要作用。

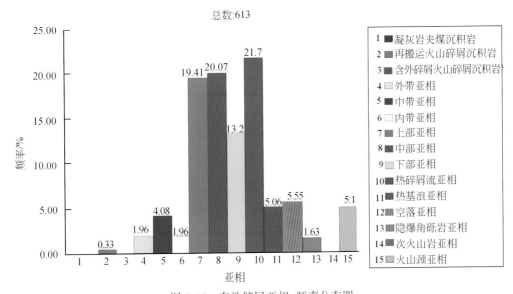

图6-16　有效储层亚相–频率分布图

由于岩相是控制火山岩储层物性的重要因素，在热碎屑流亚相和中部上部亚相中储集空间比较好，但是火山岩储层能否成为有效火山岩储层并不仅仅受火山岩相的控制，而与油气藏成藏条件有关，火山岩相只为有效储层的形成提供原始的储层条件，还要受源岩、圈闭等各种条件的制约。干层中未聚集流体说明其并没有满足油气成藏的条件，或缺少源岩条件，或不具备良好的圈闭条件，或者在地质的某时期聚集了油气而后发生的构造运动使油气散失而成为干层。

结合岩性和岩相的研究，岩相在干层及有效储层的变化规律和趋势与岩性之间存

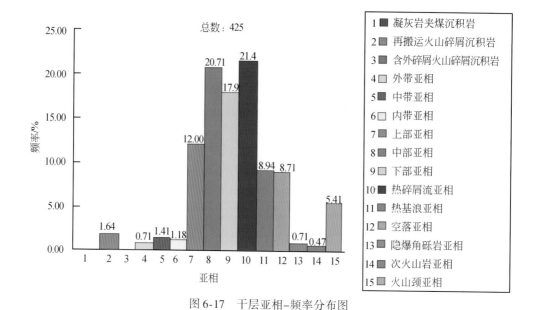

图 6-17　干层亚相–频率分布图

在着相对应的关系，在火山岩储层中热碎屑流亚相和中上部亚相所占比例大时，在岩性统计中，（熔结）凝灰熔岩和流纹岩、球粒流纹岩所占的比例也相应地增大。因为热碎屑流亚相的代表岩性为含晶屑、玻屑、浆屑的熔结凝灰岩，而中上部亚相的代表岩性为气孔流纹岩、球粒流纹岩和流纹岩。

二、不同有效火山岩储层的岩相研究

在本次统计过程中，有效火山岩储层统计频数共计 613 次，厚度共计 10 411.6m，其中气层统计频数 129 次，厚度达 2019.7m；水层统计频数为 163 次，厚度达 3176m；含气水层频数共计 119 次，厚度为 2170.5m；气水同层频数为 136 次，厚度为 2147m；另外的裂缝含油气层、差气层和可疑气层频数分别为 28 次和 36 次，厚度分别为 302.2m 和 595.9m。

（一）气层的岩相分布特征

由图 6-18、图 6-19 可以发现，爆发相的热碎屑流亚相和溢流相的中上部亚相无论在厚度统计还是频率统计的过程中均占有很大的优势，其中厚度统计中热碎屑流亚相占 33.03%，中部亚相占 23%，上部亚相占 19.71%；频率统计中，热碎屑流亚相占 27.13%，中部亚相占 20.93%，上部亚相占 16.28%，而隐爆角砾岩亚相所占的比例均比较少，厚度中仅占 0.74%，频率统计中仅占 1.55%。

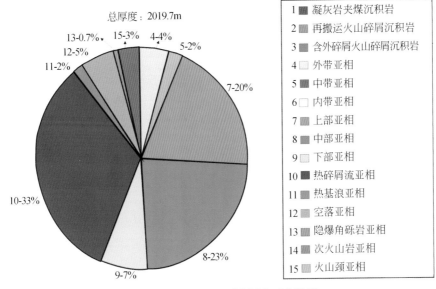

图 6-18　气层亚相-厚度厚度百分数图

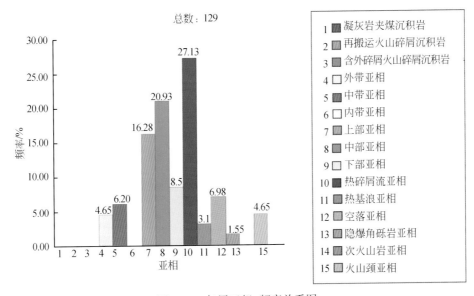

图 6-19　气层亚相-频率关系图

（二）水层的岩相分布特征

由图 6-20、图 6-21 发现，热碎屑流亚相和中下部亚相在水层中所占的比例也很大，热碎屑流亚相在厚度统计和频率统计中分别占 20.34%、25.77%；下部亚相分别占 22.28%、14.72%；中部亚相分别占 25.07%、17.18%。而内、外带亚相所占比例相对较小，前者在厚度和频率统计中分布占 0.43% 和 1.84%，而后者也仅占 0.45% 和 0.61%。

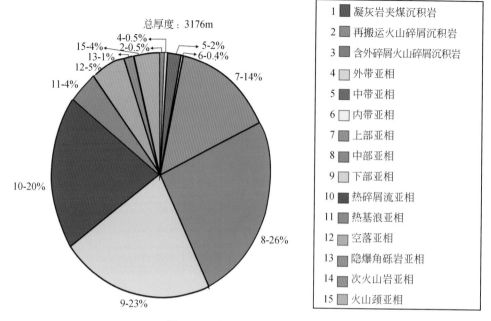

图 6-20 水层亚相–厚度比例图

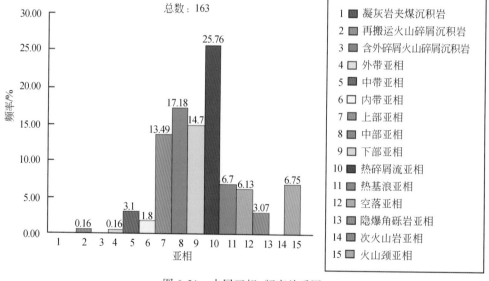

图 6-21 水层亚相–频率关系图

（三）含气水层的亚相分布特征

由图 6-22、图 6-23 可知，热碎屑流亚相和中上部亚相在含气水层所占的比例也很大，在厚度统计中，热碎屑流亚相占所统计总厚度（2170.8m）的 20.17%，中部亚相占 23.78%，上部亚相占 19.47%；在统计的 119 次含气水层中，热碎屑流亚相出现频率为 21.85% ，中部和上部亚相出现的频率分别为 21.01% 和 21.85% 。而内带亚相和外带亚相所占的比例相对较小。

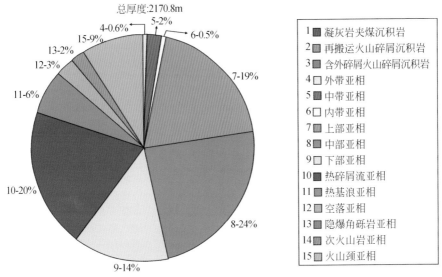

图 6-22　含气水层亚相-厚度比例图

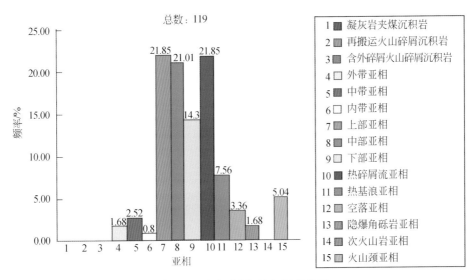

图 6-23　含气水层亚相-频率关系

（四）气水层的亚相分布特征

由图 6-24、图 6-25 可以看出，在气水层中，热碎屑流亚相和中上部亚相在厚度统计和频率统计中占有很大的比例，热碎屑流亚相在两种统计结果中分别占 20.60% 、15.44% ；中部亚相则占 28.73% ，22.79% ；上部亚相则分别为 20.77% 和 21.32% 。而外带亚相在两种统计中占的比例均比较小，都不足 1%。

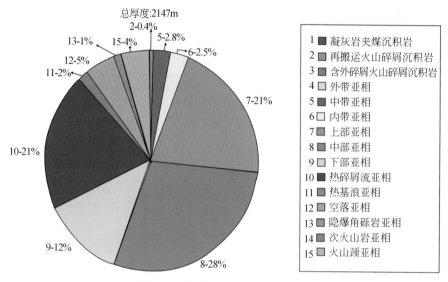

图 6-24　气水层亚相–厚度比例图

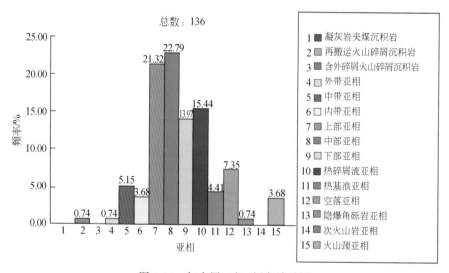

图 6-25　气水层亚相–频率关系图

（五）差气层和可疑气层的亚相分布特征

如图 6-26、图 6-27 统计结果揭示，在差气层和可疑气层的厚度和频率统计中，热碎屑流亚相和下部及上部亚相所占的比例均较大，在厚度统计结果中，三者分别占 17.52%、21.95% 和 31.67%；在频率统计结果中，三者分别占 19.44%、19.44%、30.56%。与其他有效储层相比较，外带亚相在该类有效储层中所占的比例比其他有效储层相对较高，厚度比例达到最大值 2.11%，频率也同样达到最大值 5.56%。

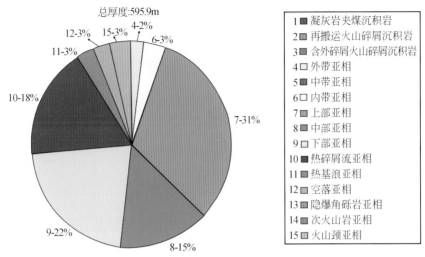

图 6-26 差气层、可疑气层岩性–厚度比例图

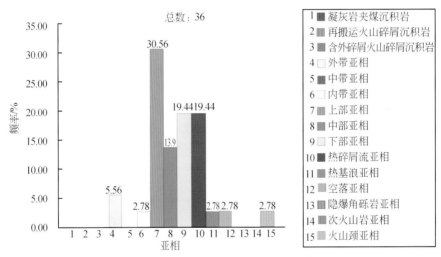

图 6-27 差气层、可疑气层亚相–频率图

综合 5 种有效火山岩储层的岩相分布特征，可以发现有效储层岩相的一般特征，即和第一节所讨论的内容相同，热碎屑流亚相和下中上部亚相在各个类型的有效储层中所占的比例普遍较大，该分布规律和岩性分布相对应，即热碎屑流亚相主要分布有熔结凝灰岩。

许多研究结果表明，岩相是控制火山岩储层物性的重要因素，不同岩相下以及相同岩相下的不同亚相所控制的火山岩物性和岩性有一定的差异性，一般来说，溢流相中的上部亚相顶底部的气孔带和爆发相中的热碎屑流亚相储集物性相当好，能够为油气的聚集提供良好的储集空间。通过分析有效储层和干层以及不同有效储层间的亚相分布特征，也同样发现火山岩岩相和岩性之间存在有一定的对应关系，证明了以前结论的正确性。另外，由于有效火山岩储层和干层在岩相和岩性分布上具有很大的相似性，因此可以推测火山岩储层能否成为有效储层，岩相的控制性较小，不同的岩相为有效储层的形成提供了一个原始的储集空间，而成为有效储层则还需要受其他因素的制约，如源岩条件、储层和盖层条件及圈闭和保存条件等，只有满足了油气成藏条件，在火山岩储层中聚集了工业性油流，火山岩储层才能成为有效储层。而干层中没有油气显示，说明干层并不满足油气聚集成藏的条件。

通过对有效火山岩物性分析发现，有效储层的孔隙度和渗透率明显要好于干层，因此可以推测在其他条件相同的条件下，物性好的火山岩储层更易于成为有效储层，即在满足成藏条件下，油气首先进入物性好的储层成为有效储层。而至于储层中储存流体的类型，则应该与流体来源远近、丰富程度、储层的岩石骨架性质、胶结物的种类、岩石的润湿性以及岩石和流体间的相互关系有关。

第六节 有效储层的分布规律

一、有效储层分布的影响因素

通过前几节的分析，火山岩的储集能力与岩石类型的关系并不十分明显，火山岩岩相却是直接影响或控制火山岩储集能力的重要原因，岩相带和储集类型空间组合是储层优劣的先决条件。火山岩岩相为火山岩储层成为有效储层提供了一个原始的储集空间，后期的构造运动和溶蚀淋滤作用使原生孤立的气孔相互连通，增加了火山岩的储集物性，为有效储层的形成提供了前提条件。现今的研究结果表明，火山岩的物性参数除受火山岩亚相控制外，还受后期的改造运动（充填作用、胶结作用、溶蚀作用和断裂活动）的影响。一般来说，充填和胶结作用对火山岩的物性有破坏作用，而溶蚀作用和断裂活动则增加了火山岩的物性，尤其断裂作用的结果最明显。本次统计的41口井中均分布在徐家围子断陷活动带，断裂活动不仅控制着火山岩的分布，而且也影响着邻近生烃层的发育，同时改造着火山岩的物性，但是火山岩储层中能否聚集可运移的流体，还与其他成藏条件相关。

1. 流体来源条件

火山岩油气藏与常规油气藏的最大的不同就是火山岩本身不能构成烃源岩，因此火山岩储层中聚集可运移的流体必须靠近生烃凹陷。钻探结果表明，松辽盆地北部的烃源岩主要有三种来源：一种是沙河子组的暗色泥岩，发育厚度大，以生气为主；一种是登娄库组的暗色泥岩，具有很大的生烃能力，为深层油气的重要来源；最后一种是无机成因的天然气。因此火山岩储层中是否含油含气含水，流体来源是首要因素。

2. 储集条件

通过前几节的讨论得出，火山岩储层物性参数是决定火山岩储层能否成为有效储层的关键因素，火山岩的储集条件首先受岩相控制，岩相影响着储层的原始储集空间；

其次受构造运动的影响，构造运动使致密的火山岩产生各种裂缝，一方面沟通了相互孤立的原生气孔，增加了孔隙度，另一方面也提高了渗透性。本次研究统计的 41 口井主要分布在徐家围子断陷周围，研究结果也显示有效储层的物性要远远好于干层的物性，因此其他条件具备时，储层物性就是影响有效储层的关键因素。

3. 盖层

盖层条件是油气成藏的重要条件之一，直接影响着油气的聚集和保存条件，流体（油气）进入到储层，只有具备了相应的盖层条件，油气才能聚集成藏。

4. 圈闭和保存条件

有效火山岩储层中之所以聚集了可运移的流体，主要是由于其满足了成藏条件，使油气在圈闭中聚集保存了下来；干层中则相反，或许某地质时期聚集了一定的油气，但是由于后期的构造运动，使成藏条件被破坏，聚集的油气散失掉成为干层；或许某一地质时期就没有聚集油气流而成为干层。

火山岩储层能否成为有效储层与多种因素相关，首先必须满足油气成藏的基本条件，如充足的油气来源、良好的火山岩储集空间、有利的圈闭和保存条件等。而火山岩中之所以存在干层，与各种因素有关，或许离生油凹陷距离远，或储集空间发育不好，或不具备油气保存条件等。

二、研究区有效储层的分布特征

根据第一节的讨论，火山岩储层要成为有效储层必须具备油气成藏的基本条件，即有充足的油气来源、储层和盖层条件、圈闭和运移保存条件，其中火山岩储层的物性在有效火山岩储层中起着关键因素，在其他条件相同时，油气首先进入孔隙度大、渗透性好的火山岩储集体，因此火山岩的物性在某种程度上决定着有效储层的形成。统计结果也同样显示，有效火山岩储层的孔隙度要远远大于干层的孔隙度，而火山岩的物性和岩相的关系密切，同时又受后期的构造运动的影响，火山岩岩相为火山岩储层提供了原始的储集空间，但是储集空间多是孤立的，而构造运动连通了孤立孔隙，也提高了储层物性。因此在构造活动断裂带，物性比较好的火山岩更易于成为有效储层。

根据本次统计的 41 口（兴城地区 20 口，升平地区 21 口）井，并结合区域地质勘探成果图，发现有油气显示的井平面上主要分布在断裂带附近，如徐深 1 井、徐深 1-1 井、徐深 1-3 井均分布在宋西断裂附近，发现有很好的油气显示，升平地区的升深 2-6、升深 2-7 及升深 2-12 等井也受宋西断裂的控制，成为良好的有效储层发育部位。统计的升平地区和兴城地区的有油气显示的井主要沿着宋西断裂成带状分布，成为火山岩有效储层的广泛分布区，因此有效储层的平面分布受深大断裂的控制。因为火山岩的物性是决定火山岩储层成为有效储层的重要因素，而在断裂带附近，由于构造作用形成的构造裂缝发育，流体活动作用强烈，在一定程度上又改造着火山岩储层的孔隙度和渗透率，油气沿着断裂带很容易发生油气的运移，因此在遇到合适的圈闭时就会聚集成油气藏。

综上，火山岩储层能否成为有效储层，受油气成藏条件等多种因素所控制，火山岩的储集物性在有效储层中起着关键作用，火山岩的岩相控制着火山岩储层的原始储集空间，构造运动和溶蚀淋滤作用等改造着火山岩的储集空间，使孤立的气孔相互连通，为成为有效储层提供了储层条件，而火山岩储层中能否聚集流体，还与流体的来源，圈闭条件和保存条件有关，在其他条件具备的情况下，油气首先进入储集空间较大、渗透性较好的火山岩储层，因此有效火山岩储层的分布受物性影响较大。构造作用不但影响着火山岩的分布，而且也影响着烃源岩的成熟度，同样也改造着火山岩的储集空间，因此有效火山岩储层的分布主要在断裂带附近的圈闭内，沿断裂带成带状分布。

我们对松辽盆地北部徐家围子断陷及周围地区 41 口井 880 多个井段（包括有效储层和干层）进行层位、厚度、岩相、物性（孔隙度，渗透率，面孔率）及测井资料（自然伽马值和深浅侧向测井值）的统计，进而分别对各种有效火山岩储层进行分类整理，对有效火山岩储层和干层，以及不同有效火山岩储层类型之间进行岩性、岩相、物性和测井曲线的对比讨论，以及查阅相关资料等，并对统计的结果图件进行了详细的分析，归结主要有以下几个方面。

（1）通过对 880 多个井段的统计，发现隐爆角砾岩、珍珠岩、流纹质凝灰熔岩、球粒-气孔流纹岩、流纹岩、流纹质（晶屑玻屑）凝灰岩、英安质凝灰/角砾/集块岩成为有效储层的比例均超过 60%，英安岩、流纹质（熔结）角砾/集块熔岩、安山质（熔结）角砾/集块熔岩、安山质（熔结）凝灰熔岩、粗面岩、流纹质（岩屑浆屑）角砾/集块岩、英安质（熔结）凝灰/角砾/集块熔岩成为有效储层的比例占 40%～60%，而凝灰质砂岩、玄武岩、安山质凝灰/角砾/集块岩、玄武质（熔结）凝灰/角砾/集块熔岩成为有效储层的比例只有不到 30%。

（2）火山岩储层的储集空间主要为孔隙-裂缝的双重介质型，火山岩相控制了火山岩原始的储集空间类型，不同岩相带及同一岩相带下的不同亚相发育的火山岩储层孔—缝及其组合关系差异很大。火山岩的储集空间还受后期的构造运动、溶蚀淋滤作用和胶结作用的影响。

（3）统计结果显示，无论从测井解释还是从实测数值，有效火山岩储层的物性明显高于干层的物性，说明在其他条件相当的情况下，物性的好坏是决定火山岩储层能否成为有效储层的关键因素。物性好的储层最有利于运移和储存油气，或者说油气首先进入孔隙度大、渗透性强的储集空间，对于有效火山岩储层中聚集流体的类型，应与流体的来源、丰富程度及界面张力等性质有关，并受油气成藏条件、岩石骨架性质和岩石的润湿性等因素的影响。

（4）通过对 880 多个井段的统计，发现爆发相的热碎屑流亚相和溢流相的中上部亚相在各种火山岩储层中均占有很大的比例，说明这几个火山岩亚相的火山岩储集空间好，为油气的聚集提供良好的储集空间，为油气藏的形成提供储层条件。火山岩的各个岩相在干层和有效储层中所占的比例相当，变化趋势大体一致，说明火山岩储层能否成为有效储层与岩相的控制关系不大，而受其他因素的控制，如距离烃源岩的远近、盖层条件、圈闭和运移条件等因素。只有具备了油气成藏的生、储、盖、圈、运、保等基本条件，火山岩储层才有可能成为有效火山岩储层，反之则为干层。

（5）有效储层和干层在自然伽马测井方面的差别不是很明显，说明两者之间的岩性相近，而深浅侧向中干层的电阻率要远远高于有效储层，不同有效储层间，水层电阻率最低，裂缝含油气层的电阻率最高，随着储层中含水量的增加，电阻率逐渐降低。因此可以利用双侧向测井来识别有效火山岩储层。

（6）有效储层的分布沿断裂带成带状分布，主要是断裂带附近的火山岩物性好，在成藏条件具备的情况下首先聚集流体而成为有效火山岩储层。因此有效储层的分布主要受物性和构造作用因素的控制。

第七章　火山岩储层测井评价技术应用

经过 5 年的技术攻关，形成了一套相对完善的火山岩储层测井评价理论、方法和技术。研究成果在近几年中国石油火山岩的勘探、开发中发挥了重要作用，取得了明显的效果。本章以松辽盆地徐家围子断陷白垩系营城组火山岩储层为例，简述研究成果的应用的情况，以反映火山岩测井评价思路、技术及方法在火山岩勘探、开发全过程的应用情况。

第一节　测井系列选择

一、测井系列优选及测井评价流程

（一）测井系列优化原则

针对酸性火山岩的地质特征以及测井评价的要求，以满足勘探生产需要为目的，以提高勘探效益为目标，采用"三不测量"的原则：对于测井目的不明确的测井方法坚决不测；对于不能解决地质问题的测井方法坚决不测；对于有经济适用的测井方法可以解决问题的，坚决不测费用高的类似的测井方法。对测井方法进行筛选，确定出经济、适用的酸性火山岩测井系列。

（二）测井系列的适用性分析

1. 微电阻率扫描成像测井

微电阻率扫描成像测井在测井过程中，仪器借助液压系统，使极板紧贴井壁，极板和测量电极向地层发射同极性电流，使极板对测量电极的电流起着聚焦作用，电流通过井筒内钻井液柱和地层构成的回路回到仪器上部的回路电极。由于极板测量电极电位是恒定的，回路电极离供电电极较近，所以测量电极的电流大小，主要反映井壁附近地层的电阻率大小。当地层中岩性、物性、含油性发生变化引起电阻率发生变化时，测量电极的电流也随之变化。扫描测量多个测量电极的电流的变化，然后进行特殊的图像处理，就可把井壁附近各点之间电阻率的变化，转变成反映井壁电阻率变化的黑白或彩色图像。

从理论上说，微电阻率扫描成像测井仪只适合于在钻井液电阻率小于 $50\Omega \cdot m$ 的水基钻井液中工作，为了得到高质量的图像，钻井液电阻率与地层电阻率的反差必须小于 2000Ω·m。微电阻率扫描成像测井仪适合的环境为水基钻井液，钻井液电阻不应过低。微电阻率扫描成像测井适应的目的层为砾岩、火山岩、碳酸岩等粒度较大或电阻率值较高的目的层。

微电阻率扫描成像测井主要应用于井旁地质构造分析（包括断层、不整合等），火山岩、沉积岩的结构、构造识别，地层沉积环境分析，孔洞、裂缝识别和评价，帮助岩心归位及岩性描述。

2. 核磁共振测井

核磁共振测井测量的是地层中氢核的共振弛豫特性。因此，它能够反映储层的物性和其中流体的性质。核磁共振测井仪是用一个永久性磁铁在地层径向上建立一个梯度磁场，用交变电磁场在地层特定区域使氢核产生共振现象，用自旋回波的方法接收共振氢核的横向弛豫（T_2）衰减信号（回波串），将回波串拟合成 T_2 谱等处理，可以得到储层的有关参数。

核磁共振测井从仪器种类上可分为地磁场、人工梯度场、贴井壁及随钻四大类。目前在大庆深层酸性火山岩地层主要应用的是斯伦贝谢公司的 CMR 和 Halliburton 公司的 MRIL-P 仪器。与其他测井方法一样，核磁共振测井也受许多因素影响，下面主要讨论这两种仪器的影响因素和适用性。

CMR 是一种贴井壁型测量仪器，测量的是紧靠仪器这部分地层的情况，若测量地层井壁四周非均质性很强，其测量结果代表性较差。MRIL 是一种居中型测量仪器，其响应范围是一个直径约 41cm、高 61cm、厚 1mm 的圆柱壳（探测直径与温度有关），读数是这个圆柱壳内孔隙流体的综合影响结果。所以受井周非均质性影响小。CMR 最小回波间隔为 0.2ms，MRIL 最小回波间隔为 0.6ms，对低渗透的砂泥岩储层 CMR，测量孔隙度的精度较 MRIL 精度高。

CMR 贴井壁观测，射频磁场几乎被聚集到地层中，井眼泥浆不损耗射频能量，所以，井眼流体对它几乎没有任何影响。MRIL 居中测量，射频磁场需通过井眼泥浆才能到达地层，井眼流体起负载作用，将对射频能量产生损耗，从而降低信噪比。

当井壁不规则的时候，CMR 可能会受到井眼流体的影响。如果在极板长度范围（15cm）内，井眼有大于 1.2cm 的扩径，仪器的读数就会部分或全部来自井眼流体。而对于 MRIL，当仪器居中良好时，只要井径小于其探测圆柱壳的直径，井眼不规则不会对测量读数产生影响。但是，当井眼严重扩径，井径大于 35cm，或仪器高度偏心时，测井读数一定会受到影响，在这种条件下获得的资料没有意义。

磁场强度与温度有关。CMR 采用均匀磁场工作方式。随着温度的升高，信噪比降低。此外，金属杂质也会破坏磁场的均匀性。

MRIL 的磁场同样会受到温度的影响，但是，由于它是在梯度磁场的条件下工作，对磁场的变化不会非常敏感。温度增加，磁场强度下降，梯度增加，使 MRIL 探测的圆柱壳的直径减小，从而使探测深度减小。当然，也会使灵敏区域更接近于天线，使到达探测圆柱壳的射频磁场的能量增加，影响 90′脉冲的精确性，在刻度的时候需要考虑这个因素。

CMR 由于天线很短，在比较理想的情况下，具有较高的纵向分辨率，可以分辨出很薄的储层。但是，纵向分辨率受到仪器长度、信噪比、测速等多种因素的影响。测速越快，信号采集时所丢失的极化范围就越大，信噪比进一步降低，需要的累加次数就会越多，分辨率也会大大减小。

核磁共振测井主要应用于研究岩石的孔隙结构，求取岩石的孔隙度和渗透率，求取自由流体孔隙度与束缚流体孔隙度，从而划分产层和非产层，区分储层流体性质，识别油气层。

3. 交叉偶极阵列声波测井

交叉偶极阵列声波测井仪器包括单极源发射和偶极源发射，测井仪器为圆柱状外形，适合圆柱状井孔中的测量。测井过程是由声波发射源发射声信号通过井壁反射和折射在地层和井内流体中传播，然后由接收器接收，其原理是基于弹性波理论。

交叉偶极阵列声波测井仪的工作方式依据其地质目的分为单极子模式、偶极子模式、交叉偶极子模式和斯通利波模式。而单极子模式为基本模式，属必测模式。如果在砂泥岩地层，仅仅为得到横波资料，则一般选用偶极子模式。而对于砾岩、火山岩、碳酸岩等复杂储层，既想得到横波资料，又要判断现代水平地应力和定性识别裂缝，则要选择交叉偶极子模式。若要解决上述地质问题，同时要解决流体的流动情况，则要选择交叉偶极子模式和斯通利波模式。

交叉偶极阵列声波测井主要应用于识别岩性和划分气层，划分裂缝带，识别有效裂缝，判断现代水平地应力的大小和方向，估算储层渗透率，进行岩石力学参数分析和提高地震标定及反演的精度。

4. 模块式动态地层测试（MDT）测井

MDT 是斯伦贝谢公司推出的模块式动态电缆地层测试仪，其特点是灵活的模块式设计，各模块可根据地层测试的需要进行组合。模块分为基本模块和可选择模块，基本模块为完成基本电缆测试所必须具备的模块，包括供电模块、液压动力模块、单探针模块、取样模块和管线系统。可选择模块可根据不同的测试目的和要求进行增减，包括多探针系统、流动控制模块、泵出模块、双封隔器模块、PVT 多取样模块和 OFA 光学流体分析模块。

分析 MDT 适应的地质条件是测好 MDT 的关键，具体地质条件分析应包含井眼情况、钻井液条件、储层岩性、孔隙度、渗透率、测压深度间隔和 OFA 分析点的选取等。

1）井眼情况

MDT 测量的最佳条件是直径为 8.5 in 的规则井眼，对 12 in 井眼需加长推靠器。另外，若裸眼井段过长，测井时电缆很容易被井壁吸附，在这种情况下，MDT 做 OFA 分析的时间不宜过长或测井过程中注意活动电缆。

2）钻井液条件

MDT 测井之前，井内钻井液应有足够的稳定时间，最佳条件是没有钻井液漏失和井内出液，使测压资料更加准确。当钻井液内有特殊物质时，会堵住管线，影响 MDT 测井，如堵漏剂、玻璃微珠等。

3）储层岩性

通常情况下，MDT 测井在分选较好的砂岩储层效果较好。对于高孔、高渗的砂砾岩、火山岩储层，最好直接采用 OFA 进行流体分析和双封隔器测试。

4）孔隙度、渗透率

根据资料统计，对于酸性火山岩，当孔隙度低于 10%、渗透率为 $0.5 \times 10^{-3} \, \mu m^2$ 的储层，单探针 MDT 测压和 OFA 流体分析都比较困难。如果采用双封隔器、超大探针或低泵速模块，储层物性下限可显著下降。

5）测压深度间隔

通常情况下，用地层压力资料计算流体密度时，最佳情况是压力点深度间隔为 2m 左右，但可根据测压情况适当调整。

6）OFA 分析点的选取

一般在孔隙度、渗透率较好的位置进行分析，对于一套物性较好的储层，应选取储层的顶部。

MDT 地层测试仪主要应用于确定储层的流体性质和油藏类型，准确做出地层压力剖面，从而得到井眼流体梯度，以快速确定原状地层的流度和渗透率各向异性，监测井间、层间压力干扰情况。

5. 阵列感应测井

阵列感应测井的基本原理与双感应测井是一样的，感应测井的井下仪器中装有线圈系（发射线圈和接收线圈）。其中发射线圈通以交变电流，这个电流在周围介质中形成一个交变电磁场，交变电磁场在导电介质中可以传播，在非导电介质中也可以传播。处在交变电磁场中的导电介质便会感应出围绕井轴的环形电流。在均匀各向同性岩层中，环形电流的中心是和井轴一致的，即是以井轴为中心的同心圆环状涡流。当发射线圈中交变电流的幅度和频率恒定时，地层中涡流强度近似与地层电导率成正比。该电流也将造成二次磁场，并在井下仪器的接收线圈中产生感应电动势。在接收线圈中的感应电动势的大小和环形电流大小有关，而环形电流的强度又取决于岩石的导电性。所以，通过测量接收线圈中的感应电动势，便有可能了解岩层的导电性。感应测井就是根据上述电磁感应的原理来测定岩石电阻率变化的。

在接收线圈中除了由介质中环形电流造成的感应电动势外，还有由发射线圈直接在接收线圈造成的感应电动势，这个电动势和地层导电性无关，所以称为无用信号，而把和地层导电性有关的感应电动势称为有用信号。通过公式推导可以知道，两者存在一定的相位差，适当地设计感应测井仪可以将它们分开，并且只记录下与介质导电性有关的有用信号。

根据阵列感应测井仪的原理和仪器特性，其适应的测井条件为：中、低电阻率地层；井眼直径不能太大；相对较高的钻井液电阻率；原状地层电阻率和冲洗带电阻率有差别。

阵列感应测井主要应用于钻井液侵入机理研究、地层侵入特性描述、有效渗透层划分、储层流体性质识别、原状地层电阻率确定、薄层评价。

6. 元素俘获（ECS）测井

ECS 测井采用镅铍中子源发射高能中子（平均能量 4MeV），高能中子经过碰撞、散射，逐渐减速为热中子，最终被不同元素的原子核俘获，并放出伽马射线。所放出的伽马射线是和俘获中子的特定元素原子核特征相对应的。伽马射线进入锗酸铋晶体探测器产生荧光，荧光到达光电倍增管，产生和入射粒子能量成比例的电脉冲，从而得到热中子俘获伽马能谱。

由仪器的原理和特性可知，元素俘获测井仪的适用性特别广，在淡水、饱和盐水、油基泥浆、重晶石泥浆、氯化钾泥浆、不规则井眼和高温井眼下都能采集到高质量的资料。

元素俘获测井主要应用于评价地层各元素含量和识别岩性，研究沉积环境。

（三）火山岩测井系列选择

因为火山岩的岩性识别、储层参数计算和流体性质识别等方面都存在较大的难点，因此，确定适宜的测井系列是十分重要的。

火山岩岩性比较复杂，目前还没有非常有效的岩性识别的方法，尤其是火山岩过渡岩性的识别更为困难。过渡岩性在岩性识别图版上一般都表现为范围比较大的、散乱的分布特征。而且，利用电阻率、孔隙度、自然伽马等测井资料只能确定岩性的化学定名，却不能确定其结构和构造。所以，为了准确确定岩性，在选择测井项目时，需要测量微电阻率扫描成像测井。

储层参数求取中，无论是孔隙度、渗透率求取，还是求准含气饱和度，与砂泥岩相比较，都存在较大的困难。一般来说，储层参数求取孔隙度的确定是基础，由于火山岩骨架参数很难确定，尤其是过渡岩性的骨架参数更难确定，对于火山岩利用补偿中子、岩性密度、补偿声波求取孔隙度不能完全满足生产需要。而核磁共振测井能够较准确的测得基质孔隙度，并能够较准确地求取渗透率。裂缝参数主要依赖于声、电成像测井资料。

在流体性质识别方面，由于火山岩的电阻率变化很大，而且岩性的变化一般对电阻率的影响远超过油气对电阻率的影响，所以只利用电阻率计算含油（气）饱和度，进而判断流体性质存在不能完全满足需求。多极子阵列声波、测核磁共振、地层测试等测井不同程度地对流体性质识别有较大帮助。

在火山岩地层，一般不选择电极系列测井项目，因为其受井筒环境影响较大，而且火山岩一般电阻率较高（一般几百至几千欧姆米），电极系列测井精度满足不了要求。

通过以上分析，火山岩测井系列的确定，不但要测电阻率（如双侧向）、孔隙度（补偿中子、岩性密度、补偿声波）以及自然伽马和自然伽马能谱、井径，而且要加测核磁共振、多极子阵列声波、微电阻率扫描成像测井，有条件的可加测地层测试（MDT）、元素俘获测井（ECS）。

表7-1为完整的火山岩储层测井评价测井项目组合，实际应用强调测井测前设计和调整。具体到某一口井，首先根据区域地质情况结合地质设计，针对目标井的储层岩性、钻井工艺、钻井液性能、显示情况及不同需求等进行优选。更重要的是根据实钻结果进行实时必要的调整。如果已经现场快速解释，要分析是否存在岩性、电性、物性、含气性的矛盾，然后决定是否实施MDT等作业。

表7-1　火山岩储层测井系列

目的	裸眼井测井项目	作用
岩性识别	元素俘获能谱（ECS） 微电阻率扫描成像（FMI） 常规（GR、U、Th、K、CNL、DEN）	常规、ECS：用于识别岩石成分不同的岩性 FMI：用于识别岩石成分结构、构造不同的岩性
流体性质评价	常规（CNL、DEN、DT、DLL/DIL） 核磁共振（CMR） 交叉偶极子声波（XMAC）	CNL、DEN、DT、CMR：用于建立消除岩性影响的方法 CMR：用于计算伪毛管压力曲线 XMAC：用于确定横纵波时差比
储层数评价	常规（CNL、DEN、DT、DLL/DIL） 元素俘获能谱（ECS） 核磁共振（CMR） 微电阻率扫描成像（FMI）	CNL、DEN、DT、CMR、FMI：用于孔隙度、渗透率计算 ECS：用于确定地层骨架参数 CNL、DEN、DLL/DIL：用于含气饱和度计算

二、测 前 设 计

测前设计是测井工程实施的重要一环，是测井资料有效应用、采集作业顺利实施及资料质量可靠控制的重要保证。由于核磁共振测井的观测模式受地层特性、流体特性、井眼条件影响较大，必须对采集参数进行优化设计。而其他测井方法在满足刻度和质量标准内，基本适用于火山岩地层。

（一）核磁共振测井的测前设计

核磁共振测井的测前设计就是要针对工作区块的具体地质条件及测井目的，合理选取脉冲序列和采集参数，实现对地层孔隙中油、气、水各相流体的有效检测和识别。下面以双 T_W 测井为例，介绍测前设计应该考虑的问题和一些具体做法。

1. 地层特性

设置采集参数之前，首先需要了解含烃孔隙度 ϕ_h 是否足够大，从而确定双 T_W 测井应用的可行性。地层特性与检测信号之间的关系为

$$\Delta\phi_h^* = \phi_t\ (1-S_{XO})\ I_H \Delta\alpha \tag{7-1}$$

式中，$\Delta\phi_h^*$ 为检测信号；ϕ_t 为总孔隙度；S_{XO} 为冲洗带含水饱和度；I_H 为烃的含氢指数，α 为极化因子。显然，检测信号随 ϕ_t（$1-S_{XO}$）的减小而降低。（$1-S_{XO}$）一般不容易确定，虽然 S_{XO} 可以由常规测井得到，但是，受泥浆侵入的影响很大。对于一个纯砂岩孔隙度为 28%，N/G（产层厚度与总厚度之比）为 50% 的地层，如果剩余烃饱和度为 30%，那么

$$\phi_h = \phi_s\frac{N}{G}\ (1-S_{XO}) = 28\times0.5\times0.3 = 4.2\% \tag{7-2}$$

2. 流体特性

需要考虑的流体特性主要是含氢指数 I_H 和纵向弛豫时间 T_1。如果 I_H 太小，谱差分剩余信号就会非常小；如果烃与水相之间 T_1 没有差别，基于 T_1 的产层与非产层就无法区分。

如果烃相是以甲烷为主要成分的气体，其 NMR 特性可以由 Akkurt 发表的图版得到，或者利用储集层温度和压力，由 Prammer 导出的公式确定。

如果烃相是油，最好的信息来源是本区油水及岩石在储层条件下的实验室测量。在没有实验室数据的情况下，利用式（7-3）可根据黏度来确定原油的 NMR 性质，即

$$T_1 = \frac{1.2T}{298\eta},\ D_0 = \frac{1.3T}{298\eta} \tag{7-3}$$

式中，T_1 为纵向弛豫时间（s）；η 为原油黏度（mPa·s）；T 为热力学温度（K）；D_0 为扩散系数（$\times10^{-5}$cm²/s）。这些公式适合于基于实验室所进行的测量，与实际情况可能会有一定的差异。

3. 等待时间

双 T_W 测井成功的关键之一是等待时间的选择。理论上要求，一方面保证在短的等待时间 T_{WS} 使水相的信号完全被极化，另一方面又要使极化因子 $\Delta\alpha$ 达到最大。但实际上，这两个要求常常发生矛盾，从而使选择过程复杂化。还有一些因素，如测井速度、天线负载也使等待时间的选择受到限制。对于检测天然气来说，最佳的等待时间是 T_{WS} =3s，T_{WL} =8s。即使如此，这组等待时间却又增加了水信号留在两个回波串差信号中的机会。当双 T_W 测井的主要目的是定量检测天然气时，水的非完全极化将成为谱差分信号中第二个重要来源。目前的 Halliburton 的 P 型核磁共振测井仪，最长的等待时间为 12s，短等待时间为 1s 和 2s，这样由于水的非完全极化，出现了不同程度的差谱信号，需要解释人员在处理解释时注意。

4. 测井速度

MRIL 的采集系统是时间驱动的。回波串在每个等待时间后产生，而不管仪器的深度和速度。对于一组给定的等待时间，测井速度增加，深度采样率就变小。在双频、双等待时间模式，Δt 内采集一组测量值（分别用 T_{WL} 和 T_{WS} 采集到两个回波串），表示为

$$\Delta t = \frac{T_{WL} + T_{WS}}{2} + N_e T_E \tag{7-4}$$

式中，N_e 为回波个数；T_E 为回波间隔。

如果 N 是每米要求的采样次数，v 是测井速度，那么，必须满足下列不等式：

$$\frac{1}{N} \geqslant v\Delta t$$

对于 $T_E = 1.2\text{ms}$，$N_e = 400$，等待时间为 1s 与 8s 的组合，测速必须小于 2m/min 才能保证 6 个/m 采样点。

除等待时间外，还有一些别的因素影响测井速度。在保证所选参数得到足够的采样率的情况下，可以通过如图 7-1 所示测速图版确定测井速度。这种图版上通常考虑了与测速有关的各种因素，并且区分了不同的仪器结构（仪器外径）和操作方式（使用的频率个数）。当然，在设置测井速度以前，还必须考虑诸如最低绞车速度等作业限制。

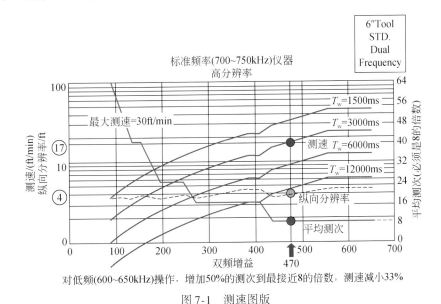

对低频(600~650kHz)操作，增加50%的测次到最接近8的倍数，测速减小33%

图 7-1 测速图版

（二） 核磁共振测井的观测模式

观测模式是一种以获取特定应用信息为目标的磁化和采集方式，它包括 T_W、T_E、N_E、最小累加次数 RA（minRA）的设置、频率的使用及其时序。

MRIL-Prime 的 9 个频率通常被分成 5 个频带。从低频（离探头较远）到高频（离

探头较近）分别为0、1、2、3、4。其中0、1、2、3四个频带各包含两个频率。第五频带则只有一个频率，并且总是用作泥质束缚水（PR06）的观测，其采集参数也都是固定的，即 $T_E = 0.6ms$，$T_W = 0.2s$，$N_E = 10$，RA = 50。MRIL-P型核磁主要有74种测井模式。具体每种测量模式及参数见表7-2。从表7-2可见，74种测井模式包含如下4种组合模式。

表7-2　MRIL-P型核磁共振测井仪常用观测模式及参数表

观测模式	种类	等待时间/s	回波间隔/ms	回波个数
单 T_W/单 T_E	DTP7_8	7.8	1.2	400
	DTP9_5	9.6	1.2	400
	DTP12	12.0	1.2	400
	D9TP08	8.0	0.9	500
	D9TP9_5	9.6	0.9	500
	D9TP12	12.0	0.9	500
双 T_W/单 T_E	DTW	12.2/1.0	1.2	400
	DTW1	12.2/1.0	2.4	200
	DTW2	12.2/1.0	3.6	133
	DTW3	12.2/1.0	4.8	100
	DTW4	12.2/1.0	6.0	80
	DTWA	12.7/2.0	1.2	400
	D9TW	13.0/1.0	0.9	500
	D9TW1	13.0/1.0	1.8	250
	D9TW2	13.0/1.0	2.7	166
	D9TW3	13.0/1.0	3.6	125
	D9TW4	13.0/1.0	4.5	100
	D9TWA	12.7/2.0	0.9	500
单 T_W/双 T_E	DTE108	8.0	1.2/2.4	400/200
	DTE110	10.0	1.2/2.4	400/200
	DTE112	12.0	1.2/2.4	400/200
	DTE208	8.0	1.2/3.6	400/133
	DTE210	10.0	1.2/3.6	400/133
	DTE212	12.0	1.2/3.6	400/133
	DTE308	8.0	1.2/4.8	400/100
	DTE310	10.0	1.2/4.8	400/100
	DTE312	12.0	1.2/4.8	400/100
	DTE408	8.0	1.2/6.0	400/80
	DTE410	10.0	1.2/6.0	400/80
	DTE412	12.0	1.2/6.0	400/80

观测模式	种类	等待时间/s	回波间隔/ms	回波个数
单 T_W/双 T_E	D9TE108	8.0	0.9/2.4	500/200
	D9TE110	10.0	0.9/2.4	500/200
	D9TE112	12.0	0.9/2.4	500/200
	D9TE208	8.0	0.9/3.6	500/133
	D9TE210	10.0	0.9/3.6	500/133
	D9TE212	12.0	0.9/3.6	500/133
	D9TE308	8.0	0.9/4.8	500/100
	D9TE310	10.0	0.9/4.8	500/100
	D9TE312	12.0	0.9/4.8	500/100
	D9TE408	8.0	0.9/6.0	500/80
	D9TE410	10.0	0.9/6.0	500/80
	D9TE412	12.0	0.9/6.0	500/80
双 T_W/双 T_E（采集专用）	DTWE1	12.2/1.0	1.2/2.4	400/200
	DTWE2	12.2/1.0	1.2/3.6	400/133
	DTWE3	12.2/1.0	1.2/4.8	400/100
	DTWE4	12.2/1.0	1.2/6.0	400/80
	D9TWE1	13.0/1.0	0.9/1.8	500/250
	D9TWE2	13.0/1.0	0.9/2.7	500/166
	D9TWE3	13.0/1.0	0.9/3.6	500/125
	D9TWE4	13.0/1.0	0.9/4.5	500/100
双 T_W/双 T_E（解释中心处理用）	DTWE1ABC	12.2/1.0	1.2	400/400
	DTWE1DEC	12.2/1.0	2.4	200/200
	DTWE1ADC	12.2	1.2/2.4	400/200
	DTWE2ABC	12.2/1.0	1.2	400/400
	DTWE2DEC	12.2/1.0	3.6	133/133
	DTWE2ADC	12.2	1.2/3.6	400/133
	DTWE3ABC	12.2/1.0	1.2	400/400
	DTWE3DEC	12.2/1.0	4.8	100/100
	DTWE3ADC	12.2	1.2/4.8	400/100
	DTWE4ABC	12.2/1.0	1.2	400/400
	DTWE4DEC	12.2/1.0	6.0	80/80
	DTWE4ADC	12.2	1.2/6.0	400/80
	D9TWE1ABC	13.0/1.0	0.9	500/500
	D9TWE1DEC	13.0/1.0	1.8	250/250
	D9TWE1ADC	13.0	0.9/1.8	500/250

观测模式	种类	等待时间/s	回波间隔/ms	回波个数
	D9TWE2ABC	13.0/1.0	0.9	500/166
	D9TWE2DEC	13.0/1.0	2.7	166/166
	D9TWE2ADC	13.0	0.9/2.7	500/166
双 T_W/双 T_E	D9TWE3ABC	13.0/1.0	0.9	500/500
（解释中心处理用）	D9TWE3DEC	13.0/1.0	3.6	125/125
	D9TWE3ADC	13.0	0.9/3.6	500/125
	D9TWE4ABC	13.0/1.0	0.9	500/500
	D9TWE4DEC	13.0/1.0	4.5	100/100
	D9TWE4ADC	13.0	0.9/4.5	500/100

1. 单 T_W/单 T_E 模式

用 DTPTW 或 D9TPTW 表示，频带的使用和时序关系如图 7-2 所示。从图 7-2 可见，它所采集的回波串分两组，即 A 组和 PR06 组。A 组的采集参数为 T_E = 1.2ms（DTPTW）或 0.9ms（D9TPTW），NE = 400（DTPTW）或 500（D9TPTW），T_W 则用 $\geqslant 3T_1$ 的原则选取，预先设计为 8s、9.5s、12s。"单 T_W/单 T_E" 用于测量泥质束缚水、毛管束缚水、视有效孔隙度和视总孔隙度，不能作流体类型识别。

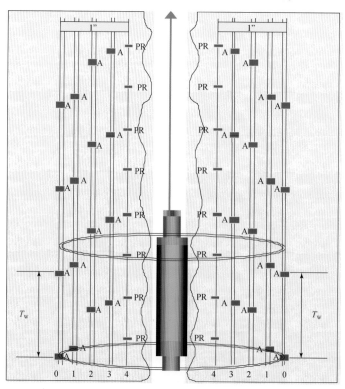

图 7-2 单 T_W/单 T_E 观测模式

2. 双 T_W/单 T_E 模式

用 DTW 或 D9TW 表示，它可以通过两个频率的交替使用，完成两个不同极化时间的回波串的采集。频带的使用和时序关系如图 7-3 所示。从图 7-3 可见，它所采集到的回波串包括三组，即 A、B 和 PR06 组。A 组的极化常数为长 T_W，B 组的极化常数为短 T_W，两组的采集参数 T_E、N_E 则相同。"双 T_W/单 T_E 加 PR06" 模式是针对烃与水的纵向弛豫时间差异的观测，除了用于测量泥质束缚水、毛管束缚水、视有效孔隙度和视总孔隙度外，还可以单独用作轻质油气的识别，并且，通过非完全磁化和含氢指数校正，还可获得地层的真有效孔隙度和真总孔隙度。

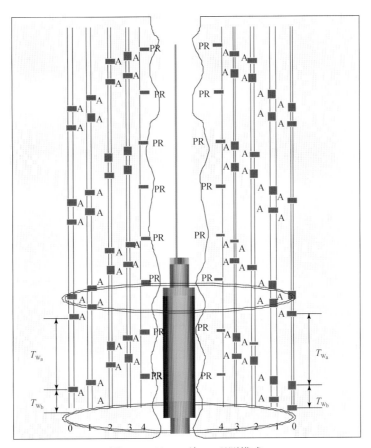

图 7-3　双 T_W/单 T_E 观测模式

3. 单 T_W/双 T_E 模式

用 DTE（n）TW 或 D9TE（n）TW 表示（n 表示不同的回波间隔），它可以通过两个频率的交替使用，完成两个不同回波间隔的回波串的采集。频带的使用和时序关系如图 7-4 所示。从图 7-4 可见，它所采集的回波串包括 A、B 和 PR06 组，其中 A 组由短 T_E 采集，B 组由长 T_E 采集，两组的极化常数 T_W、N_E 相同。"单 T_W/双 T_E 加 PR06"

模式是一种扩散系数加权观测，可以测量泥质束缚水、毛管束缚水、视有效孔隙度、视总孔隙度，也可以对黏度较高的油进行识别和定量分析。

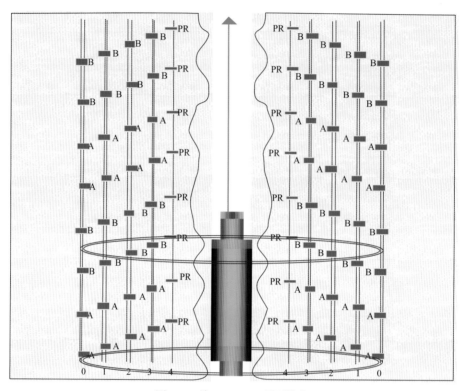

图 7-4　单 T_W/双 T_E 观测模式

4. 双 T_W/双 T_E 模式

用 DTWE（n）或 D9TWE（n）表示，其频带的使用和时序关系如图 7-5 所示。从图 7-5 可见，它所采集的回波串包括 A、B、PR06、D、E 五组，其中 A、B 两组是由短 T_E［1.2ms，DTWE（n），或 0.9ms，D9TWE（n）］采集的双 T_W 模式；D、E 两组则是由长 T_E 采集的双 T_W 模式，"双 T_W/双 T_E"模式既利用了 T_1 加权，又利用了扩散系数加权，可以测量泥质束缚水、毛管束缚水、视有效孔隙度、视总孔隙度，以及对轻烃、高黏度油的识别和定量分析，是一类对新区有效的观测模式。

MRIL-P 型核磁共振测井仪器的多观测模式为其在不同的油气藏条件、不同的观测目标中的应用提供了基础。在具体的某个地区，可以根据其地质条件及确定的应用目标，通过测前设计来确定观测模式。

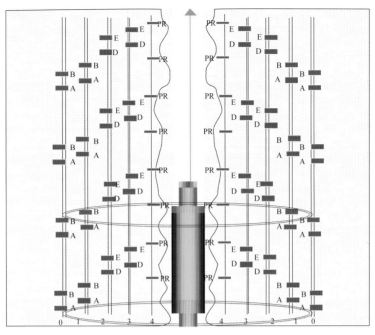

图 7-5 双 T_W/双 T_E 观测模式

第二节 松辽盆地北部徐家围子断陷应用实例

一、区域地质概况

松辽盆地徐家围子断陷白垩系深层火山岩储层地质条件复杂,分布面积广,但勘探程度较低,如图 7-6 所示。

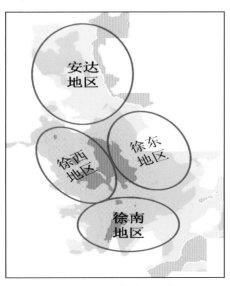

图 7-6 徐家围子断陷勘探成果图

徐家围子断陷为受徐西、徐中两条断裂控制的箕状断陷，为松辽盆地深层规模较大的断陷。断陷近南北向展布，南北向长95km，中部最宽60km，断陷主体面积4300km²。断陷西部为断坡带，中部为深洼带，并被徐中火山岩构造带分割为东西两个次凹，东部为斜坡带，西侧与古中央隆起带结合部为一大型的基底断裂面，该断裂面高差达3000～5000m，宽6～13km，断陷向东逐步抬升进入肇东-朝阳沟隆起带。

松辽盆地北部深层指泉头组二段以下地层，主要为基底、火石岭组、沙河子组、营城组和登娄库组及泉头组一段、二段地层。基底为泥板岩、千枚岩等变质岩和花岗岩等侵入岩。

火石岭组形成于断陷盆地初期，底部为一套碎屑岩，中上部发育火山岩及喷发的间歇期间的滨浅湖相沉积。下白垩统沙河子组为断陷盆地发育的鼎盛时期，形成断陷期主要烃源岩和局部盖层。断陷内普遍发育，以暗色泥岩为主，夹泥质砂岩、砂砾岩，是本区烃源岩之一。

营城组沉积期内基底断裂活动频繁，火山活动强烈，在断陷内，形成了大范围分布的火山喷发岩。在徐家围子断陷内营城组分为四段，营城组一段在升平-宋站地区以南发育，主要岩性为流纹岩、球粒流纹岩、流纹质凝灰岩、流纹质凝灰岩熔岩、凝灰质火山角砾岩和集块岩等酸性火山岩，局部发育有中、基性的粗面岩、安山岩、安山质角砾岩、安山质玄武岩等。营二段地层发育在宋西断裂东部的次凹，地层下部岩性为深湖相的暗色泥岩和滨浅湖沉积；上部为厚层火山岩。营三段为灰白色、流纹质角砾岩、流纹岩、凝灰岩和中、基性的安山岩、安山质角砾岩、安山质玄武岩、宣武质安山岩和玄武岩，厚度200～700m，发育在升平、宋站凸起及安达次凹。营四段为两套砂砾岩与含凝灰质的砂、泥岩互层，在升平、兴城地区砂砾岩局部发育，是该区的有利储层之一，且厚度很薄，为含凝灰质的砂、泥岩互层。

徐家围子地区火山岩岩石类型有火山熔岩和火山碎屑岩两大类：火山熔岩主要岩石类型有球粒流纹岩、流纹岩，（粗面）英安岩、粗面岩、粗安岩、玄武粗安岩、安山岩、玄武岩等，从酸性岩、中酸性岩、中性岩、基性均有分布；火山碎屑岩主要有流纹质熔结凝灰岩、流纹质（晶屑）凝灰岩、流纹质角砾凝灰岩、流纹质火山角砾岩、火山角砾岩、集块岩和安山质凝灰角砾岩等。

储层储集空间类型有气孔、气孔被充填后的残余孔、杏仁体内孔、球粒流纹岩中流纹质玻璃脱玻化产生的微孔隙、长石溶蚀孔、火山灰溶蚀孔、碳酸盐溶蚀孔、石英晶屑溶蚀孔、砾间孔、球粒周边及粒间收缩缝、裂缝及微裂缝等类型。其中气孔、球粒流纹岩中流纹质玻璃脱玻化产生的微孔隙、长石溶蚀孔、火山灰溶蚀孔、裂缝及微裂缝等是主要的孔隙类型。以上各类储集空间一般不单独存在，而是以某种组合形式出现。储集空间与储集岩岩石类型有着密切的关系，不同的岩石类型有着不同类型的储集空间组合。

二、测井评价难点

徐家围子断陷深层营城组火山岩储层岩石和孔隙类型多样，从酸性、中性到基性火山岩，从火山岩熔岩到火山岩碎屑岩均有发育，孔隙类型包括气孔、气孔被充填后的残余孔、杏仁体内孔、球粒流纹岩中流纹质玻璃脱玻化产生的微孔隙、长石溶蚀孔、火山灰溶蚀孔、碳酸盐溶蚀孔、石英晶屑溶蚀孔、砾间孔等，火山岩储层岩性、孔隙结构复杂，非均质性强，横向变化快，其测井评价存在以下难点。

（1）储层岩性的准确识别难。储层发育程度与岩性有密切的关系，因此岩性识别是储层识别评价的基础和关键。火山岩岩石矿物和岩性复杂、岩石类型和结构多样，尤其是在一些中基性的过渡岩性中，其矿物成分没有明显的界线，使得测井响应也具有复杂性和多解性。

（2）储层流体识别难。矿物成分复杂，储集空间类型多，不同岩性的火山岩孔隙结构不同，电阻率变化较大，岩石孔隙结构引起的电阻率的变化在一定程度上掩盖了孔隙流体对电阻率的贡献。传统的中子–密度交会图法等储层含气性测井评价方法适用性差，使得火山岩储层流体识别的难度很大。

（3）储层参数准确计算难。火山岩储层岩石类型多样，岩性及造岩矿物复杂，导致不同岩性的骨架参数变化较大，同时火山岩储层的孔隙度一般较小，而7%以下孔隙度的精确计算及储层有效性评价一直是测井评价的难点。

（4）储层测井相划分难。火山岩测井相的识别对有利储层预测、勘探及开发重点目标的选择具有重要意义。目前，只有关于沉积岩和碳酸盐岩测井相划分方面的研究，没有关于火山岩测井相方面的研究。而火山岩岩性、岩相比沉积岩和碳酸盐岩更加复杂，使得对火山岩测井相划分的难度很大。

2002年以前，大庆油田火山岩储层作为兼探层，研究相对较少，尤其是测井评价方面的研究更少，储层评价以常规测井及气测录井进行简单的定性、定量评价为主，只能划分火山岩段。2002年，以XS1井为代表，在火山岩储层取得重大突破，展示了深层火山岩气藏勘探开发具有较大的潜力和光明的前景，针对火山岩储层测井评价的难点，开展多种形式的技术攻关，确定以常规测井、电成像测井、元素俘获能谱测井及核磁共振测井为主的测井项目结合，攻克了岩性识别、测井相划分、流体识别及储层参数计算等多项关键技术，形成了一整套、相对完善的火山岩储层测井评价技术。

三、测井评价流程

依托攻关成果，将常规测井、电成像测井、ECS测井等新技术、地质、录井、测试及各种分析资料进行有机结合，建立了以"四性"关系研究为基础，从岩性、岩相识别入手，应用分岩相的精细解释模型进行流体识别、储层参数计算的火山岩储层测井解释流程，如图7-7所示。

按照上述流程，我们在松辽盆地徐家围子断陷完成了200多口井的火山岩储层测井评价，这些井中有80余口井获工业气流，60多口井投入试采、开发。建立了精细的储层参数评价模型，顺利地完成了储量提交有关的测井评价工作，提交各级天然气储量4000亿 m³，此外，还为开发方案部署提供了可靠的参数及技术支持，天然气产量达到了 15 亿 m³。

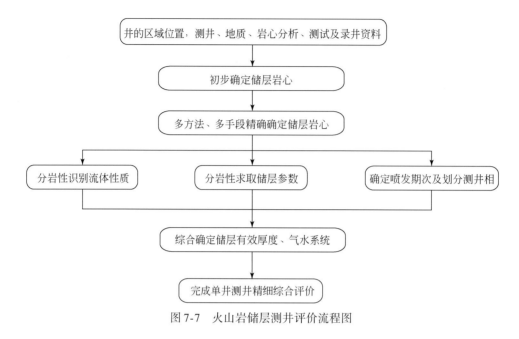

图 7-7　火山岩储层测井评价流程图

四、火山岩储层测井评价技术在徐家围子断陷气藏勘探开发中的重大作用

随着松辽盆地北部徐家围子断陷庆深气田的发现，松辽盆地成为我国又一重要产气区，截至 2012 年已提交天然气探明地质储量 2000 亿 m³，三级储量合计超过 3500 亿 m³以上。大庆油田在总结庆深气田发现的经验时，特别强调了"三个再认识"（资源再认识、成藏规律再认识、储层再认识）、"三项识别技术"（地震火山岩体识别技术、测井火山岩岩性识别技术、气水层综合识别技术）、三项配套工程（地震配套工程、钻井配套工程、增产改造配套工程），即"三个三"工程的关键作用。

油田勘探的核心就是两个选择：一是选井，二是选层。正像地震储层预测技术为选井提供了技术支持和保障一样，先进有效的火山岩储层测井评价技术突破了火山岩有效储层划分、流体识别及储层参数计算及分类的瓶颈，在整个火山岩气藏勘探中起到了承上启下的作用，在松辽盆地徐家围子地区气藏勘探中发挥了关键技术作用。

（一）准确识别火山岩岩性，在发现气藏中作用突出

火山岩岩性的准确识别是火山岩及其圈闭识别和评价的基础。分辨率高、连续性好的测井资料是岩性识别最有效、快速和经济的方法。

针对火山岩岩性准确识别的难点，研究通过技术攻关，综合岩心、薄片、元素分

析及常规测井、电成像测井、元素俘获测井等资料，制定组分与结构识别相结合、常规测井和特殊测井相结合的岩性识别思路，应用交会图版法、TAS 图分类法、成像模式等多种方法开展火山岩岩性的测井识别研究，建立符合深层地质特点的测井识别岩性方法。

如图 7-8 所示，首先通过常规测井曲线和 ECS 测井资料判断出岩性大类，即是酸性、中性还是基性火山岩，其次在电成像（FMI）测井资料上识别出岩石的结果构造，是流纹构造、角砾机构还是凝灰结构等，最后再进行综合定名火山岩岩性种类，从而可将岩性大类相同，但结构、构造不同的岩性，如凝灰岩、火山岩角砾岩、集块岩、角砾凝灰岩、熔结凝灰岩等岩性进行识别，有效地解决了火山岩岩性识别的难题。图 7-9 是 XS231 井岩性识别综合成果图，按照上述流程和方法，综合确定 3825～3850m 段为流纹质火山岩角砾岩。火山岩岩性识别技术对徐家围子地区深层火山岩 200 多口井进行了岩性识别，准确率达到 89% 以上，在准确识别火山岩岩性发现气藏中发挥了重大作用。

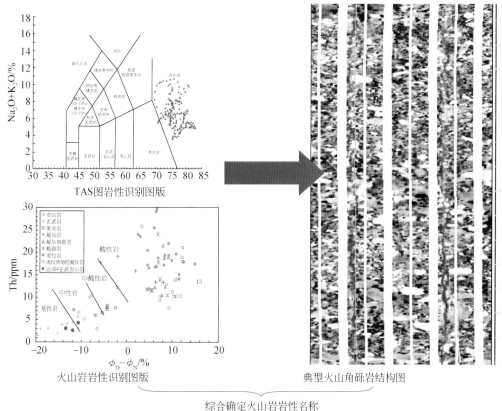

图 7-8　火山岩岩性测井识别思路图

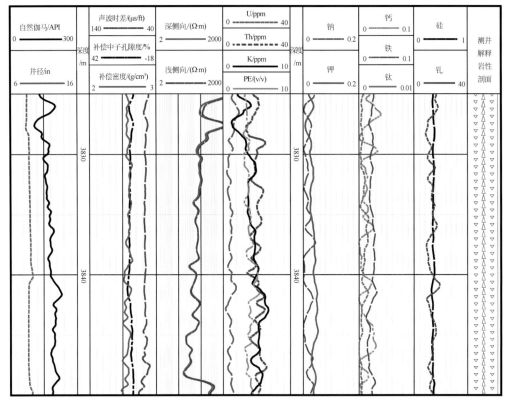

图 7-9　XS231 井岩性识别综合成果图

（二）火山岩测井相的划分，为有利储层预测奠定基础

火山岩岩相的准确划分是有利储层预测的基础，对勘探评价、井位部署及开发层位的选取具有重要意义。而应用连续的测井资料划分岩相、亚相是一种经济、有效的方法。

针对火山岩岩相测井划分的难点，通过科研攻关，在岩性准确识别的基础上，应用常规测井结合电成像测井、元素俘获能谱测井等新技术，采用第四章第五节中的岩相划分方法，完成了 200 余口井的火山岩岩相划分。在岩相划分过程中，期次、旋回解释是地质认识火山岩的必要节点，不同地区的特征存在差别，以下是大庆深层火山岩喷发旋回期次的测井识别的方法。

1. 大庆深层火山岩喷发旋回期次识别方法

1）地质界面识别

由于营城组火山岩形成时间持续达 10Ma，而每一期火山机构建造时间可能在相对较短的时间内完成，后期改造时间较长，因此火山岩顶部存在风化壳和沉积夹层等间断界面。营城组火山活动多以爆发相开始，以大量火山灰的喷出为特征，且向上粒度逐渐变粗。火山间歇期，在一定区域范围内，也在接受来自远（异）源喷发产生的火山灰沉积。这些标志层都可作为期次的划分界面。本项目组在前人研究的基础上，通过 30 口井的钻井取心、测井资料的精细解释结果等资料，总结了火山喷发期次旋回地质界面的测井响应特征（图 7-10）。

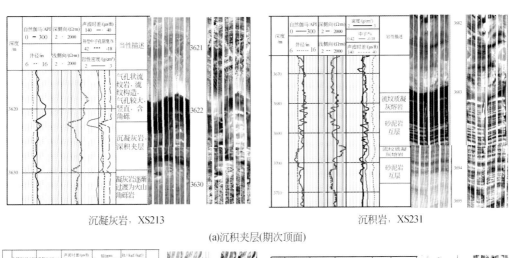

(a)沉积夹层(期次顶面)

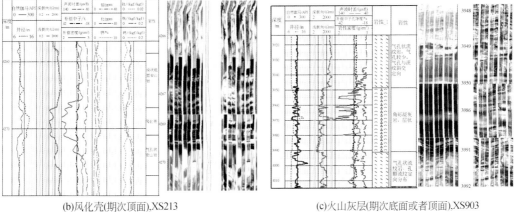

(b)风化壳(期次顶面),XS213   (c)火山灰层(期次底面或者顶面),XS903

图 7-10 大庆深层营城组火山岩期次旋回地质界面的测井响应特征

（1）沉积夹层。如图 7-10a 所示，是火山间歇期火山碎屑沉积岩或正常沉积岩，为火山岩段内的沉积夹层，常规曲线特征为中等伽马、低电阻、低密度，与正常沉积岩相似，曲线振幅高于相邻火山岩，成像资料可以看出其发育层理构造，往往为期次顶面。

（2）风化壳。当两次熔浆喷溢间隔时间较长时，在早期形成的熔岩表面往往有风化剥蚀面，为期次顶面。风化壳成分和厚度因地而异，主要与原岩岩性、气候和风化作用的时间相关。通常情况下认为，在一定时限内，除去剥蚀作用影响的情况下，经历的风化时间越长，风化壳的厚度越大。

进行野外露头或者钻井取心观测时，风化壳成分、颜色差异明显，一般不难辨认，但利用测井资料识别较难，尤其是风化程度较低的时候，与沉积夹层较难区分。同原岩相比较，Al、Fe、Ti 难被迁移而相对富集，Ca、Mg、K 易迁移而相对减少，U 被运走，而 Th 元素抗风化能力强而被保存，常规测井资料往往表现为高伽马、低电阻、低密度，易扩径，如图 7-10b 所示。

（3）火山灰层。如图 7-10c 所示，以喷出火山灰开始的火山喷发形成的火山灰层，或火山活动间歇期接受异源喷发沉积的火山灰层，都可以作为期次划分的界面。其测井特征为高伽马、低电阻、高密度，伽马曲线为高振幅齿形，电阻率通常为明显的低值。

2）岩性界面识别

火山活动的不同阶段，在物质成分和喷发方式上会产生规律性变化。同一期次内部岩性构成常见以下几种情况：①以熔岩为主，常见于基性火山岩地区。对于熔岩成分不同的，可以根据成分的变化来划分，如图 7-11 所示，XS141 井以 4074m 为界限，下部发育安山质岩石，上部发育玄武质，岩性变化标志另一期火山喷发的开始；对于熔岩成分相同或接近的，可根据熔岩层的厚薄、斑晶矿物成分及岩石结构构造的变化来划分。②以火山碎屑（熔）岩为主，常见于黏度较大的中、酸、碱性火山岩地区，一般的变化规律为粗火山碎屑岩向细火山碎屑岩过渡。③熔岩与火山碎屑（熔）岩互层，期次内部岩性构成一般下部为火山碎屑（熔）岩，上部为熔岩。④熔岩、火山碎屑（熔）岩、沉积岩交替互层，期次内部岩性通常的构成方式为火山碎屑（熔）岩—熔岩—（火山碎屑）沉积岩，这是一个由爆发—喷溢—间歇组成的周期，反映出火山活动由强渐弱的正韵律变化趋势。

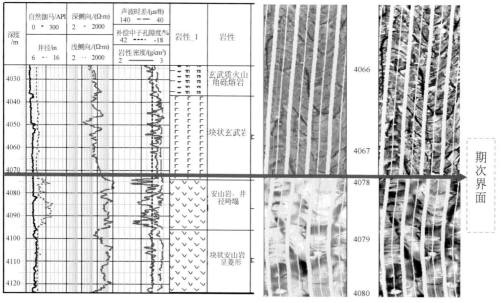

图 7-11　岩性组合分析

2. 单井期次旋回划分实例

下面以 W905 为例，描述单井期次旋回划分方法。首先，根据地质界面，将 W905 营三段（2945.5～3427.8m）火山岩划分为 8 个期次。

其中，在 3307.2～3427.8 m 火山岩段，如图 7-12 所示，从 3360.4～3379.6m 和 3342.5～3343.2m 两段沉积夹层可以看出，该段火山岩应分属于三个不同的期次，期次界面为沉积夹层。

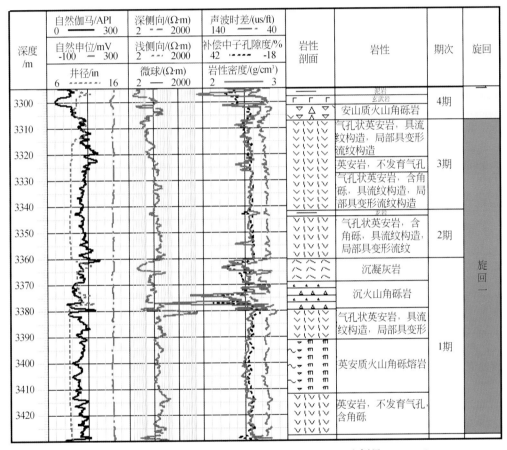

图 7-12　W905 营三段旋回一（3307.2～3427.8 m，比例尺 1∶1000）

在 3307.2m 处，岩性由气孔状英安岩变为安山质火山角砾岩，标志第 4 期火山岩的开始，3294.9～3297.8m 和 3283.7～3284.3m 两处沉积夹层，划分出第 5 期、第 6 期火山岩（图 7-13），在 3271.3m 处，火山岩又由基性玄武岩变为酸性流纹岩，为岩性界面，之后根据 3142.6～3145.5m 处的松散沉积夹层，将 2945.5～3271.3m 段火山岩划分为第 7 期和第 8 期两期，如图 7-14 所示。

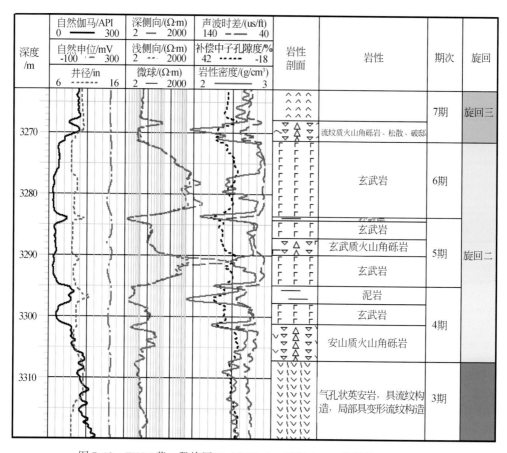

图 7-13　W905 营一段旋回二（3271.3～3307.2 m，比例尺：1∶400）

3. 大庆深层火山岩相序列特征

　　期次内部岩相结构特征表现为相序连续或准连续，一个期次通常包含一个或一个以上相序组合。一个完整的理想的火山岩相序组合在纵向上表现为：火山通道相→爆发相→溢流相→侵出相→火山沉积相。但是，实际情况中的相序组合可能只出现其中的两三个岩相类型，也可为单一的岩相类型，还可能会出现相序重复、颠倒的情况。

　　由表 7-3 可以看出，大庆深层火山岩期次内部相序变化主要与火山岩的岩性有关。酸性岩主要由爆发相开始，结束于火山沉积相或侵出相，中基性岩则主要是从溢流相开始，结束于火山沉积相或者火山通道相。风化壳层之上和沉积夹层之上的火山岩是新的喷发旋回的开始，而火山沉积相和侵出相的出现往往标志着一个火山喷发旋回的结束。

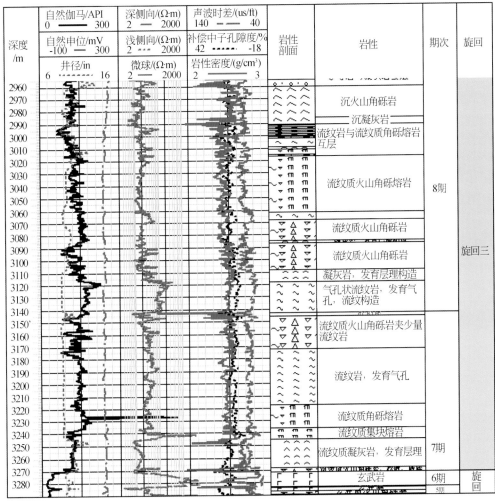

图 7-14 W905 营一段旋回三 （2945.5～3271.3 m，比例尺：1：2000）

表 7-3 火山岩期次内部相序变化特征表

岩性	相序变化类型	出现频率/%	火山活动强度
酸性岩	爆发相→（溢流相）→（火山沉积相）	67	强→（弱）
	爆发相→（溢流相）→火山通道相→侵出相	6	强→（弱）→末期
	溢流相→（火山沉积相）	23	弱→（弱）
	火山通道相→（爆发相）→溢流相	4	弱→（强）→弱
中基性岩	溢流相→（火山沉积相）	50	弱→间歇期
	溢流相→爆发相→（火山通道相/火山沉积相）	24	弱→强→弱/间歇期
	爆发相→（火山通道相）→溢流相→（火山沉积相）	14	强/→弱→间歇期
	爆发相→（火山沉积相）	16	强→间歇期

注：据 30 口火山岩钻井取心地质相识别结果统计所得，表中括弧表示出现或者未出现。

4. 大庆深层火山岩岩相与喷发旋回规律

单井岩相、旋回划分是火山岩精细勘探的基础。在地质认识与 200 余口岩性、岩相解释基础上，开展了岩性、岩相、旋回发育规律研究，为大庆深层火山岩勘探评价、井位部署及开发层位的选取提供了有力的技术支撑。

图 7-15、图 7-16 分别是大庆深层的岩性岩相分布图。岩性上总体规律为：①大庆深层火山岩北部营三段酸性岩与中基性岩叠置发育，以玄武岩、流纹岩和凝灰岩为主；②大庆深层南部营一段发育酸性火山岩，岩性以流纹岩角砾岩为主。岩相上总体规律为：①徐深气田火山岩共发育 5 个大相、8 种混合相、15 种亚相；②北部营三段以爆发相和溢流相发育比例较大；③南部营一段以溢流相为主；④XS1 井区主要发育爆发相，局部发育溢流相和通道相；⑤WS1 井区溢流相普遍发育，火山通道相和爆发相只在局部火山口处呈小片发育；⑥徐东地区溢流相为主，北部发育一些爆发相；⑦升深2-1:全区主要发育溢流相，边部发育有爆发相，通道相零星分布。

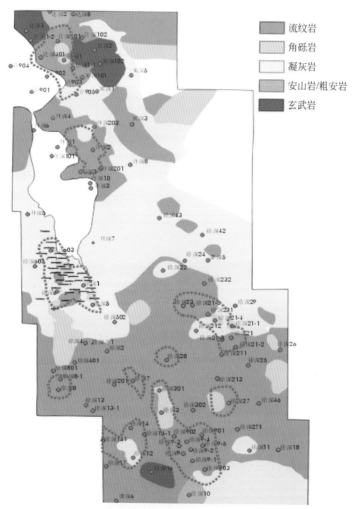

图 7-15　大庆深层营城组火山岩—气层组岩性平面分布图

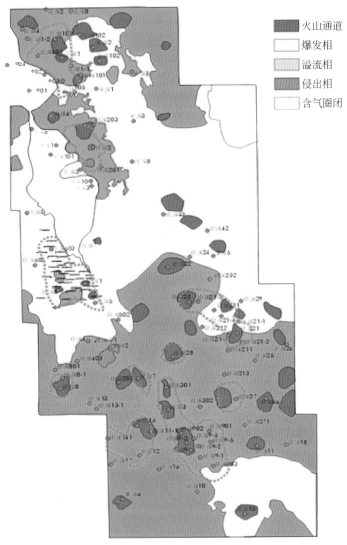

图 7-16 大庆深层营城组火山岩组岩相平面分布图

旋回上总体规律为：①大庆深层营城组火山岩可划分为两段六期，营一段三期主要分布在南部，营三段三期主要分布在北部；②营一段可划分为 3 个旋回，旋回 Ⅰ 中基性岩为主，旋回 Ⅱ 和旋回 Ⅲ 酸性岩为主；③营三段可划分为 3 个旋回，旋回 Ⅱ 中基性岩为主，旋回 Ⅰ 和旋回 Ⅲ 酸性岩为主；④徐东地区火山岩厚度大，岩性以酸性熔岩和碎屑岩为主，旋回 Ⅲ 酸性火山熔岩分布广、储层物性好，是本区主要目的层；⑤徐西地区火山岩厚度变化大，岩性以酸性熔岩和中基性熔岩为主，旋回 Ⅲ 酸性火山岩与旋回 Ⅰ 中基性火山岩是重要目标层；安达地区火山岩岩性组合存在三个旋回，旋回 Ⅰ、旋回 Ⅲ 以酸性岩为主，旋回 Ⅱ 为中基性火山岩，旋回 Ⅱ 中基性火山岩为重要目标层。

研究结果为勘探井震结合研究旋回、相带分布规律、寻找隐蔽圈闭、落实钻探目标奠定了基础。

（三）分岩相进行流体识别与储层参数计算，提高测井解释精度

火山岩储层岩石和孔隙类型多样，孔隙结构复杂，孔隙度低，火山岩储层电阻率变化大，岩石基块对电阻率的影响甚至超过了储层孔隙流体对电阻率的影响，因此，传统的含气性评价方法适用性变差。地质规律研究表明，火山岩体控制火山岩相的发育规律，而火山岩相控制储层发育规律。因此，火山岩岩相控制原生和次生储集空间的发育程度和组合规律，不同岩相的储层具有不同的测井响应规律，即岩性相同岩相不同的储层岩石物理特征差异大，需分岩相进行储层流体识别与参数计算。

对大庆深层徐家围子地区的火山岩岩相发育程度进行分析可知，爆发相与溢流相占总地层的84.5%，储层也主要发育在这两个岩相中，因此，在徐家围子地区分爆发相和溢流相建立了相应的孔隙度、渗透率、饱和度解释模型以及流体识别标准。对于较少发育的侵出相和火山通道相储层应用溢流相标准进行流体性质解释，对于较少发育的火山沉积相储层应用爆发相标准进行解释。

1. 流体识别与有效厚度划分

针对酸性火山岩储层，以岩心刻度测井为基础，应用第五章介绍的三孔隙度组合、密度孔隙度-核磁孔隙度重叠、横纵波时差比值及交会图版等计算得到综合指数。再应用综合指数和深侧向电阻率，选用发育爆发相储层32口井43个层和发育溢流相储层21口井27个层的测井和试气资料，分爆发相和溢流相建立流体识别标准，图版精度分别为92.8%（图7-17）、96.4%（图7-18）。

图7-19为XS101井测井综合解释成果图，本井岩性为酸性火山岩，岩相为溢流相。从图中可看出，三孔隙度组合、密度孔隙度-核磁孔隙度及横纵波时差比值均表明该井有很好的含气显示，同时在交会图版中，落到了气层区，综合解释气层2层69m，气水同层2层100m，对3608～3616m段射孔，进行压裂，压后自喷，日产气356422m^3，为工业气层。

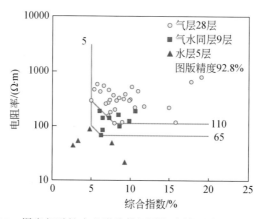

图7-17　爆发相酸性火山岩流体识别与有效厚度电性标准图版

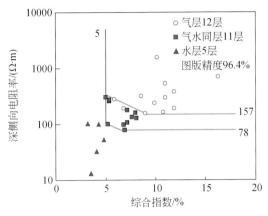

图 7-18　溢流相酸性火山岩流体识别与有效厚度电性标准图版

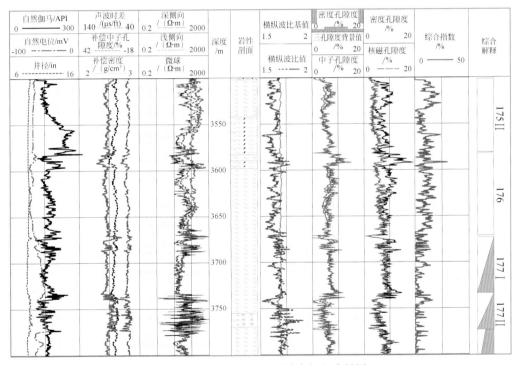

图 7-19　XS1-101 井测井综合解释成果图

针对中基性火山岩储层，由于其非均质性强，岩石骨架变化大，并且岩石受蚀变影响较大，为此，可应用双密度重叠、横纵波时差比值、核磁孔隙度–密度孔隙度重叠建立综合指数后，与电阻率结合建立流体识别标准。从徐家围子地区火山岩岩相的识别结果可知，中基性火山岩储层主要发育于溢流相中，目前仅针对中基性火山岩溢流相储层流体识别标准进行了研究。

应用中性火山岩 12 口井、基性火山岩 15 口井的试气资料及测井资料，分别建立了中性岩溢流相及基性岩溢流相储层流体识别标准（图 7-20、图 7-21），对于发育较少的爆发相储层，目前借用此标准进行流体识别。

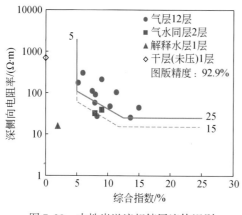 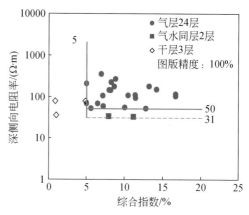

图 7-20　中性岩溢流相储层流体识别
与有效厚度电性标准

图 7-21　基性岩溢流相储层流体识别
与有效厚度电性标准

图 7-22 为 DS3 井测井综合解释成果图，本井岩性为中基性火山岩，岩相为溢流相。从图中可看出，双密度组合、密度孔隙度-核磁孔隙度及横纵波时差比值均表明该井有很好的含气显示，同时在应用电阻率校正后建立的交会图版中，落到了气层区，综合解释气层 1 层 10.4m，差气层 3 层 37.4m，气水同层 1 层 6.4m，对 3256～3283m 段射孔，MFE（Ⅱ）+自喷求产，日产气 56017m³，为工业气层。

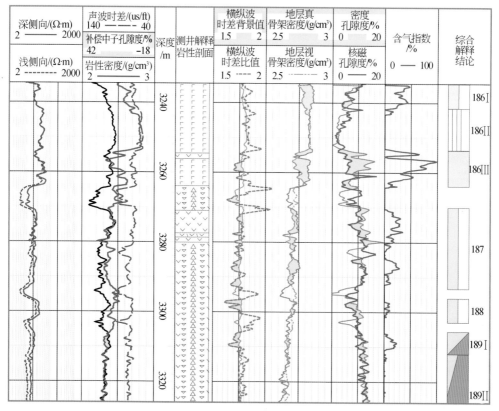

图 7-22　DS3 井测井综合解释成果图

2. 储层参数计算

松辽盆地徐家围子地区火山岩储层具有岩性复杂多变、岩石骨架参数变化大、孔隙类型多样、储集空间复杂、孔隙度低、非均质性强的特点。针对这一特点，通过优化测井系列，确定了应用变骨架参数的方法计算孔隙度，岩石物理相分类的方法计算储层渗透率及基于背景导电的原始含气饱和度解释模型。下面以酸性火山岩为例介绍分岩相的精细解释模型。

1）有效孔隙度

对于火山岩气层，通常利用中子孔隙度与密度孔隙度的相互补偿作用，来计算孔隙度。直接分岩性后采用这种方法建立的孔隙度解释模型，计算结果绝对误差满足储量规范要求，但相对误差较高。在岩性岩相解释基础上，分岩性后再细分岩相建立孔隙度解释模型（表7-4），孔隙度计算结果的绝对误差和相对误差均减小较大。

表7-4　分岩相酸性火山岩有效孔隙度解释模型

储层类型	孔隙度解释模型	相关系数	绝对误差/%	相对误差/%
热碎屑流亚相	$\phi e = 122.984 - 47.424 \times DEN + 0.06 \times NPHI$	0.96	0.48	8.77
空落亚相	$\phi e = 114.207 - 55.983 \times RHOB + 0.065 \times NPHI$	0.97	0.38	4.71
上部亚相	$\phi e = 120.804 - 46.74 \times RHOB + 0.104 \times NPHI$	0.97	0.47	6.74
中部亚相	$\phi e = 109.779 - 42.132 \times RHOB + 0.023 \times NPHI$	0.99	0.33	5.55
下部亚相	$\phi e = 113.625 - 43.978 \times RHOB + 0.117 \times NPHI$	0.99	0.37	8.01

采用相同的方法，建立中基性火山岩的有效孔隙度解释模型，与岩心分析孔隙度进行对比，酸性、中性和基性火山岩储层孔隙度的平均绝对误差分别为0.41%、0.79%、0.84%，满足了储量计算及开发评价的需求。

2）渗透率计算

应用徐家围子地区营城组26口井606块酸性火山岩岩心分析资料，直接根据孔渗关系建立渗透率模型，相对误差为107%（图7-23）；分岩相建立储层渗透率解释模型后（表7-5），相对误差为49%（图7-24），精度明显提高。

表7-5　不同岩相储层渗透率计算模型

储层类型	渗透率解释模型	相关系数
热碎屑流亚相	$K = 0.0056 \times \exp\ (0.3832 \times \phi)$	0.88
空落亚相	$K = 0.003 \times \exp\ (0.3489 \times \phi)$	0.84
上部亚相	$K = 0.004 \times \exp\ (0.3679 \times \phi)$	0.85
中部亚相	$K = 0.0074 \times \exp\ (0.2562 \times \phi)$	0.82
下部亚相	$K = 0.052 \times \exp\ (0.2803 \times \phi)$	0.83

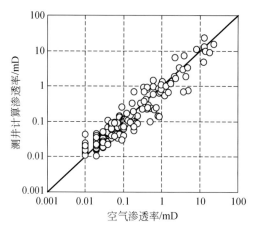

图 7-23　测井计算渗透率与空气渗透率关系图（分相后）

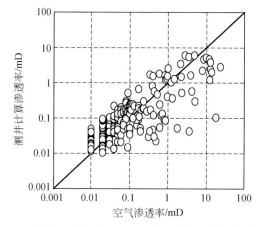

图 7-24　测井计算渗透率与空气渗透率关系图（分相前）

采用相同的方法，建立中基性火山岩的渗透率解释模型，相对误差分别为72%、83%。

3）含气饱和度计算

由于火山岩储层"四性"（岩性、物性、含气性、电性）关系特别复杂，火山岩岩性和孔隙结构对电阻率的影响甚至超过了储层孔隙中流体的影响，因此应用传统的电阻率饱和度解释模型难以得到与地区实际情况相符的计算结果。在徐家围子深层火山岩勘探过程中，2005 年以前一直应用压汞资料建立含气饱和度解释模型，2006 年以来，相继开展了火山岩储层测井评价技术攻关，其中特别注重含气饱和度定量计算的问题。在储层导电机理研究的基础上，结合岩电实验，应用背景导电模型计算火山岩储层含气饱和度，提高了含气饱和度计算精度，为储量提交提供了可靠的参数，直接应用于 2000 亿 m³ 天然气探明地质储量及各级地质储量的提交中，取得了较好的应用效果。

4）有效厚度划分

应用图7-17~图7-21中的有效厚度标准，完成了徐家围子断陷200余口井的有效厚度划分。表7-6为天然气探明地质储量有效厚度。

表7-6　徐深气田新增天然气探明储量有效厚度取值表

区块	井区	层位	计算单元	含气面积/km²	气层井数/口	单井有效厚度范围/m	平均有效厚度/m		
							算术平均	等值线面积权衡	取值
WSA	DSA	K_1yc_3	K_1yc_3	44.40	3	48.7~53.1	50.9	48.3	48.3
	WSA	K_1yc_3	K_1yc_3	34.03	4	14.3~53.3	42.8	29.7	29.7
XSA	XSA	K_1yc	K_1yc	32.40	4	40.61~121.2	76.1	44.8	44.8
	XSB	K_1yc	K_1yc	10.46	1	95.3	95.3	77.3	77.3
XSC	XSC	K_1yc_1	K_1yc_1	29.54	3	17.5~34.4	27.8	24.6	24.6
	XSD	K_1yc_1	K_1yc_1	17.12	1	32.9	32.9	46.4	46.4
XSE	XSE	K_1yc	K_1yc	6.19	1	214.6	214.6	116.1	116.1

（四）技术成果推广应用，取得较好效果

1. 旋回解释细化了储量计算单元，使储量计算结果更加精细可靠

目前，火山岩提交储量确定计算单元时，已由原来的以层组为计算单元变为以旋回为计算单元，本研究成果为2013年安达和2014年徐西地区提供了准确的区域旋回界面，使储量计算单元和面积确定合理可靠。例如安达地区，在该区酸性与中基性岩均发育好储层，如何确定储量计算单元，直接影响到储量大小的可信度。安达凹陷D12、D16及SS-CP302井区岩性复杂，多期喷发纵向叠置，根据单井火山岩岩相、旋回剖面与气藏地质特征，综合研究认为将安达凹陷营城组火山岩储量计算单元分为旋回二及旋回三计算更加合理（图7-25），储量更加可靠。

2. 旋回划分后搞清了储量区气水关系，提高了测井解释符合率

XX-A井区是2013年储量提交区（图7-26），气水关系复杂，搞清气水分布规律是气藏认识的前提。试气结果表明，徐深B13存在三套气水关系，徐深D4与徐深D41均存在两套气水关系（图7-27）。在岩相、旋回划分的基础上进行气水关系研究结果表明：气水关系受旋回控制，单井存在多套气水关系，旋回顶部含气性最好，且在横向上具有可比性（图7-27），即气水关系受旋回控制，单井存在多套气水关系与火山喷发旋回有关。将岩相、旋回研究成果应用于测井解释，符合率由82.6%提到91.3%。

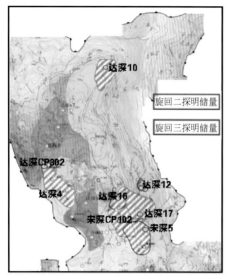

图 7-25　安达凹陷营城组储量面积图

图 7-26　XX-A 井区火山岩勘探成果图

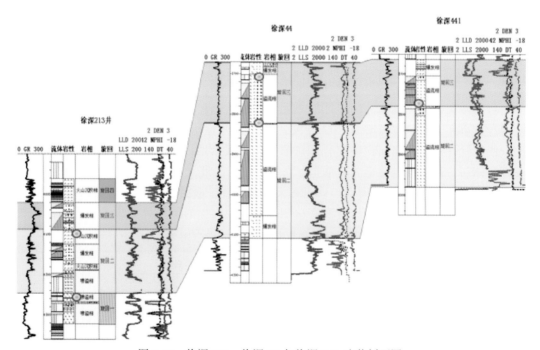

图 7-27　徐深 B13、徐深 D4 与徐深 D41 连井剖面图

3. 为已开发区块气藏精细描述、开发方案调整研究提供了技术支持

应用岩相划分方法对 XX–B 区块 40 口开发井进行岩相划分，将测井解释的旋回和期次界面刻度到地震剖面上，精确划分了火山岩气藏层序；将单井岩相测井解释结果与地震岩相解释结果相结合，而确定了气层的岩相分布范围（图 7-28）；岩相解释与有效储层解释相结合进行有效储层分类预测，确定了有效储层分布（图 7-29）。通过气层精细描述，落实了 XX–B 区块的火山岩储量为近 200 亿 m^3 以（图 7-30），实现 XX–B 区块储量扩边，新增探明储量几十亿 m^3。

这套火山岩储层测井综合评价技术在松辽盆地徐家围子断陷应用后，火山岩岩相划分更加准确，储层识别更加精细，测井综合解释符合率和储层参数计算精度大幅度的提高，无论是在勘探储量提交还是开发方案编制中，均取得了很好的应用效果。

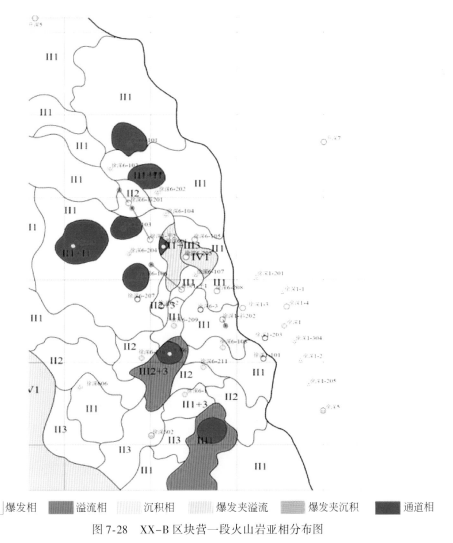

图 7-28　XX–B 区块营一段火山岩亚相分布图

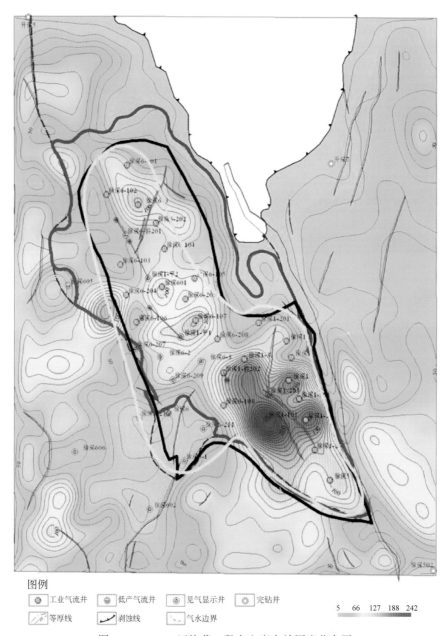

图例

⊙ 工业气流井　◉ 低产气流井　◈ 见气显示井　○ 完钻井

⟋ 等厚线　　　⟋ 剥蚀线　　　⟋ 气水边界

5　66　127　188　242

图 7-29　XX-B 区块营一段火山岩有效厚度分布图

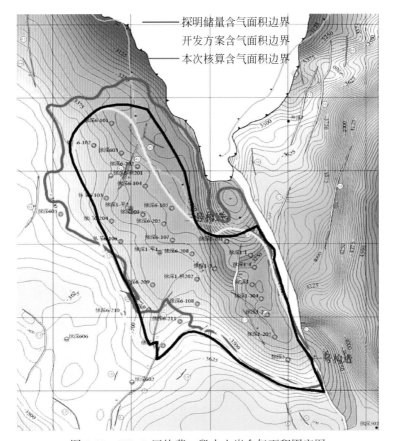

图 7-30　XX-B 区块营一段火山岩含气面积圈定图

参 考 文 献

卞德智，邱子刚．1991．模糊数学识别火山岩岩性的方法及地质效果——测井资料的地质应用．北京：
　　石油工业出版社，57-67

曹颖辉，王贵文，朱筱敏．2001．地层倾角测井资料在层序地层分析中的应用．中国海上油气（地
　　质），15（4）：286-288

陈本才，马俊芳，高亚文．2006．地层微电阻率扫描成像测井沉积学分析及储层评价．西部探矿工程，
　　12：93-94，120

陈钢花，范宜仁，代诗华．2000．火山岩储层测井评价技术．中国海上油气（地质），14（6）：
　　422-428

陈建文，魏斌等．1997．火山岩岩性的测井识别．测井技术，458-459

陈立英，吴海波，邢丽波．2005．火山岩复杂岩性测井识别及测井资料数字处理．石油天然气学报，6：
　　877-879

陈一鸣，朱德怀等．1994．矿场地球物理测井技术测井资料解释．北京：石油工业出版社

陈志勇，霍玉雁，贾英兰．2005．FMI成像测井在柴达木盆地的应用．石油天然气学报，27（5）：
　　602-604

代诗华．1997．石西构造火山岩储集层测井描述．新疆石油地质，18（2）：125-129

代诗华，碧淑云．1997．准噶尔盆地石西油田火山岩储集层的测井描述．新疆石油地质，18（2）：
　　125-130

代诗华，罗兴平．1998．火山岩储集层测井响应与解释方法．新疆石油地质，19（6）：465-469

丁秀春．2003．测井响应在火山岩储层研究中的应用．特种油气藏，10（1）：69-72

顿铁军．1995．储层研究状况与发展趋向．西北地质，16（2）：1-15

范宜仁，黄隆基，代诗华．1999．交会图技术在火山岩岩性和裂缝识别中的应用．测井技术，23（1）：
　　53-56

符翔，高振中．1998．FMI测井在地质方面的应用．测井技术，22（6）：435-438

付广，陈章明，王朋等．1997．利用测井资料综合评价泥质岩盖层封闭性的方法及应用．石油地球物
　　理勘探，2：271-276

高永富，吕世全，刘贤鸿．2004．应用测井技术识别牛心坨油田坨33块火山岩储层．特种油气藏，
　　11（3）：37-40

耿会聚，王贵文，李军等．2002．成像测井图像解释模式及典型解释图版研究．江汉石油学院学报，24
　　（1）：26-29

顾家裕，朱筱敏，王贵文等．1993．沉积相与油气．北京：石油工业出版社

管守锐等．1991．岩浆岩及变质岩简明教程．北京：石油工业出版社

何希鹏，朱振道．2004．天然气储层孔隙度测井解释方法研究．江汉石油职工大学学报，17（2）：
　　34-35

黄布宙，潘保芝．2001．松辽盆地北部深层火成岩测井响应特征及岩性划分．石油物探，40（3）：
　　42-47

黄隆基等．1997．火山岩测井评价的地质和地球物理基础．测井技术，21（5）：341-344

霍进，陈珂，黄伟强等．2003．单朝晖古16井区火山岩储层测井评价．西南石油学院学报，25（6）：
　　5-8

金伯禄，张希友．1994．长白山火山地质研究．长春：东北朝鲜民族教育出版社

景永奇．1999．利用裂缝指示曲线判别花岗岩潜山纵向裂缝发育带．测井技术，23（1）：38-42

科普切弗-德沃尔尼科夫 B C，雅科夫列娃 E B，彼特罗娃 M A．1978．火山岩及研究方法．周济群、黄
　　光昭译．北京：地质出版社

匡立春．1990．克拉玛依油田 5-8 区二叠系佳木河组火成岩岩性识别．石油与天然气地质，11（2）：
　　193-201

李国平等．2006．测井地质及油气评价新技术．北京：石油工业出版社

李洪娟，王薇，杨学峰等．2007．汪家屯、安达—宋站地区火山岩储层"四性"特征及储层流体性质
　　识别研究．22（1）：20-22

李继柏．1996．微电阻率成像仪的地质应用．测井技术信息，9（3）：91-92

李建良．2005．成像测井新技术在川西致密碎屑岩中的应用．测井技术，29（4）

李宁，付有升，杨晓玲等．2005．大庆深层流纹岩全直径岩心实验数据分析．测井技术，29（6）：
　　480-483

李宁，陶宏根，刘传平．2009．酸性火山岩测井解释理论、方法与应用．北京：石油工业出版社

李兆鼐，王碧香．1993．火山岩火山作用及有关矿产．北京：地质出版社

李舟波．2005．钻井地球物理勘探．北京：地质出版社

廖兴明等．1996．辽河盆地构造演化与油气．北京：石油工业出版社

刘呈冰，Olesen，罗茂林等．1999．裂缝性火山岩储层评价方法初探．国外测井技术，14（6）：37-48

刘呈冰，史占国，李俊国等．1999．全面评价低孔裂缝/孔洞型碳酸岩及火山岩储层．测井技术，
　　23（6）：457-465

刘为付．2003．火山岩储集层常规岩石物理学研究方法．新疆石油地质，24（5）：389-391

刘为付，朱筱敏．2005．松辽盆地徐家围子断陷营城组火山岩储集空间演化．石油实验地质，27（1）：
　　44-49

刘祥，向天元．1997．中国东北地区新生代火山和火山碎屑堆积物资源与灾害．长春：吉林大学出
　　版社

穆龙新．1995．裂缝储层地质模型的建立．石油勘探与开发，22（6）：78-82

欧阳健，王英杰．1986．裂缝型复杂岩性地层的测井解释．测井年会论文集，219-223

欧阳健，王贵文．1993．塔里木石油测井解释与储层描述．北京：石油工业出版社

欧阳健，王贵文，吴继余等．1999．测井地质分析与油气层定量评价．北京：石油工业出版社

潘保芝．2006．裂缝性火成岩地层测井评价方法．北京：石油工业出版社

潘保芝，薛林福．2005．分数维及其在测井地质解释中的应用．测井技术

潘保芝，闫桂京，吴海波．2003．对应分析确定松辽盆地北部深层火成岩岩性．大庆石油地质与开发，
　　22（1）：7-9

邱家骧．1985．岩浆岩岩石学．北京：地质出版社

邱家骧．1986．岩浆岩岩石学．北京：地质出版社

邱家骧，陶奎元，赵俊磊等．1996．火山岩．北京：地质出版社

冉启全，胡永乐，任宝生．2005．火山岩岩性识别方法及其应用研究．中国海上油气，17（1）：25-30

任德生，张兴洲，陈树民．2002．松辽盆地徐家围子断陷芳深 9 井区火山岩储层裂缝预测．地质力学
　　学报，8（3）：279-287

尚福华，许少华，马振祥．1995．模式识别应用基础．哈尔滨：黑龙江科学技术出版社

尚林阁，潘保芝．1986．应用模糊数学统计识别花岗岩古潜山裂缝的方法与效果．长春地质学院学报，
　　（4）

邵维志，梁巧峰，李俊国等．2006．黄骅凹陷火成岩储层测井响应特征研究．测井技术，30（2）：149-153

斯伦贝谢公司．1986．测井解释常用岩石矿物手册．北京：石油工业出版社

覃豪，李红娟．2007．应用测井资料进行火山岩岩性识别．石油天然气学报，29（3）：234-236

谭廷栋．1994．天然气勘探中的测井技术．北京：石油工业出版社

陶奎元．1994．火山岩相构造学．南京：江苏科学技术出版社

特科特 D L．2005．分形与混沌–在地质学和地球物理学中的应用．北京：地震出版社

王德滋，周新民．1982．火山岩岩石学．北京：科学出版社

王芙蓉，陈振林，田继军，王雪莲．2006．火山岩储集性研究．重庆石油高等专科学校学报（自然科学版），5（3）：44-46

王贵文，郭荣坤．2000．测井地质学．北京：石油工业出版社

王贵文，张新培．2006．塔里木盆地塔中地区志留系测井沉积相研究．中国石油大学学报（自然科学版），30（3）：40-45

王贵文，邓清平，唐为清．2002．测井曲线谱分析方法及其在沉积旋回研究中的应用．石油勘探与开发，29（1）：93-95

王明健，国景星，盛世锋等．2007．商 741 区沙一段火山岩测井识别．断块油气田，14（6）：31-33

王璞珺，冯志强等．2007．盆地火山岩——岩性·岩相·储层·气藏·勘探．北京：科学出版社

王璞珺，庞颜明，唐华风等．2007．松辽盆地白垩系营城组古火山机构特征．吉林大学学报（地球科学版），37（6）：1064-1073

王全柱．2004．火山岩储层研究．西安石油大学学报（自然科学版），19（2）：13-16

王裙，杨长春，许大华等．2006．微电阻率扫描成像测井方法应用及发展前景．地球物理学进展，20（2）：357-364

王秀娟，孙贻铃，迟博，周淑华．1999．松辽盆地三肇地区油田储层裂缝及地应力特征．高校地质学报，5（3）：328-333

王卓卓，罗静兰，刘银太等．2006．徐家围子火山岩及火山碎屑岩岩石学特征、成岩作用及其对储层物性的影响．西北大学学报，2（4）：1-8

吴文圣．2000．地层微电阻率成像测井的地质应用．中国海上油气（地质），14（6）：438-441

辛厚文．2006．分形理论及其应用．北京：中国科学技术大学出版社

严成信，邹长春，张红燕．1998．孔南火成岩测井评价方法探讨．测井技术，22（2）：101-106

杨申谷，刘笑翠，胡志华等．2007．储层分析中火山岩岩性的测井识别．石油天然气学报，29（6）：33-37

杨兴旺．2010．松辽盆地火山岩储层测井评价方法及技术研究．中国石油大学（北京）硕士学位论文

杨雪，潘保芝，张莹．2007．利用测井曲线的分数维分析火山岩地层的结构．国外测井技术，22（5）：32-34

雍世和，张超谟．1996．测井数据处理与综合解释．东营：石油大学出版社

余家仁．1995．隐伏火山岩体岩相解释及储集性能研究．石油勘探与开发，22（3）：24-29

张福功．2005．辽河盆地东部凹陷中段火山岩岩性测井评价方法研究．海洋石油，25（4）：80-83

张国杰．1991．阿尔善地区火成岩解释方法探讨．测井资料的地质应用，北京：石油工业出版社

张济忠．2006．分形．北京：清华大学出版社

张丽艳，金强，王居峰．2005．FMI 资料在罗家–垦西地区沉积相分析中的应用．新疆石油地质

张庆国，徐冬燕．1996．风化店火山岩油藏测井解释方法研究．测井技术，20（4）：256-260

张守谦等．1997．成像测井技术及应用．北京：石油工业出版社

张新培, 刘纯高, 孙晓明. 2007. 综合测井信息识别辽河盆地东部凹陷火山岩储层. 石油天然气学报, 29 (6): 55-57

张子枢, 章濂澄. 1994. 国内外火山岩油气藏研究现状及勘探技术调研. 天然气勘探与开发, 4 (4): 40-48

赵海玲. 1998. 火山岩储层. 现代地质, 12 (1): 62-66

赵建, 高福红. 2003. 测井资料交会图法在火山岩岩性识别中的应用. 世界地质, 22 (2): 136-140

赵杰, 雷茂盛, 杨兴旺等. 2007. 火山岩地层测井评价新技术. 大庆石油地质与开发, 26 (6): 134-137

赵舒. 2005. 微电阻率成像测井资料在塔河油田缝洞型储层综合评价中的应用. 石油物探, 44 (5): 509

赵太平, 原振雷等. 1995. 熊耳群火山熔岩的岩相学特征. 河南地质, 13 (4): 268-275

郑建东. 2007. 徐深气田兴城地区火山岩储层测井分类标准研究. 测井技术, 31 (6): 546-549

郑建东, 杨学峰, 朱建华等. 2006. 徐深气田火山岩储层气水层识别方法研究. 测井技术, 30 (6): 516-518

中国勘探生产分公司. 2009a. 火山岩油气藏测井评价技术及应用. 北京: 石油工业出版社

中国勘探生产分公司. 2009b. 低孔低渗油气藏测井评价技术及应用. 北京: 石油工业出版社

周波, 李舟波, 潘保芝. 2005. 火山岩岩性识别方法研究. 吉林大学学报 (地球科学版), 35 (3): 394-397

朱剑兵, 纪友亮, 赵培坤等. 2005. 小波变换在层序地层单元自动划分中的应用. 石油勘探与开发, 32 (1): 84-86

朱友青, 付有升, 杨晓玲. 1998. 核磁共振测井在深层天然气勘探中的应用. 测井技术, 22 (增刊): 77-80

左悦. 2003. 油燕沟地区火山岩储层裂缝的研究特种油气藏. 物种油气藏, 10 (1): 103-105

Belgasem B A. 1993. An evaluation of an oil-bearing granite reservoir from well logs. 23rd SPWLA annual symposium transactions, Paper K

Berndt M E, Allen D E, Seyfried W E Jr. 1996. Reduction of CO_2 during serpentinization of olivine at 300℃ and 500 bar. Geology, 24 (4): 351-354

Blackwood D J, Peveraro R A. 1987. 通过综合地层评价确定变质岩及火成岩地层的岩石特征. 廖明书译, 郝志兴校. 见: 24 届 SPWLA 译文集. 北京: 石油工业出版社

Cas R A F, Wright J V. 1987. Volcanic Successions Modern and Ancient. London: Allen & Unwin: 59-333

Chen Z Y, Huo Y, Li J S, et al. 1999. Relationship between Tertiary volcanic rocks and hydrocarbons in the Liaohe basin, People's Republic of China. AAPG Bulletin, 83 (6): 1004-1014

Collins P L F. 1979. Gas-hydrates in CO_2-bearing fluid inclusions and the use of freezing data estimation of salinity. Econ Geol, 74: 1435-1444

Dai J X, Song Y, Dai C S, et al. 1996. Geochemistry and accumulation of carbon dioxide gases in China. AAPG Bulletin, 80 (10): 1615-1626

Dhamelincourt P, Beny J M, Dubessy J, et al. 1979. Analyse d'inclusions fluids à la microsonde MOLE à effect Raman Bull Mineral, 102: 600-610

Dubessy J, Buschaert S, Lamb W, et al. 2001. Methane-bearing aqueous fluid inclusions: Raman analysis, thermodynamic modeling and application to petroleum basins. Chemical Geology, 173: 193-205

Fl-khatih N. 1997. A Fast and Accurate Method for Parameter Estimation of Archie Saturation Equation. SPE 37744

Fiebig J, Chiodini G, Caliro S, et al. 2004. Chemical and isotopic equilibrium between CO_2 and CH_4 in fumarolic gas discharges: generation of CH_4 in arc magmatic-hydrothermal systems. Geochimica et Cosmochimica Acta, 68 (10): 2321-2334

Glassley W. 1982. Fluid evolution and graphite genesis in the deep continental crust. Nuture, 295 (21): 229-231

Gries R R, Clayton J L, Leonard C. 1997. Geology, thermal maturation, and source rock geochemistry in the volcanic covered basin: San Juan Sag, south-central Colorado. AAPG Bulletin, 83 (6): 1004-1014

Horita J. 2001. Carbon isotope exchange in the system CO_2-CH_4 at elevated temperatures. Geochimica et Cosmochimica Acta, 65 (12): 1907-1919

Jackson Jasper A. 1984. Nuclear Magnetic Resonance WellLogging. The Log Analgst, 25 (4)

Kelley D S. 1996. Methane-rich fluids in the oceanic crust. J Geophysical Research, 101 (B2): 2943-2962

Kerherve J. 1977. An introduction to volcanic reservoirs and to theirevaluation from wireline electrical measurememts. Note for aseminar

Key W S. 1979. Borehole geophysics in igneous and metamorphic rocks. The Log Analyst, 14-28

Khatchikian A. 1982. Log Evaluation of Oil-Bearing Igneous Rocks. SPWLA annual logging symposium transactions

Lajoie J. 1979. Facies models 15. Volcaniclastic rocks. Geoscience Canada, 6 (3): 129-139

LeMaitre R W, Bateman P, Dudek A, et al. 1989. A Classification of Igneous Rocks and Glossary of Terms. London: Blackwell

Levin L E. 1995. Volcanogenic and volcaniclastic reservoir rocks in Mesozoic-Cenozoic island arcs: examples from the Caucasus and the NW Pacific. Journal of Petroleum Geology, 18 (3): 267-288

Luo J L, Zhang C G, Qu Z H. 1999. Volcanic reservoir rocks: a case study of the Cretaceous Fenghuadian suite, Huanghua basin, eastern China. Journal of Petroleum Geology, 22 (4): 397-415

Mackenzie W S, Donaldson C H, Guilford C. 1982. Atlas of Igneous Rocks and Their Textures. London: Longman Group Limited

Potter J, Rankin A H, Treloar P J. 2004. Abiogenic Fischer-Tropsch synthesis of hydrocarbons in alkaline igneous rocks: fluid inclusion, textural and isotopic evidence from the Lovozero complex, NW Russia. Lithos, 75: 311-330

Ramboz C, Schnapper D, Dubessy J. 1985. The P-V-T-X-fO$_2$ evolution of H_2O-CO_2-CH_4-bearing fluid in a wolframite vein: reconstruction from fluid inclusion studies. Geochimica et Cosmochimica Acta, 49: 205-219

Ridley J, Hagemann S G. 1999. Interpretation of post-entrapment fluid-inclusion re-equilibration at the Three Mile Hill, Marvel Loch and Grifins Find high-temperature lode-gold deposits, Yilgarn Craton, Western Australia. Chemical Geology, 154: 257-278

Rigby A F. 1980. Fracture identification in an igneous geothermal reservoir SurpriseValley, California. SPWLA, 21stannual logging symposium

Sakata S, Takahashi M, Igari S I, et al. 1989. Origin of light hydrocarbons from volcanic rocks in the "Green Tuff" region of northeast Japan: biogenic versus magmatic. Chemical Geology, 74: 241-248

Salvi S, Williams Jones A E. 1997. Fischer-Tropsch synthesis of hydrocarbons during sub-solidus alteration of the Strange Lake peralkaline granite, Quebec/Labrador, Canada. Geochimica et Cosmochimica Acta, 61 (1): 83-99

Sanyal S K, Juprasert S, Jubasche J. 1980. An evaluation of rhyolite – basalt – volcanic ashsequence from welllogs. The log analyst

Scott H P, Hemley R J, Mao H K, et al. 2004. Generation of methane in the Earth's mantle: In situ high pressure-temperature measurements of carbonate reduction. In: Proceedings of the National Academy of Sciences of the United State of America. 101 (39): 14023-14026

Seitz J C, Pasteris J S, Chou I M. 1996. Raman spectroscopic characterization of gas mixtures Ⅱ: quantitative composition and pressure determination of the CO_2-CH_4 system. American Journal of Science, 296: 577-600

Serra O. 1985. Fundamentals of Well Log Interpretation Developments in Petroleum. Scinece (15B)

Sheppard S M F. 1981. Stable isotope geochemistry of fluids. Physics and Chemistry of the Earth, 13/14: 419-443

Takach N E, Barker C, Kemp M K. 1987. Stability of natural gas in the deep subsurface: thermodynamic calculation of equilibrium compositions. AAPG Bulletin, 71 (3): 322-333

Takenouchi S, Kennedy G C. 1964. The solubility of carbon dioxide in NaCl solutions at high temperatures and pressures. American Journal of Science, 263: 445-454

Wakita H, Sano Y. 1983. $^3He/^4He$ ratios in CH_4-rich natural gases suggest magmatic origin. Nature, 305: 792-794

Wang P J, Du X D, Wang J, et al. 1996. Chronostratigraphy and stratigraphic classification of the Cretaceous of the Songliao Basin. Acta Geologica Sinica, 9 (2): 207-217

Wang P J, Feng Z Q, Frank Mattern. 2003. Reservoir volcanic rocks: geology and geochemistry, the Mesozoic non-marine Songliao Basin, NE China. J Geosci Res NE Asia, 16 (2): 129-137

Wang P J, Frank Mattern, Chen S M. 2003. Influence of Okhotsk suturing on the Songliao Basin: evidence from the volcanic. rocks, In: Proceedings of the 5th International Symposium of Geological and Mineragenic Correlation in Contiguous Region of China, Russia and Mongolia. Changchun: Jilin University Press: 9-17

Wang P J, Hou Q J, Wang K Y, et al. 2003. Abiogenic origin natural gas in the volcanic reservoir rocks of the Songliao Basin. In: Jang Bo-An, Daekyo Cheong. The 10th Korea-China Joint Geology Symposium on Crustal Evolution in Northeast Asia. Kangwon National University Press

Wang P J, Liu W Z, Wang S X, et al. 2002. $^{40}Ar/^{39}Ar$ and K/Ar dating on the volcanic rocks in the Songliao basin, NE China: constraints on stratigraphy and basin dynamics. Int Journ Earth Sciences, 91 (2): 331-340

Wang P J, Satir M, Siebel W, et al. 2000. Sr, Nd, Pb and O isotopes of the volcanic rocks in the Songliao basin (SB), NE China: constraint on tectonic setting. European Journal of Mineralogy, 2000 (12): 228

Wang P J, Sun X M, Mattern F. 2000. Relationship between Yanshanian orogeny and the evolution of Songliao basin (SB), North/Northeast China. European Journal of Mineralogy, 2000 (12): 229

WangP J, Ren Y G, Shan X L, et al. 2002. The Cretaceous volcanic succession around the Songliao Basin, NE China: relationship between volcanism and sedimentation. Geological Journal, 37 (2): 97-115

WangP J, Wang H B, Song W H. 1997. Volcano related sedimentary basins and oil & gas reservoirs, NE China. In: Jang B A, Cheong D K. Proceedings for the 4th Korea-China joint geology symposium on crustal evolution on northeast Asia: Chunchen, Kongwan University Press

Xu S, Nakai S, Wakita H, et al. 1995. Mantle-derived noble gases in natural gases from Songliao basin, China. Geochim Cosmochim Acta, 59 (22): 4675-4683